告别曾经弱小
你要内心强大

石勇 著

文汇出版社

图书在版编目（CIP）数据

告别曾经弱小　你要内心强大 / 石勇著. -- 上海：文汇出版社，2016.1

ISBN 978-7-5496-1662-6

Ⅰ.①告… Ⅱ.①石… Ⅲ.①成功心理—通俗读物 Ⅳ.①B848.4-49

中国版本图书馆CIP数据核字（2015）第306199号

告别曾经弱小　你要内心强大

出 版 人 / 桂国强
作　　者 / 石　勇
责任编辑 / 戴　铮
封面装帧 / 粉粉猫
出版发行 / 文汇出版社
　　　　　上海市威海路755号
　　　　　（邮政编码200041）
经　　销 / 全国新华书店
印刷装订 / 三河市金泰源印务有限公司
版　　次 / 2016年1月第1版
印　　次 / 2016年1月第1次印刷
开　　本 / 710×1000　1/16
字　　数 / 314千字
印　　张 / 20

ISBN 978-7-5496-1662-6
定　价：36.80元

人不是被打倒的，而是输给了自己的内心

　　这本书是今年和石勇先生首度合作的新书，到现在为止我已经通读两遍，另外精读两遍。在这一年多的时间里，感觉自己仿佛是重塑了一般。我想大多数人都是内心非常地弱小，深受人际关系以及操作我们的游戏规则所困扰，并且，最要命的是，我无法依靠自己的力量去弄清楚其中的规则，每天都在焦虑和恐惧中煎熬，惶惶不可终日。石老师运用惊人的认知和心理分析，不只让你"杀毒"，还让你在头脑和内心都"重装系统"，并且为大家来解惑这些问题。它不是一本媚俗的书，它不是为了取悦读者而获得销量，它的存在真正给人们带来了一种价值，而这种价值，才是本书存在的根源。因此，它不需要通过控制情绪的方式来展示。我认为，这种真诚和理性是本书非常可贵之处。

特别策划
孙业钦

希望这个世界上:

每一个年轻人都能在自信中成长,

都能够抓住未来;

每一个善良、弱小的人,

都能够被尊重,都不被伤害;

每一个有过伤痛的人,

都能够在爱和理性中,找到走出伤痛、强大自我的方法。

自 序

从今天起，让我们成为强大自我的主人

还是一个小孩子的时候，我就困惑于人类心理的这些现象：

为什么一个有权或有钱的人，要去羞辱一个弱者？

为什么一个人仅仅因为没钱，就被众人贬损，活得屈辱不堪？

为什么一个人因为在心理上对一些事情无法承受，就发疯甚至自杀？

我痛苦地发现，有一条"大鱼吃小鱼，小鱼吃虾米"的心理食物链，无形地宰制着这个世界的男男女女。

在这条心理食物链的链条中，一个人在心理上输了，很多时候在这个世界就输了。心理弱小者不仅难以避免自己被人在心理上吞食，甚至有可能因为自己心理的弱小，而输掉整个人生。

承认这一点需要勇气：一个人因为"无房无车"而感到自卑焦虑，因为上司或别人一句攻击性的话而被撩拨出情绪，因为不能把握自己的命运而空虚迷茫，因为欲望和弱点而被人操纵，因为心理和认知的问题而在人生的关键几步犯下愚蠢的错误，都具有这样的特征——心理弱小；不再是自我的主人；失去了控制和自己相关的事情的能力。

具体地说，一个心理弱小的人，把对自我的主宰权交给了那些可以控制他心理的社会游戏规则，交给了那些奴役他的价值观念，交给了一个假"自我"，交到了那些因为利益和心理癖好而希望能够控制他的人手里。在盲目而强大的心理法则的神秘运作中，他和自己在黑暗中失去了联系。

人来到这个世界上，并不是为了承受别人或某些事情的心理摧残的。那么，一

个人，特别是善良的人们，可以在心理上足够强大，来抵御那些来自外界的伤害吗？

写这本书，我的初衷正如一位网友所总结的，是为了保护在今天这个时代，在处境上处于弱势地位的善良的人们在心理上不受到伤害。但其实，我们分析一个人心理弱小的原因，本身就是对控制我们的心理法则的深入破解。而一个人变得心理强大的过程，就是一个在心理、分析能力乃至整个存在上得到改变的过程。因此，本书向所有有志于改变自己的人，想保护自己的人，想提升自己存在层次的人开放。

在"术"的意义上，心理强大的分析、洞察和训练，意在让我们获得从头脑上看穿社会和人心真相、从心理上抵御打击的能力；而在"道"的意义上，它是对我们存在的重新审视和定位，让我们思索宇宙人生。

以上这些话，是我在2011年3月写的。时间过得真快，一晃，几年就过去了。

这几年来，社会发生了很多变化。有些变化其实一开始就可以做出洞察。而我看到的是，那一根心理食物链仍然在吞食很多心理弱小的人，而他们并不知道可以从哪儿得到改变。所以，尽管这本书在这几年里影响力遍及中国，还有美国、东南亚，改变了数百万人的命运，但很清楚，它对我们头脑、心理、人格的武装，仍然只是一个开始。

在这些岁月里，我从内心强大的理论方法开始，发展了一套独特的心理分析方法，体现在《世界如此险恶，你要内心强大2》这本书里。我还把它延伸到对社会心理的分析中。现在，在经过了十多年的探索、实践、创造后，我终于把我的理论、方法，系统化为头脑-心理-人格心理分析学（简称"IMP心理"，I-Intelligence表示智力的功能，对应智力结构；M-Mentality表示心理的功能，对应心理结构；P-Personality 表示人格功能，对应人格结构），新的一本书将很快和您见面。

值得一说的是，我和我的学生们，还建立了一个社群。在这个社群里，先后有近千人亲身跟我学过心理分析，他们分布于全国各地，以及海外，他们的学历从初中到博士，身份有公务员、创业者、白领、学生、事业单位职工，也有中小企业主。他们亲身领略了内心强大的魅力，以及IMP心理对自己脱胎换骨似的改变。我们真正做到了创造出一个很多人从未得到或再也没有得到过的安全、温暖的人际环境，所有人亲如一家，充分释放自然情感，进行疗伤、成长、强大。这些学生、社群成员中，很多已经成长为这个社会的精英或潜在的精英。我感谢他们，爱他们，我们一起见证了彼此的成长。

我们的社群仍然在发展，它向所有善良的、有自我担当的、有理想的人开放——欢迎您加入我们。

内心强大的理论方法，以及IMP心理，可以用来做什么呢？

我们可以干三件大事。

第一件就是解决各类心理困惑、心理问题。这是它最基础的功能。

第二件大事是保护自己，并拥有去追求你认为是幸福或成功的各种能力，比如头脑和心理的洞察能力、分析能力，心理上的抗压能力，等等。

我们的思维是：解决问题最好的办法就是拥有解决问题的方法和能力。你要想没有问题，就要学会把自己变成一种不会有问题的存在。

在这其中，内心强大理论方法等IMP心理的方法，具有很高的技术含量。以我的经验来说，它只需要很少的信息，就可以精准地破译出一个人是什么人，他的内心世界，在他以前的人生中发生了什么，他未来又将是什么，就像警察叔叔破案一样。

第三件大事，是让我们自我成长，提升人格层次、存在档次。

内心强大理论方法等，既是一种术，也是一种道。它实际上是对我们的存在、我们的人生的一种深入破解。只有愿意对自我负责的人，才可能符合这种道，也才可能运用它来强大自我。

说到这里，我想说说我的理想。

我希望这个世界上，每一个年轻人都能在自信中成长，都能够抓住未来；每一个善良、弱小的人，都能够被尊重，都不被伤害；每一个有过伤痛的人，都能够在爱和理性中，找到走出伤痛、强大自我的方法——我痛恨以强欺弱，唾弃人与人的不平等，希望所有人亲如一家，我们所生活的地方，就像是一个乐园。

长大后，这个理想，是我在精神分析、苏格拉底-康德伦理学、存在主义、分析哲学，以及平等主义自由主义这些心理学、哲学领域中，找到方法论和世界观，并站在大师们的肩膀上进行创造的动力来源。

它是我写这本《告别曾经弱小，你要内心强大》时内心的入口。我决定提供给善良的弱小者，以及有理想追求的人们一把强大自我、洞察社会人心的利器。

我希望，这个理想，能够在无数善良的、愿意自我担当的人们那儿，开花结果。

眼下心灵鸡汤、成功学鸡血、神秘主义泛滥，但它们只是一种廉价的安慰。很多人对鸡汤鸡血的道理和神秘主义的道理都懂，但依然无法过好这一生。原因在于，它们没有能力让我们长任何能力，甚至还会杀伤我们的智商和内心。真正能让我们长能力的，能解决问题的，能让我们的自我成长的，不是鸡汤鸡血和神秘主义，而是可以洞察到真相的方法，是对原理和规律的深入透视。这样的东西，只有理性才能提供。

我保持着哲学的理性主义传统，拒绝心灵鸡汤，拒绝玩神秘主义，而是犀利地，甚至"恶狠狠"地说出真相。有哲学家说，"真理只要不假装正襟危坐，而是通过修辞触目惊心地显示出来，人民群众一定热爱真理"。我表示同意。

我也拒绝玩那些装得很"专业"但其实没什么用的东西。一个"专家"端着架子玩这些东西，很可能是他自己都不懂，而"专家"的利益结构又需要这样做，需要你把他当专家来崇拜。比如，当我看到很多"专家"还在列出这个心理防御机制那个心理防御机制的现象时，就感到好笑。按照这样的套路，一个人学了很久"心理学"，估计除了会说一堆知识显示自己有才外，都难以去看清一些心理现象的本质。而《告别曾经弱小，你要内心强大》通过"心理保护"这个"阿基米德点"，已经看到了心理规律的真相，它就是走向内心世界的入口。

外界评价我在《告别曾经弱小，你要内心强大》和《世界如此险恶，你要内心强大2》中已经至少对心理学作出了三个重大的贡献：对社会价值排序的阐述、对心理保护的阐述、对五种心理分析方法的创造。我同意这个评价，同时还想说，对头脑-心理-人格心理分析学的创造，同样值得关注。我愿意把它比喻成某种很容易弄懂、学会，但却相当厉害的武功，而这种武功有它的"道"，有一个"防御他者系统"，对人格有要求，一个坏人不符合它的"道"，根本学不来，即使学会了，它也有一个"自我防御系统"，可以防止一个人变坏，如果一个人变坏了，就违背了"道"，等于自废武功。

除了用文字的方式，给无数内心弱小、自卑迷茫、追求理想、渴望自我改变的人以一把实用的武器，我还打算做这样一件事情：以视频节目，甚至以影视的方式，在心理实验中揭示一系列心理规律和我们内心的隐秘真相。节目肯定是以娱乐性的方式，但拒绝娱乐至死，而是在好玩、犀利的揭示中，在我们心理的参与中，洞察世界人心，强大自我。这肯定相当有意思，相当有冲击力，可以呈现一个神奇的心理世界，我个人对此特别期待。

我要感恩苏格拉底、弗洛伊德、弗洛姆等先哲，每当想到他们，我就浑身激动。他们改变了我人生的方向，让我发现了一个真实的自己，让我变成了一个比原来好得多的存在，让我进入了人类心理的密室。而我站在他们的肩膀上，看到了他们没有看到的地方。

我也要感谢这几年来，通过阅读我的书而强大了自己的读者。因为我们的相遇，他们走向了一个充满希望的方向。这是人生中非常珍贵的缘分。我也期待着和您的相遇，或再次相遇。

最后我要感谢出了无数畅销书的孙业钦先生对本书的支持，因为对善良的、弱小的人需要在心理上武装自己，变成一个更好的存在的关注，我们成为了很好的朋友。我关于做视频节目的想法得到了他的支持，他也正在从传统出版转型影视公司。石勇心理实验节目正在策划中，如果顺利，但愿在不久的将来与您在荧屏相遇。

石勇

2015年9月8日

目 录

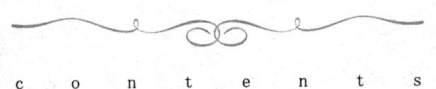

001 / 第一章　　在心理上站稳

016 / 第二章　　那些心理强大的人们

030 / 第三章　　我们的头脑、心理和世界的关系

059 / 第四章　　是什么让我们心理弱小

070 / 第五章　　打破社会价值排序

086 / 第六章　　回到真实的自我

117 / 第七章　　打破心理保护

目 录

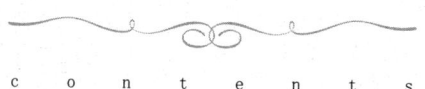

148 / 第八章 险恶社会，博弈法则

185 / 第九章 对抗不确定性，重建我们与世界的关系

213 / 第十章 消除死亡恐惧

236 / 第十一章 性格的真相

269 / 第十二章 从内心强大的角度看女人

286 / 第十三章 答读者问

希望所有人:

亲如一家,我们所生活的地方,

就像是一个乐园。

第一章

在心理上站稳

导读：我们每个人，有必要为属于你的那一天的机会的到来，在心理上有所准备。我们最好具备一些相应的素质去迎接它。

1. 出问题的往往不是一个人的能力，而是他的心理

导读：一个人越是感觉到自己要陷入灭顶之灾，软弱无力的自我不堪一击，他就越需要一个可以肯定他的价值，或者带他逃离心理上的危险之地的人。他越恐惧，这个人越像上帝。

有五样东西影响甚至决定了我们的命运

时隔两年之后，Yan在我的记忆中已经模糊，如果不是有什么东西提醒，我已经忘记了他的存在。

时间总会抹去很多东西，除非，一个人、一件事影响到了我们的自我，从而，在我们的内心深处留了下来。

但他再次出现在我的视野里。

我捕捉到了这样的信息：一个大学毕业两年的平民子弟，在经历了很多事情后，终于意识到自己该做什么了。

这一次，他想向我倾诉一下理想。他还想知道，他该如何去存在。

有五样东西影响甚至决定了我们的命运：

A. 我们自己；

B. 我们的家庭出身；

C. 他人；

D. 我们处在什么样的社会环境里；

E. 运气。

一个人的什么东西可以影响甚至决定他的命运？他的出身，又是如何影响、

决定其人生出路的？我们如何让他人对我们的命运有好的影响，而不是坏的影响？社会环境的什么东西，通过什么方式而成就了我们，或掐住了我们命运的喉咙？如果要有一种好运气，我们又该是一种什么样的存在呢？

在这本书的后面，我要和大家一起破解这些问题。

现在我们可以先看一下：在这五样东西中，B是不可控因素，命苦我们就不要去埋怨父母了；

A是强可控因素，就是说，我们想怎么样，在很大的概率上，事情就会怎么样；

C是弱可控因素，意思是，我们无法决定别人怎么对待我们，只能去改变自己，去影响别人如何对待我们；

D、E是几乎不可控因素，但D可以通过洞察它去规避风险、寻找机会；E呢，规律是，你要想有好的运气，你首先得有可以让好运气降临的素质和能力。

我们每个人，有必要为属于你的那一天的机会的到来，在心理上有所准备。我们最好具备一些相应的素质去迎接它

两年前，我和Yan有了交集。两个各自走在自己人生道路上的人，因为某件事相遇了。

这件事是我在广州的一个讲座。那天来的人非常多，几百人的房间里挤得满满当当。男女老少都有，Yan是其中的一个。

讲完后，他和一些人一样，找我问了一个问题，并要了联系方式。然后，在我的视野里消失了。

这一消失就是两年时间。

两年后，当Yan重回我的视野时，并不是职场中的失意者，而是以创业失败者的形象出现的。

他告诉我，大学毕业后，他没有找工作，而是去创业了。

创业三次，积蓄加上父母的支持、借贷，前后砸了二十多万，全部打了水漂。第一次被合伙人拆台；第二次被人骗；第三次经营不下去而关闭。

他因此内心非常受伤，甚至对自己的能力，自己能不能有未来产生怀疑。为此，他回老家去"疗伤"了一个月，但是看着父母已显苍老的面容，他又回来了。

回来后，他仍然想继续创业，但现实很残酷，如果又失败了呢？内心充满了迷茫和担忧。他有点儿感到自己好像输不起了。

在一种无助感中，他突然想到了我，最终决定给我写信。

Yan的处境和命运，也是千千万万在中国的大中城市为梦想而努力，但未来似乎仍没有为他打开的人的处境和命运。

但别慌。

Yan的失败，现实的残酷，其实只是在缺乏头脑、心理的某些素质时，为理想的实现而预先支付成本而已，这个成本可能是经济上的，可能是时间上的，也可能是心理上的。他的困惑和担忧也是一种成本。

我们往往容易忘记，理想的实现从来不是免费的，当一个人实现理想时，他已经先为它埋单了。从来就没有零成本地把理想实现了，才去埋单的事情发生！

而当一个人所付出的心理成本较大，就是说，当他体验到残酷，有迷茫、焦虑、内心的挣扎时，其实正是对头脑、心理、人格的考验，是让他脱胎换骨似的改变的刺激性的信号。

所以对于Yan来说，他的三次失败根本就不叫失败。这个定义只是暂时的，一个对自己有信心的人不会接受这样的定义。

而无论是Yan，还是其他在体制内外努力的人们，当大家有关于理想的困惑时，其实已经带着理想和希望上路了。只要坚持一直向前走去，做得比现在更好一些，总会在你可能没有想到的那一天，奇迹突然就出现了。

但在这一天到来之前，你有必要为属于你的那一天的机会的到来，用强大的内心去准备，最好具备头脑、心理、人格上的素质去迎接它。因为，一个人如果内心弱小，轻易地被自己的焦虑、迷茫、担忧、恐惧套住，不仅看不到那一天，他早就投降、放弃了。

希望，正是从强大的内心开始。

心理弱小让一个人大踏步向"心奴"迈进

心理弱小的人,往往容易沦为心奴。

什么是"心奴"?很简单,一个人是他心理的奴隶。有奴隶,就有奴隶主。关键在于,谁是奴,谁是主?

假如我们不幸成为"心奴",那么,奴隶主就是那些可以操纵我们的心理以及可以影响甚至主宰我们命运的人。他们是上司、客户、同事、朋友、商家、路人、媒体人、明星、政客以及任何一个和我们接触并想占我们便宜的人。

你可以不信上帝,却无法不和这些人打交道。这才是致命的地方。

心理的弱小,是一个人大踏步向"心奴"迈进的根源。

一个人越恐惧,他求助的人在他心中越像上帝

一个心理弱小的人在陷入困境时,往往会将原因归结为他人的干扰破坏或自己的无能。

一个溺水的人之所以会死死地抓住他面前的任何一个漂浮物,是因为死亡的恐惧让他只剩下了求生的本能。人在心理上"溺水",也会这样干。

多年前,我的一个旧识A以对上帝般的态度打电话给我:"只要你能帮我把文章写好,我跪下喊你做爹都行,求求你了!"

那一刻,我被雷倒了。我们强烈地谴责那种要做别人的爹的行为。同样,安然享受别人尊称自己为"爹"也应该受到鄙视——按伦理学的道理,这在道德上是"不应得"的。不就是帮他写好一篇文章吗,有必要这么夸张吗?就是黑社会之间火并,厉害的把的给吓住了,喝令"跪倒",在没有补充说一句"否则我毙了你!"的情况下,也只是要后者喊"爷"。

我静静地听他哭诉,脑海里迅速地闪过两个身影:一个是奥地利作家卡夫卡《变形记》的主人公格里高尔,他被老板折磨,变成了大甲虫;另一个是俄罗斯作家契诃夫《一个公务员之死》的主人公切尔维亚科夫,他以为自己得罪了一个

官儿，最后吓死了。

A同学就是他们的混合版。

他在一家大型国企的宣传部门当宣传干事，负责告诉大家领导又到了哪儿视察以及生产形势一片大好。

这活儿看着轻松，其实对人性简直是一种谋杀。很多时候，我们干的工作都不得不出卖自尊，但这个职业出卖灵魂。

同时，这个职业具有较强的依附性和不安全感。因为你的工作能力不是由市场来评价，领导的评价也不受市场评价的影响，而是取决于他的个人意志和喜好。

假如一个人仅仅根据自己的意志和喜好就可以影响、决定另一个人的处境和命运，他一定喜欢这么干。

反过来，命运被别人捏在手里的人，必然谨小慎微，战战兢兢。这是A同学这类小人物的自保本能。于是，仅仅因为领导说了一下他文章中的某些字句错误，就把他吓得发傻，要喊我做爹。

我们来分析一下这个情况。表面上看来，让A如此惊慌失措的根源是领导对A同学不好的评价可能会影响到他的命运，但情况并不完全这样。

在看了他的文章后，我笑了，他的"工作能力"根本没有问题，有问题的是根本不懂得作为配角配合领导装，是他的心理出了大麻烦！

A显然不理解，装从来都是一个领导维系自己权威的手段，而指出下属的不足或错误正是显示自己权力的机会。当一个上司这样做时，他的真正目的并不是证明下属错，而是为了证明自己作为领导无比正确。下属需要做的绝不是惶恐不安，而是配合上司的演出，比如，故意留出一点儿无关痛痒的毛病让上司指出。

承认这一点真的很痛苦。对于A同学来说，在感觉无法主宰自己命运的恐惧中，他已经无法相信自己，只习惯于根据可以主宰他命运的人对他的态度，来判断他的命运沉浮。

因此领导的一句表扬，完全可以让他感觉登天；而领导的一句批评，又会让他堕入地狱。只要他是这种心理状态，他整个人就是一个被他人用语言、表情、神态、动作控制的奴隶——任何一个可以影响他的利益和命运的人都可以控制他，在心理上吞食他、毁灭他。

同时，他相信的还有外在的似乎可以拯救他的所谓权威，比如他打电话求助于我。一个人越是感觉到自己要陷入灭顶之灾，软弱无力的自我不堪一击时，他就越需要一个可以肯定他的价值，或者带他逃离心理上的危险之地的人。他越恐惧，这个人越像上帝。

2. 心理强大就是一个人在他人面前具有无法被摧毁的心理优势

导读：在一个更有钱的人面前，一个有钱人从小人物和穷人那儿所建立起来的"心理强大"会突然崩溃——因为他用钱堆出来的那个看起来很牛×的"自我"将迅速贬值到零。

心理强大的名人博物馆里排列着这些名字：苏格拉底、耶稣、老子、荆轲、唐雎、文天祥、诸葛亮、关羽、毛泽东、切·格瓦拉……

跳出三界外的佛教隐修者，在人类智慧的最高殿堂里思考的哲学家，经受严刑拷打的革命者，充满狂热信仰的宗教信徒，杀人如麻的冷血杀手，百折不挠的商业巨头……他们都属于心理强大的种群。

这些人有一个共同的特征：在心理上极为强悍。他可以贫穷潦倒，可以承受众人的排斥迫害，可以遭受牢狱之灾，可以承受身体的剧痛，可以面对死亡的威胁，但始终保持着无法被摧毁的心理优势。

心理强大的程度，往往与一个人的优秀程度或残忍程度以及对人类的贡献程度或破坏程度成正比。因为越是心理强大，一个人就越有胆识去拯救苍生，或是对这个世界痛下杀手。

请大家注意，当我说"心理强大"时，没有说它是好或是坏，因为一个心理强大的人有可能是个无恶不作的人。用社会科学的专用名词说，它是"价值中立"的。心理强大与否本身不是道德问题，不能说好坏。但这一点非常清楚：有错的从来不是我们想变成一个心理强大的人，而是去做一个坏人！

鉴于"心理强大"的模糊性，为了让大家更清楚地明白这个概念，我要提供几种不同解释的版本。

◎世俗意义的心理强大

一个人如果能用钱砸别人，用权力压别人，他是不是很强大？

有一个美国的思想家，在20世纪60年代接受一家电台采访时说了一个故事。某天下午，一位客户走进一家邮局，要办理一个快递。这时候恰好到了下班的时间。邮局员工就告诉这位客户，叫他明天再来。任这个客户怎么恳求，邮局员工都不搭理他。当客户绝望而又愤怒地走后，看着他的背影，思想家描述，邮局员工露出了一丝微笑——一丝"施虐狂的微笑"。

这个思想家叫埃里希·弗洛姆，犹太人，精神分析大师，和平主义者，一个好人。

现在的问题是：邮局员工在客户面前是不是心理强大？

弗洛姆斩钉截铁地回答：根本不是！靠权力施虐的人完全是一个懦夫。恰恰是因为他们的自我衰弱无力，他们才需要通过"合法"地行使权力，捕获、虐待那些可以被他们的权力支配的猎物来让自己感觉到很有力量。用钱砸别人的人同样如此。

换言之，他们的强大仅仅是他们握有权力所造成的心理幻觉。假如你也认为这些人强大，那么，我要冷酷地指出：你只看到了事物的表象——这个世界展示给你看的是什么样子，在你看来好像世界就真的是这种样子。

我们经常被很多表面的现象所欺骗。这个时候，与其去指责骗子，不如反思一下，自己的大脑和心理是不是出了问题？一个人在对另一个人失望的时候往往说，"都怪我看走眼了！"或"都怪我眼睛瞎了！"其实根本不是这样，真正的原因是他的心"瞎"了，他其实是根据自己心里的意愿和想象把别人看成了某种样子，但可惜别人不是。

当然，说邮局员工的强大只是一种幻觉，是就本质而言。作为一种客观现象，我们仍有必要承认他们在比他们弱小的人面前，还是感觉挺爽。这就是世俗层面的心理强大，它是真正的心理强大的赝品。

世俗层面的心理强大有一个特征：一个人的心理就像一个收缩袋，碰到比他弱的人就使劲膨胀，碰到比他强的人则急剧萎缩。

确实，没有什么妨碍一个富人在小人物和穷人面前突然之间在心理上显得强悍无比。但是，根据同样的心理逻辑，也没有什么妨碍他在一个更有钱的人面前，从小人物和穷人那儿所建立起来的"心理强大"突然崩溃。因为他用钱堆出来的那个看起来很牛×的"自我"将迅速贬值到零。

世俗意义上的心理强大只是一个概念的偷换。一个人占有了在社会上"强"的东西，比如金钱、权力、地位，在心理上就把这些东西当成了他的自我，把它们的"强"变成了他自我的强大。

◎智力层面的心理强大

一个聪明人之所以在一个笨人面前有心理优势，仅仅在于聪明可以玩别人，而愚笨只能被人玩这一深入人心的社会游戏有利于他。

但是，一个对世界了解很多的人的心理强大，却是因为他可以看到一些事情会发生或不会发生，从而为他增强了对由世界的陌生性所带来的危险的心理防御能力。知道明天会下雨，明天的下雨对于他来说便是一件虽然客观上不可控制，但在心理上却可以控制的事情。

◎哲学、宗教意义上的心理强大

斩断和这个社会的心理联系可以让一个人超凡入圣。但这种哲学、宗教意义上的心理强大在这个世界上只有少数人能获得—比如宗教隐修者、古典哲学家。

在这些高人面前，世间的一切纷扰都被他的理性能力，或终极的信仰一一化解。甚至死亡都不是一种威胁，而是世间生活的自然延续。或许它还是天堂的入口。

在社会中生活的绝大多数人永远无法在心理修炼上达到这些高人的高度。在心理上他们无异于另一种生物，但他们是一个理想的观照。乌托邦的意义绝不在于实现它，而是让人看到，如果这个世界上有让人感觉不能忍受的苦难，那么，人们可以并且应该去追求的是什么。

没有多少人可以像宗教大师和哲学大师那样去生活——要像他们那样去生活本身就是一种思维的误区。但是，这从来也不妨碍，我们可以而且应该像他们那样去思考。

◎心理变态类、精神病意义上的心理强大

有两种人也心理强大：宗教极端分子和冷血杀手。

对宗教极端分子来说，要做到心理强大必须满足以下几点：

（1）他所信仰的对象必须被设定具有万能的力量，而他彻底依附于这个对象，分沾了这个对象的属性，让自己感觉到了这种力量。如果上帝那么牛×，而我变成了它的一部分，或者有它罩着我，那么，我在别人面前也足够牛×。

这一招其实不仅宗教极端分子在玩，很多人也在玩。

比如，按有钱就牛×的游戏规则，某个富裕省份的人总是瞧不起贫穷省份的人。我们甚至可以看到这样搞笑的一幕：一个富裕省份的穷人，都可以在一个贫穷省份的富人面前炫耀优越感。按实力的规则，这很让人费解：你都没别人有钱，在别人面前牛×什么？秘密在于这样的一种社会心理机制：虽然我是个穷人，被本省的人瞧不起，但是，因为这个省富裕，所以也就相当于我富裕；而你虽然比我有钱，但是，你属于贫穷的省份，所以也相当于你穷。综上，我比你有钱，所以，我可以瞧不起你。

这意思是：虽然我在本省只是一条虫，但是，因为我是它的一部分，所以，我在你面前是一条龙。

我想说，穷人在心理上喜欢搭富人的便车，因为自己和富人是一个地方的，便获得一种自己也牛×的幻觉，这种癖好是没有出息的。

（2）这种信仰必须设定至少一个"异端"或"敌人"，信徒有神圣的义务消灭他们。

（3）消灭这些"异端"和"敌人"，是一个人履行神圣的信徒义务，由此将获得信仰的最高褒奖。

看到没有？这三点分别给予宗教极端分子以力量感、愤怒和对生命的蔑视。

它们一个比一个强大。

　　冷血杀手与此稍有不同，但在心理依恃上没有和宗教极端分子分道扬镳。虽然没有一个万能的信仰对象给他力量感，但他同样有两个可怕的武器：愤怒和对生命的蔑视。他对社会充满了仇恨，攻击性十足，像一头潜伏在黑暗深处的饿狼，随时准备向毫无防御能力的猎物扑去。

　　一个人越显得愤怒，恐惧就越不会袭击他。所以，愤怒有时候是人消除恐惧的方法，因为当你体验到愤怒的时候，你就不会再体验到恐惧。

　　愤怒不仅仅可以驱散恐惧，还可以让人有力量感。任何愤怒都力图指向一个对象，它意在毁灭这个对象。在这个对象面前，一个即使曾经是多么软弱无力的人也可以一跃而成为一个主动者。力由他指向外在的对象，而外在对象则是他的力的承受者，相对就处于弱势。如果他具有足够的愤怒和仇恨，这种力的强度就会越大，外部世界也就越弱，他在心理上就足够强大。

3. 很多人的"成熟"只是就混社会而言，但在心理上他从来没有长大

　　导读：如果你已经为人父母，如果你的孩子喜欢撕东西、砸东西，那就让他撕吧、砸吧；慢慢长大后，他可能不再砸东西了，又开始拆一些玩具，如果是这样，那就多买点玩具，让他多拆吧；等到再长大一些后，他就不再砸了，也不再拆了，他要去创造！

小时候得不到满足的东西，在心理上一个人对它一生都感到饥饿

　　冷血杀手的破坏力是惊人的。
　　赵承熙拿着枪在美国弗吉尼亚理工大学校园里狂射，32个人马上就成为他的

枪下之鬼。杀手加藤智大在日本东京闹市街头持刀一路砍杀，虽然刀不是大规模杀伤性武器，但也造成了7人死亡、10人受伤的重大人身安全事故。

但赵承熙和加藤智大都不是精神病。他们一个是把自己想象成恶魔，一个是把自己想象成英雄，这样才敢杀人。

在中国，赵承熙和加藤智大不乏同道。像马加爵同学、邱兴华同学、石悦军同学、郑明生同学等都是冷血杀手。

尽管和马克思、爱因斯坦并称为"犹太三巨头"的弗洛伊德曾遭受百般骂名，但至少，这是一个根本性地改变了世界的牛人，他这句话绝对是真理：往往是过去把我们弄成了现在的样子。

注意，有一件事情强烈刺激到了你，你意识到了，那就永远不会消失。看起来它不在了，其实只是被你压抑到了黑暗的内心深处，它还会乔装打扮，通过迂回曲折的通道来暗中影响你、操纵你。

冷血杀手在成长（包括小时和成年）的过程中，都至少有以下特征中的任何一种，或经历过以下事件的任何一件：

（1）不能超越幼儿期的破坏性；（2）经历过某种心理创伤；（3）在成长过程中消除了对生命的敬畏。

过去，常常给我们的现在和未来下绊

先说第一种。

一个人虽然长大了，但在心理上可能还是一个幼儿。

我们不要看一个人是一个大人，就以为他"成熟"了，他可能在混社会的意义上成熟了，但在心理上，还是一直"固着"在小时候的某个阶段。有的人甚至活了一辈子，在最深层的心理特征上，都是一个婴儿。

比如，有的人好像觉得谁都欠他的，谁给他什么都是应该的，不给他就会恼怒，就是他在心理上还没有长大。这个世界，还像他当初处于父母的庇护之下，想要什么就要什么，不给就生气的世界一样。

有的人一辈子都不会从心底里爱上一个人，体验到什么叫爱情，一样是没有长大，因为他还像小时候一样，缺乏爱的能力。

弗洛伊德曾经把那些对金钱贪得无厌的人称之为在心理上还处于婴儿的"肛门阶段"，因为那段时期婴儿最喜欢摸大便，而大便和黄金有点儿像，都是金黄色的嘛。

我不知道因为黄金和大便在颜色上有点儿相似，弗洛伊德就得出这个结论有多大的说服力。但相信我，一个人如果不能在心理上超越他小的时候，那么，小时候干了什么事情，他长大后一定会想方设法去干，哪怕是变相地，他也要去干。他活着当然不是为了这个，但如果他不去干，他会难受得要死。

问一下自己，你最喜欢吃的东西是什么？往往是你小时候吃过，非常喜欢吃，但却没有机会大肆地饱餐一顿的东西！比如一种水果，一种小吃，小时候你因为没有足够的钱痛快地吃一回，在心理上处于饥饿状态，那么你一生对它都感到饥饿！

我们都知道幼儿喜欢破坏，拆玩具、撕纸、摔东西之类。他们为什么喜欢？其实是这样：如果说创造一个东西会让人感觉自己有力量，那么，毁灭一个东西也可以达到同样的效果。幼儿能造出一个东西吗？

对于人的心理来说，最可怕的并不是创造和破坏，而是既不能创造，又不能破坏，那意味着力量的瘫痪。

"富二代"也抢劫，你信吗？如果你不信，那说明你对人的心理是多么不了解。辽宁盘锦有一个富二代，驾驶豪华轿车模仿好莱坞警匪片情节，不到20天连续抢劫5起，共抢到4600元。媒体在报道时，说他抢劫是为了"寻求刺激"。

要"寻求刺激"的有钱人在今天也未免太多了点，注意一下各地的社会新闻，你会发现，这些人好像已经养成了抢劫、强奸、杀人、放火的爱好。

但我在这里要揭露一下媒体的浅薄。一句"寻求刺激"就把"富二代"抢劫的原因给打发了。这些"富二代"抢的不是钱，是无聊空虚。一个人无聊空虚，恰恰是因为他既不能创造，又不能破坏。他内心想要显示自己有无尽的熊熊大火在燃烧，如果他不愿意自己被烧死，就必须有一个出口。

创造是艰难的，但破坏却非常容易。4600元的抢劫成果对于"富二代"来说并不是钱的问题，而是力量的证明。虽然他并不需要这几个钱，但如果抢劫什么都没得到，他还是会沮丧，因为按照"抢劫"的定义，要有收获才完美。

一个空虚无聊、有软弱无力之感的人其实最有可能成为一个暴徒，而且下手比谁都狠！

别紧张，大多数人都会安然地度过幼儿期的那种破坏阶段。但由于家庭背景、成长环境等原因，还是有少数人在心理上滞留了下来。

所以，我建议，如果你已经为人父母，如果你的孩子喜欢撕东西、砸东西，那就让他撕吧、砸吧；慢慢长大后，他可能不再砸东西了，又开始拆一些玩具，如果是这样，那就多买点玩具，让他多拆吧；等到再长大一些后，他就不再砸了，也不再拆了，他要去创造！

你还没结婚？那现在就记住以上的话，以后教育孩子就更有"知识储备"了。

恐惧一旦在人心里扎根，就很难驱散

第二种情况。

很多人可能在小时候都被别人打过，就是没被打过，可能也被人嘲弄、辱骂、排斥过。这种伤害对一个人以后的影响之大，往往超出我们的想象。

所以，我要再强烈地建议为人父母者，一定不要轻视这些东西，如果你不想让自己的孩子以后变成一个自卑懦弱的人，或一个冷血杀手的话，就一定要注意他的心理健康。

正确的做法是：一旦知道自己的孩子被人欺负，不要斥责他，不要说他软弱，而是坚定地站在他一边。鼓励他不要怕，一旦有人欺负自己，就要狠狠地回击，绝不能让恐惧和不安全感在心里扎根。当然，也不要主动去欺负别人。主动去欺负别人的人，长大后往往也不是什么好鸟。

有的冷血杀手就是这样炼成的：如果他被别人欺负，对心理冲击较大，他就会体验到一种别人对他的破坏带来的无力感，并具有这样的心理反应：只有破坏他人才能感受到力量。

假如他无法超越这一点，那么，这种心理反应就会发展成一种危险的心理机制：那帮混蛋让我痛苦，我要加倍让他们痛苦；并且，因为他们是"他人"，是

"他人"让我痛苦,所以我也要让属于"他人"的任何一个人痛苦—让他们最痛苦的方式,就是毁灭他们!

一个人要杀人,他必须先在人性层面杀死自己

再看第三种情况。

纳粹德国的军人当年屠杀犹太人时,有很多人得了神经症;而日本人当年用刺刀捅杀无数中国人,却完全下得了手。难道是因为德国纳粹比日本鬼子文明?

和文明无关。真正的原因是:德国纳粹只把犹太人视为"劣等民族",但再"劣等",犹太人都还被看成是人;而日本鬼子则是把中国人当成猪狗。杀人有心理障碍,但杀猪狗却不会。

杀人意味着一个人必须先在人性的层面杀死自己,并遭受人性的报复。因为这种区别,德国纳粹得的是神经症或精神病,日本鬼子则更多的是心理变态。

他们逃避良心谴责的方式也有区别。德国纳粹是靠"我只是在服从命令"来说服自己不应承担这个责任,自己没有罪;而日本鬼子则是靠蔑视和狂热的信仰,除了他们觉得杀"猪狗"不值得大惊小怪外,还有一个"天皇"罩着他们。

德国纳粹和日本鬼子当然有很多人渣,就是不发生战争也会杀人。对于这些人来说,他们杀人不是受到法西斯宣传的影响(意识形态只是让他们更合理和无风险地去杀人),而是在自己的思维和性格上,根本就不把人当成生命。

为什么呢?你是否听说过这样的说法,就是有些男人不想找学医的女人做老婆,因为她们太懂得人体的生理结构了,没神秘感。不管这是不是偏见,想一下,如果把做爱这档子事只是科学地看成是一种人体器官相互啮合的健康运动,还有意思吗?"做爱"和"器官摩擦"虽然说的是同一件事情,但在心理上绝不是同一个意思!

那么,一个人如果在成长的过程中,学会了只是把别人看成是一堆肉体组织,他会觉得生命有神秘感,会敬畏生命吗?

美国心理学家斯金纳把自己的女儿当成实验的老鼠,折磨两年都下得了手,以及一些学医的人杀人时非常冷静,像动手术一样,这并不是非常奇怪的事情。

第二章

那些心理强大的人们

导读：在人际关系上会玩几个阴招、损招，会插科打诨，那只是小聪明，档次极低；中等聪明是了解人心定律，熟谙社会游戏规则，全身远祸；大聪明是顺应天道，思索宇宙人生。

1. 一个人心理越强大，他就越能洞穿万物

导读：要看穿一个人的心思，判断他是个什么人，特别要注意从他的嘴巴里蹦出来的一些词，不管它们的词义是什么，都提供了一个人心底里的信息。说谎时，一个人的眼睛和手势会出卖他；和人打交道时，一个人的用词也会出卖他。

只要一个人是个演员的同时也是个观众，你就无法伤害他

围棋高手有"段位"一说，心理强大也是有级别的，我把它划分为五级。下面，我们先邀请著名表演艺术家"凤姐"出场。

人物：凤姐（真名罗玉凤）

职业：超市收银员、网络红人

心理强大事迹：装疯卖傻

心理强大指数：★

还记得凤姐吗？

她当年如何使劲装傻，并在网民的滔天谩骂中收获一夜爆红的胜利果实，已经不需要我来介绍啦。人家现在都已经去了美国，还在某新闻客户端当了主笔，变成成功人士、文化人了。

你可能要问，当年那么多人骂凤姐，她还是一如既往地卖命表演，她的心理就那么强大吗？可以想象，一般人早就崩溃，不玩了。不是曾经有个前辈，在"人言可畏"中自杀了吗？！

放心，有一种心理法术，可以让凤姐一一化解网民的滔天谩骂，使其瞬间失去威力。

试想一下，在电影电视中，为什么那些演坏人的演员，从来不会觉得自己有什么道德压力？原因很简单，他们知道自己仅仅是演员，那个"坏人"的角色并不是他的自我，"坏人"干再多的坏事也跟他无关。你就是再恨那个"坏人"，也不可能搞不清楚演员和角色的区别，恨到演员身上吧？

当然，在20世纪40年代，是有过因革命战士无法压抑对恶霸地主的阶级仇恨，要开枪打死扮演黄世仁的演员的事发生。但分不清演戏和现实只是一个小概率事件。

所以，威武的凤姐的心理法术是：把自己当成一个角色，在自己表演时，不仅做演员，也做观众！

这是什么意思？任何一个演讲大师都知道，在演讲时如果不注意观众的反应，在煽动情绪、控制观众的心理上根本就玩不下去。这不是在演讲，而只是在念稿子！

凤姐这样出招：她知道自己仅仅在演戏，并且一边演，一边看着自己演。这样，就把自我和自我扮演的那个角色在心理上剥离开来，不混为一谈。这有什么样的心理效果呢？就是我们上面讲的，她就会觉得那个呈现给大家看的傻×根本不是她自己，那只是她扮演的一个角色。既然如此，你们骂吧，反正你骂的不是我本人！

这算什么，还有两招。

其中的一招是：她在表演一个傻×时，已经料到了你可能的反应——骂。这样，她对于滔天谩骂就有了心理准备。一切都在她的掌控之中，并且还有一种玩恶作剧作弄大家的快感。

另一招更牛，隐藏着一个网络红人走红的天大秘密。

这一招是：凤姐不仅当自己的观众，她还当观众的观众。就是说，在她表演时，那些骂她的观众也变成了演员，她让自己变成一个观众，待在一个隐蔽的角落欣赏他们的谩骂表演！

这话有点儿像绕口令。但想象一下这样的情境：当一个人骂你时，他就是一个演员，在向你这个观众表演他的骂人技能和素质；但如果你回骂他，你们的演员、观众角色就瞬间互换了，他成了欣赏你的骂人技能和心头怒火的观众，而你则成了向他演示这些东西的演员。

为什么心理强大的一个首要标准就是要保持冷静，控制自己的表情和情绪？

原因之一就在于，当你无法冷静时，你就成了一个演员，处在明处，把自己暴露在了处在暗处的对方的枪口之下。

凤姐以及一干网络红人的成功，恰恰就在于，他们用自身的表演设了一个局，一个控制网民心理的局，刺激大家进来狠狠地骂他们，尽情地表演自己在凤姐们面前的智力优越、心理正常、道德崇高。

一旦这样，凤姐就成了在一边欣赏网民表演的观众，网民的那些谩骂怎么可能对她有杀伤力？

看到凤姐这种女人，居然认为只有清华大学硕士毕业的男人才配娶她，你是不是无法保持情绪的稳定，忍不住要狠狠地骂她，认为她也配得上？很好，你上套了，你的心理反应，正是她所需要的！

没有观众，戏是演不下去的。对凤姐最大的心理打击是什么？是完全无视！因为一个人越难有情境来表演，他就越意识到自我的卑微。

所以我要说：在炒红一个人上面，广大网民也真够有人道主义精神的。凤姐有必要隆重感谢他们的配合。

凤姐这样玩是心理强大吗？你已经看到了，不是，它不是一个人正常心理状态的反映。只要演戏的情境消失，"心理强大"也就不存在了。

一个人的用词会出卖他

像凤姐那样，依靠营造一个情境玩弄心理法术来获得心理强大，只是初级水平。有一个人比她在心理上更强大，这就是范跑跑先生。

人物：范跑跑

职业：中学教师

心理强大事迹：在汶川地震中抛下学生逃命，发帖鼓吹行为正确，后在凤凰卫视与人辩论，在道义和逻辑上战胜对手

心理强大指数：★★

镜头回放，看一下范跑跑同学在凤凰卫视和著名道德家郭松民同志的经典辩

论场景。此前，无论范跑跑怎么论证"跑跑有理"，在道德上都是输家，但经此一役，乾坤倒转。

以范跑跑的逻辑，其实任何一个粗通逻辑学和哲学的人都可以击败他（坦白说，如果你认为他的话挺有道理，你真应该去学一下逻辑学和道德哲学的基础知识，提高自己的知识和分析能力）。松民同志擅长写时评，所以辩论水平应该不至于差到哪里去。然而在跟跑跑兄辩论时，强烈的道德义愤害了他。所以我们很悲剧地看到，除了指责，他在场上几乎什么也不会了。

在一个不允许耍赖的场合，犯规就等于举手投降。一个人进攻时如果忘记了对自己的心理进行控制，结果只有一个，就是把自己暴露在敌人的枪口之下，失去还手的能力。郭松民完全忘记了，现场辩论不是写文章，你要和对手玩，就不仅仅是智力的较量，同时还是心理的搏杀！

而范跑跑以他冷静的反击，成功卫冕"跑跑"运动会的心理强大冠军。

范跑跑同学是如何做到的？请注意他的台词！他反复地提到"自由""北大""无所谓崇高""你们就装吧"之类的关键词。

秘密就在这里。

我在这里教给大家一招：要看穿一个人的心思，判断他是个什么人，特别要注意从他的嘴巴里蹦出来的一些词，不管它们的词义是什么，都提供了一个人心底里的信息。说谎时，一个人的眼睛和手势会出卖他；和人打交道时，一个人的用词也会出卖他。

◎自由

范跑跑多次强调他热爱"自由"。不管是否如此，他在心里确实相信自己真的信仰这个，占据了道义上的最高点。一个人如果在心理上占据了这个道义上的制高点，也就转化成了他心理上的优势。

◎北大

"北大"这块金字招牌在中国何等威武。威武到什么程度？威武到一个北大毕业的小白领，在他小学毕业的老板面前，都可以有心理优势：不就是一个暴发户吗？老子是北大的！

所以要承认这个现实：只要一个社会以金钱、权力、容貌、文凭、职业、身份等东西来论英雄，排排坐，吃果果，那么，除非你是北大、清华之类学校毕业的，否则，无论你嘴巴上说什么，在心里都会感觉北大、清华的学生比你牛。当然不是他在能力上比你牛，而是在"价值"上比你牛，他有"北大"这个牛的资本啊。凭这一点，范跑跑同学就可以骂很多没有上过北大的人：你们在我眼里算个屁啊！

◎无所谓崇高

说"无所谓崇高"，下一句就是经典的"我是流氓我怕谁"了。这是跑跑同学的另一招数：取消道德判断。

郭松民和很多人是靠道德的游戏规则来判范跑跑死刑，剥夺道德权利终身，并准备在凤凰卫视执行枪决的。但范跑跑是什么人啊，哪能这样就轻易被跨省抓捕？他非得破坏你的游戏规则不可，甚至他都不跟你一起玩游戏！

如果他不和你玩同一个游戏，你就不可能靠这个有利于你的游戏规则击败他。

◎你们就装吧

范跑跑力图让自己相信，骂他的人都是在装。

缺少真实就会缺少力量。纸老虎只能吓倒眼睛被恐惧蒙蔽的人，而吓不了冷静的观察家。既然这些人在范跑跑看来都是在装，那么也就等于，他们的心里其实很虚。

范跑跑采取这种心理战略，还可以成功地反击。既然别人是在装，那他们比自己还要不堪—毕竟自己好歹也是"真小人"，而郭松民们不过是"伪君子"而已。

一个人越相信自己所扮演的角色是真实的自己，他就越无所畏惧

我要补充一点，范跑跑之所以心理强大，还有一个天大的秘密。

我们看到电影里，只要一个军官大喊一声："国家和人民在看着你们！"一群士兵就可以在战场上冲锋陷阵，慷慨赴死。为什么？

原因很简单：很多思想家都说过了，这句话把战场变成了一个舞台，而尸横遍野、炮火硝烟则是舞台的布景。在这个舞台上，他们真诚地相信，战士的身份就是真实的自己，在国家和人民这些观众的注视下，他们必须按剧本要求演好这个角色。

同样，对于范跑跑来说，汶川地震的背景也构成了一个舞台。当所有人的目光投向他的时候，他就不再是中学教师范美忠，而是变成了一个以自己的行动对抗"伪道德"，高擎"真诚"和"自由"旗帜向观众布道的斗士。他被骂得越多，那些"伪善"的人就越像个屠杀"真诚"和"自由"的魔鬼，他就越焕发出对抗的勇气。

一个人在心理上越是真诚地相信自己所扮演的角色就是真实的自己，就越具有勇气去做一切事情。特蕾莎修女可以用一生去救助穷人，就在于她从未怀疑过，作为一个修女，必须在上帝的注视下为穷人送去福音。

我们的心灵被这个法则控制：一个人一无所有，他便一无所是

范跑跑同学动用了一些心理保护机制，在裸奔的同时还搬来了"北大"之类的救兵，才让自己在心理上显得强大。不过，和曾经的房地产大佬任志强比，就根本不在一个等级上。

人物：任志强

职业：北京华远集团前总裁

心理强大事迹：经常放炮为高房价辩护

心理强大指数：★★★

裸奔并不需要多大的勇气，所以，从古至今，裸奔在技术上难度并不高。不要说范跑跑这样自命的"自由斗士"，就是一个泼妇、一个小混混都可以轻松胜任。

但在全民痛斥高房价时敢于顶风而上，仅仅凭勇气是不够的，它还需要实力的支撑。

任志强同志对于广大百姓深恶痛绝的高房价，有过一系列英雄主义兼浪漫

主义的豪言壮语。比如,"穷人就该买不起房子"、"买不起房子为什么不回农村"、"房价是门槛,买不起就别住北京"。

这些充满社会达尔文主义色彩的话,出自一个房地产商嘴里,可想而知,在一个很多人不要说做"房奴",甚至连做"房奴"的机会都没有的社会里,会引起多大的轰动。志强同志这不是"欠揍"吗?

所以,任同志每有一句豪言壮语出来,在网络上都会响起一片骂声。曾经,在大连的一个论坛上,还有"房奴"以扔鞋的经典姿势向他表达严正的抗议,上演了一出美国前总统布什在伊拉克被"人鞋炸弹"袭击的山寨版。而任同学竟然也很有自知之明,承认自己是"全国人民最想揍的人"。

那他的心理为什么看起来如此强大无比?

我曾注意观察过在凤凰卫视《一虎一席谈》上志强同志与别人的辩论过程。那一刻,我承认他有足够的理由睥睨一切。他在论证自己的"欠揍"观点时,毫不慌乱,有理有据,有数据有分析,几乎无懈可击。而且,他还善于抓住对手的漏洞,一招击溃对方。

这样的人已经具有心理强大的一个重要特征:在具有足够的知识储备和理性分析能力的基础上,保持心理定力,在博弈时绝不让对手撩起自己的一丝情绪;对手向自己发出任何信息,都可以用自己的大脑进行解读并瞬间做出反应。

当然,志强同志还有显赫的身份和家庭背景,这在心理上也变成了他的潜在实力。

除此之外,志强同志显得心理强大还有一个和跑跑同学一样的秘密:投入到了演戏的情境。他还借助了一种心理法术,把自己所说的话理解成"真话",并想象自己是在向观众传播房地产业的"真理"。

一个自认为是在传播真理的人,如果他不具有心理优势,请问谁有?

有的聪明人之所以是个懦夫,是因为心里没有真正的自信

如果剥去价值判断,任志强的心理强大算是"成功人士"的高级版本了。不过,这样的心理优势在诸葛亮这种高人面前,就不是一个级别的。

人物:诸葛亮

职业:三国时蜀汉总理兼总司令

心理强大事迹:玩空城计骗过司马懿

心理强大指数:★★★★

无知者无畏,但有知者更无畏,这是著名政治家、军事家、谋略家、作家、外交家、木牛流马专利发明人——诸葛亮先生在他的博士论文《论聪明和心理强大的关系及转化机制》中告诉我们的。

在这个世界上,并不聪明却自以为聪明的人黑压压一片,望不到尽头。按苏格拉底"我所知道的就是自己一无所知"的说法,"自以为聪明"的意思其实是"愚蠢到不知道自己愚蠢"和"愚蠢到以为别人都很愚蠢"。

在人际关系上会玩几个阴招、损招,会插科打诨,那只是小聪明,档次极低;中等聪明是了解人心定律,熟谙社会游戏规则,远祸晋身;大聪明是顺应天道,思索宇宙人生。

有一个现象很让人奇怪,有些人也很聪明,很博学,但在突如其来的打击面前却不知所措,在危险面前颤颤发抖,一不小心就被秒杀。他们懂得那么多,还会害怕?

当然会!原因很简单,他们被利益和求生的本能劫持。在危险面前,他们没有用智力来抵挡,帮助自己化险为夷。外界控制了他们的内心——无论是利益,还是求生,绳子都由外界牵着,他们的智力不再起作用。在这样的状态下,心理上自然是软弱不堪的。

诸葛亮绝不是这种智力上的巨人、心理上的懦夫。他完美地阐述了:一个人可以在智力上厉害,同时在心理上强大。

原理并不高深:假如一个人真的在智力上非常厉害,并且已经得到了外界和自己的认可,这种"自信"就被带入了他的心理结构之中,使得心理结构得到填充,让自己在心理上也很强大。有些聪明的人之所以在心理上是个懦夫,就是没做到这一点。

诸葛亮最经典的心理强大案例不是舌战群儒,而是玩空城计。

诸葛亮从哪儿得来的胆量玩空城计?原因有二:

第一，实属无奈。身边没有大将，只有两千五百人马在城中。这么少的人根本就只能当司马懿大军的下饭菜。逃跑只有死路一条，按常规防守也守不住。因此，不如放手赌一把。

第二，他的对手是司马懿。司马懿是何等人物？一个同样聪明绝顶的人，和诸葛亮正是同类，恰恰是同质的对手。

同质的对手有时候极难对付，有时候恰恰最好对付，因为双方玩的游戏规则是一样的。而不同质的对手，有时候却极难对付，因为他和你玩的游戏规则不一样，根本不按你的规则出牌。

放在空城计上，道理是这样子的：司马懿一看诸葛亮摆出城门大开并且还端坐城楼自如抚琴的架势，第一反应就是有埋伏。这样，他就按诸葛亮的期待出牌，诸葛亮也就有救了。如果是一个有勇无谋的莽夫来，一看这种架势，管你埋伏不埋伏，第一反应就是杀进城去，那诸葛亮就完了。他绝不会以这种架势来对付莽夫。

诸葛亮知道自己是什么，也清楚司马懿知道自己是什么。这就进入了一场博弈。

让我们来看一下"诸葛亮"这颗智力高超的大脑在这场博弈中的简单运作过程：

（1）我既不能打也不能跑，那么要保住我自己，必须让司马懿退兵；

（2）如何让司马懿退兵？很简单，让他认为我有埋伏；

（3）如何让司马懿认为我有埋伏？玩空城计，制造认知的反差效应：正如越危险的地方越安全，看起来空空的城池，可能在里面和周边埋伏着无数的军队！而司马懿知道我平生谨慎，不会轻易冒险；

（4）司马懿不是傻子，了解我诸葛亮，知道我不会轻易冒险，所以我冒险可能是一个计谋；

（5）那么，如何让司马懿相信我真有伏兵，而不是玩空城计？装！装得镇定自若，毫不慌乱，因为越不慌乱，越表明背后有实力支撑！

前面四个环节对于司马懿来说只是雕虫小技，但他在决定性的最后一个环节上却只能败下阵来。这就是残酷的心理较量，诸葛亮如果心理不强大，根本无法装得像，更不可能镇得住司马懿！

你看，关键时候装还是很管用的。关于伪装和心理博弈，在后面的章节我还会有更详细的分析和揭示。

理性之所以具有不可战胜的力量，是因为它对人构成了一种真正的说服

强中更有强中手。诸葛亮的心理强大和苏格拉底又不是一个档次。

人物：苏格拉底

职业：古希腊哲学家

心理强大事迹：被雅典公民大会判处死刑，不逃走，平静地喝毒酒而死

心理强大指数：★★★★★

公元前399年，苏格拉底被指控不敬神和毒害青年，被雅典公民大会判处死刑。他为自己做了辩护，但只是"无罪"的辩护。他并不怕死。

审判当然是不公正的。他的朋友克里托曾经到牢房里劝他逃走，并妥善安排了一切。但他拒绝了，还说服了克里托。在他生命的最后时刻，他还在和来看他的人讨论严肃的哲学问题。

当毒酒端来的时候，苏格拉底镇静而毫无畏惧地一饮而尽。朋友们看着都流下了眼泪，而苏格拉底反过来安慰他们勇敢些。他慢慢地在屋子里踱步，然后双腿发沉，躺了下去，最后安详地闭上眼睛。他在死亡面前的冷静让人惊心动魄，绝对无愧于那个时代"最勇敢、最聪明、最正直"的人这一称号。

苏格拉底在心理上为何那么强大，以致在死亡面前都如此平静？原因在于，他的哲学思考、他的理性能力在力量上远远战胜了死亡。他的存在对于生死已构成一种超越，更不用说我们凡人所看重的那些世间荣辱。

而理性之所以有那么强大的力量，是因为它对人构成了一种真正的说服。这一点我在后面会详细讲到。

我们先看一下死亡在苏格拉底眼中到底是一种什么样的图景。柏拉图在《申辩篇》中如是记载，我忠实地抄录如下：

苏格拉底：死亡无非就是两种情况之一。它或者是一种湮灭，毫无知觉，或者如有人所说，死亡是一种真正的转变，灵魂从一处移居到另一处。

如果人死时毫无知觉，而只是进入无梦的睡眠，那么死亡就真是一种奇妙的收获。我想，如果要某人把他一生中夜晚睡得十分香甜，连梦都不做的一个夜晚挑出来，然后拿来与死亡相比，那么让他们经过考虑后说说看，死亡是否比他今生已经

度过的日日夜夜更加美好,更加幸福。好吧,我想哪怕是国王本人,更不要说其他任何人了,也会发现能香甜熟睡的日子的夜晚与其他日子相比是屈指可数的。

如果死亡就是这个样子,如果你们按这种方式看待死亡,那么我要再次说,死后的绵绵岁月只不过是一夜而已。

另一方面,如果死亡就是灵魂从一处迁往另一处,如果我们听到的这种说法是真实的,如果所有死去的人都在那里,那么我们到哪里还能找到比死亡更大的幸福呢?

如果灵魂抵达另一个世界,超出了我们所谓正义的范围,那么在那里会见到真正的法官……如果你们中有人有机会见到奥菲斯和穆赛乌斯、赫西奥德和荷马,那该有多好啊?如果这种解释是真的,那么我情愿死十次。

这样对死亡的哲学思考是否让你觉得死并不可怕?也许,这只是哲学家的一种看法。对世界的一种看法即是对世界的一种解释,这种解释会使世界看起来是一种样子而不是另外的样子。

一个人大脑中的世界图景会对他的心理产生影响,即从智力结构"移"到心理结构;反过来,心理世界中的图景,也会"移"到他的智力结构,即心里面潜意识怎么想,大脑就怎么认为。假如一个人认为社会上的人很友善真诚,那么,他就不会在心理上觉得别人总想着害人坑人;如果他在心里面总感觉有人要害他,那在他眼中,很多人都不是好人。

但是,你也看出来了,苏格拉底并没有论证,而只是"设定"死亡就是这个样子,严格来讲并没有诉诸理性。

但苏格拉底牛×就牛×在,他并不就此止步,不怕死并不是靠意淫,靠强迫自己相信死其实是一件美妙的事。在柏拉图的《斐多篇》里,他还进行了极为精彩的论证。

论证较长而且复杂,占去了《斐多篇》大量篇幅。在这里,我无法一一抄录,而只能把他的逻辑梳理如下:

(1)我们的欲望会影响我们的判断。因此,一个人要想获得真理,必须摆脱身体欲望的诱惑。

(2)真正的哲学家能够摆脱身体欲望,超越于可见的身体而专注于不可见的灵魂。

（3）人有身体和灵魂，死后无非是肉体本身与灵魂脱离之后所处的分离状态，以及灵魂从身体中解脱出来以后所处的分离状态。

（4）人死时，对于一个超越了身体欲望而接近不可见的理念世界的哲学家来说，死时，灵魂从肉体中解脱出来是纯洁的，它进入了理念世界，因为在他的今生，灵魂从来没有在肉体中封闭自己。而普通人的灵魂与肉体结合在一起或被肉体所封闭，因此死时并不能不受污染地脱离肉体，它们无法进入不可见的纯粹的理念世界，而会被拉回现实世界，只在坟墓和坟场里徘徊：那些影子般的幽灵就是这些还没有消失的灵魂。

（5）既然一个哲学家生时专注的是与灵魂联系在一起的理念世界，并尽力摆脱或已经摆脱了身体的欲望，而且死只是灵魂彻底离开身体进入一个真正的理念世界的过程，那么生和死就只有这样的区别：生时，灵魂尚存在于身体；死后，灵魂彻底脱离身体进入纯粹的理念世界。

（6）这样，死不过是生的延续和超越而已，它是在一个人经过艰苦的哲学修炼后的自然归宿。这意味着，那些以正确方式献身于哲学的人实际上就是在自愿地为死亡做准备，他们实际上终生都在期待死亡。

（7）那么，在这种长期为之准备和期盼的事情终于到来时，他们又怎么会害怕呢？

看到没有？多么牛×的推理！

2. 做到心理强大，即是对命运的掌控

导读：能够控制自己的情绪，冷静应对，不为环境和他人所操纵，并且能快速地做出判断，是一个人掌握自己命运的起点。

诸葛亮和苏格拉底虽然对于心理问题频发的当今社会来说非常遥远，但他们

的存在表明：一个人如果心理强大，那么他在心理上和理性能力上都将达到一个什么样的生存高度！前面一个可以让谁都无法击败你，后面一个可以让你洞悉人心，看穿万物！

我们当然不会像诸葛亮那样指挥千军万马，也不会像苏格拉底那样一生都在进行哲学思考。在现实生活中，做到了什么程度才算心理强大呢？我尝试给出一些指标：

不自卑；

能够看穿他人的表演以及一些圈套；

能够控制自己的情绪，冷静应对，不为环境和他人所操纵，并且能快速地做出判断；

在很大的打击面前，能够在短时间内恢复理智，因此从未被什么所击倒；

在最艰难的日子里一直坚守自己内心的信念，绝不动摇；

绝不患得患失；

能理性地梳理、分析，客观看待与自己有利害关系的事情；

对自己适合做什么，有什么潜力，是个什么样的人有一个准确的认知；

宠辱不惊。

只要达到四个以上指标，我相信你已不再受心理脆弱的困扰了。在这个世界上，你已经有足够的心理优势、理性思考能力去应对各种挑战！

第三章

我们的头脑、心理和世界的关系

导读：面对任何让你在心理上自卑、屈辱、窝囊、无能、愤怒、恐惧的人和事，你的对手首先并不是别人，而是让你陷入如此境地的社会和心理法则。

1. 如果不了解社会的游戏规则，那么，一个人在社会中只能迷路

导读：你喝不上汤和郁闷的原因可能是你的能力问题，也可能是社会问题，但改变的前提是：你一定得知道是什么问题。

社会就是一个里面藏有很多金银财宝的迷宫，除非有天上掉馅饼的事情发生，否则迷路者永远没份。

但对于很多人来说，恐怕从踏上社会的第一天起，就已经成为一个盲者。

"路"就是决定金银财宝归属，即资源分配的社会游戏规则。谁能看清、掌握、影响游戏规则，谁就能够占到那些金银财宝中的一部分。这个游戏规则及其内容无非是权力、金钱、名气、关系、文凭、能力、脸厚心黑、吹牛拍马、拉帮结派……

这意味着，玩不了这些游戏，或不想用这些游戏规则来玩的人，在竞争中只能被淘汰出局，成为"失败者"，还要被俗人们羞辱！你一定不会对那些俗人嘲笑理想主义者的场面陌生，或许你都是嘲笑者或被嘲笑者中的一个。

有一点需要注意，游戏规则怎么解释，怎么修改，虽然主要由实力决定，但当正义变成一种强大的力量时，它对怎么玩是有足够的发言权的。

这意味着，在不讲正义的情况下，大家可以一起抢那些金银财宝，但政治和社会都要有一个规则，这个规则的意义在于，在它的运转下，谁得到什么，谁失去什么，都要让人服气。你赢了，大家认为理所当然，都服你；而你输了，也输得心服口服。

一个社会该怎么玩才算正义，才能让大家无论输赢都服气？

为解决"正义"的老大难问题,美国的一位政治哲学大师约翰·罗尔斯想到了一个办法——大家组成社会时就要瓜分资源。自然,谁都想分得多一些,谁都不想吃亏,而且那些在分配时有优势地位的人,更倾向于以公谋私。当我知道你这样分时,我马上可以评估这对我有没有利,有利我当然干,但别人可能不干;而对别人有利,对我没利时,我也不干。所以,只要大家一开始就知道自己的家庭出身,就难以达成分配方法的共识。

那怎么办?拉一块黑色的幕布,叫"无知之幕",先把分配的结果给遮挡住,你就看不见分配的结果是什么。因此你很难评估,某一种分配方案对你有没有利。另外,你的地位、处境、爱好这些东西也被遮挡住了,让你没有屁股决定脑袋的机会。

弄好了这块"无知之幕"之后,大家就约定,共同选择一个大家接受的分配方案,订一个契约,而且在"无知之幕"揭开之后,不能反悔,就按这个游戏规则来玩。

可能出现什么样的结果?非常明显,就是大家都选择一个不是平均主义,但要有利于最穷的人的分配方案。如果你选择一个只是有利于富人的分配方案,那么"无知之幕"一揭开,你发现自己是穷人,那就哭都没有眼泪了,因为不允许反悔!而假如你选择有利于最穷的人的分配方案,"无知之幕"一揭开你发现自己竟然是"富二代",那也不必沮丧,你要做的事情只是:认识到你发财,已经有人为你支付了代价,你需要补偿他们而已,除非你是个占了人便宜还不认的家伙。

罗尔斯认为,经过以上博弈和约定,大家都会选这个正义的游戏规则:

(1)每个人都有平等的自由。谁愿意自己的自由被限制呢?

(2)机会平等。

(3)补偿最不利者。自己吃肉让穷人也喝口汤,恐怕不仅是良心的问题,正义的问题,也是在为自己吃肉购买安全保险。不懂得这个道理的人是极为愚蠢的。

你要问了,这对我有何意义?太明显了:你喝不上汤和郁闷的原因可能是你的能力问题,也可能是社会问题,在一个博弈格局中必须看准哪一种游戏规则占主导,可以扛出哪条游戏规则来增强自己的博弈能力。就算你吃上了肉,也绝不能把眼光只放在自己的一亩三分地。

2. 每个人的人生面前都有一条河，关键在于，你敢不敢下河？

　　导读：当一个男人或女人说他（她）是"单身"时，那并不说明他（她）没有女人或男人。这一点，请"剩男""剩女"们切记！

　　伟大领袖毛主席教导我们，人总是要有点儿精神的。

　　在掏出小本本学习主席的这个重要讲话精神后，我发现，对于芸芸众生来说，从踏入这个世界的第一步开始，前面就有一条河。

　　这是一条"存在主义之河"。

　　名词解释一下，"存在主义"是一个19世纪末到20世纪50年代在西方影响巨大的哲学流派，在20世纪80年代的中国又火了一把。打地基把房子立起来的人叫克尔凯郭尔，然后海德格尔、蒂利希、萨特这些杰出的建筑和装修设计师合力把这所房子给修得非常气派。

　　精神病院里当然住着精神病人。"存在主义"这座房子里面住着的是一群什么人呢？一群在精神上极为痛苦的人！"存在主义"就是一群已经"上路"，但还没有走到河对岸的人的避难所。

　　多年前，我也曾经在这所房子里待过一段时间，所以印象极为深刻。

　　克尔凯郭尔是丹麦的一个"富二代"，有钱有闲，迷上了哲学。哲学家素来有单身的优良传统，他也坚决地继承了这一传统：爱上一个漂亮的贵族小姐，但为了哲学，拒绝了爱情和婚姻。这样一个不食人间烟火、背负着人类苦难的忠诚战士，当然会遭到大伙的嘲笑和羞辱，就连小孩儿都敢欺负他。在哥本哈根街头，经常有一帮小屁孩儿在他身后拿小石头砸他，一边砸还一边学克尔凯郭尔走路的节奏，恶搞他的一本书的书名，喊"非此—即彼—非此"，相当于"左—

右一左"。

和老大克尔凯郭尔相比,屈居二弟的海德格尔就惨多了,典型的穷N代。现在常有房地产商在销售楼盘时,打出"诗意地栖居"和"××××是存在的家"的广告,就是从海德格尔那儿抄袭来的(海德格尔的名言是"语言是存在的家"——作者注)。他们不知道,海德格尔年轻的时候不要说买不起这些楼盘中的一平方米,就是有一根鸡腿吃,他都觉得过的是天堂般的幸福生活了。

他出生在德国农村,老爸只是一个杂工,处于水深火热之中,过着牛马不如的生活。海德格尔读小学的时候,一直营养不良,到中学时,学费都交不起了。他之所以能够读出来,最终出人头地,靠的是"希望工程"和朋友资助。在中学时,为了读书,他不得已签订了"卖身契",答应以后做牧师,才换得教会给自己出学费。在大学时,他由于身体原因,要撕毁卖身契,教会一怒之下不拿钱给他了,让他差点儿退学。后来还是有朋友资助,才能够读出来,并混进上流社会。

海德格尔这人是典型的"凤凰男"。穷苦出身,他最清楚自己如何才能上位,因此先是猛拍德国学术界一言九鼎的哲学老大胡塞尔(他是犹太人)的马屁,成为胡塞尔的助手,混了一个好位置。纳粹得势上台后,他又拍纳粹的马屁,最终把胡塞尔给推到一边,自己当了弗赖堡大学的校长。如果在哲学家中,卑鄙也可以作为一个奖项评选的话,海德格尔一定当仁不让。

蒂利希这人看起来高深莫测。在海德格尔眼中,宗教这玩意儿意思不大,把自己的一生交给上帝,实在没有什么吸引力。但蒂利希还真是一个把自己交给上帝的人。

第一次世界大战的时候,他就是一个随军牧师。希特勒上台后,他跑到了美国,致力于把存在主义和基督教神学"一锅煮"。最后,他红了。这里面除了实力,还有一个重要的原因,美国是新教国家,蒂利希迎合了美国人民对新教的深刻理解。他的成功证明:你要向人民宣扬一种非常牛×的道理,也是需要拍他们的马屁的。原因很简单,你并不是上帝。

萨特这人最喜欢玩深沉,巴黎塞纳河畔的咖啡馆里经常出现他的身影。顺便说一句,现在很多小资、白领都以在咖啡馆里喝咖啡来显示自己有情调,这其实非常装。同样是喝咖啡,有的人只是在浪费时间,而有的人却可以产生无比深刻的思想，这就是档次的区别！

　　萨特也是保持哲学家单身传统的战士之一。不过，鼓吹女权主义，写了《第二性》这本惊世骇俗的书的西蒙·波伏娃却终身都是他的情人。他们的浪漫主义事迹告诉我们：当一个男人或女人说他（她）是"单身"时，那并不说明他（她）没有女人或男人。这一点，请"剩男""剩女"们切记！

　　上面提到的这四位在建设"存在主义"这座房子的时候，看到了什么样的人生和世界的真相呢？为了方便理解，我简单地把他们的观点及逻辑梳理如下：

　　（1）人是世界中的一种"存在"（是一坨几十上百公斤的肉嘛），并且这种"存在"和一棵树、一头猪这样的"存在"不一样，因为两个肩膀扛着的那颗脑袋有意识，能知道自己的"存在"，而树和猪没有。

　　（2）当你知道自己的"存在"，你也就知道，你只是你，贫嘴张大民、小李子之类，你不是奥巴马，不是拉登。总之，你知道你就是你，你和别人不一样。

　　（3）你知道你和别人不一样，就意味着，这个世界对你来说很危险，要到火星上估计才安全。因为世界既不是你的一部分，你也不是它的一部分，那么，像自然界的火山、地震，像社会中的男男女女，都可能会威胁到你，而且你会感觉到。

　　（4）更致命的威胁来自你的"存在"本身。一个"存在"的东西，如果知道自己存在，最害怕的是什么？是"不存在"，是虚无化！对人来说，生存意味着存在，而死就意味着不存在，所以人最怕死。但是，人是死定了的，他从出生的第一天起，实际上就是在一步步地向死亡进军，直到闭上眼睛，完成了死亡过程。因此，你每存在一天，就意味着被不存在威胁一天，你的存在总是被否定。这是多么痛苦的一件事情？

　　著名的萨达姆先生被审判时，在法庭上睥睨一切，毫不埋会法官的指令，坚称自己仍是伊拉克现职总统。而同是难兄难弟，南斯拉夫的米洛舍维奇却反戈一击，把法庭变成了"审判"北约的场所。这种强烈的反差就和"存在"有关。你以为萨达姆那么傻，不懂得学学米洛舍维奇同志？事实的真相是，他已经把"伊拉克总统"在心理上视为他的存在，一旦不是，就是对他存在的否定，是对他的虚无化，这是灾难性的！所以他一定要让自己相信，自己仍然是伊拉克现职总统。

　　假如你进入一个聚会的场合里，在那里根本没谁理你，看都不看你一眼，你是不是感觉焦虑不适，甚至恼恨？原因很简单，你意识到，在别人眼里，你根本就不存在！

（5）所以，人是孤独的，并且充满了"不存在"的焦虑。而人最后肯定会死去这件事情，让人生显得非常荒谬。辛辛苦苦，最后一切都化为一抔黄土，还有什么比这更荒谬的？

（6）但是，人有自由意志，可以创造自己的一个世界。世界本身固然没什么意义，但人可以赋予它以意义。一棵树、一头猪当然没有烦恼，但它们的"本质"，已经被定死了，而人却可以通过自己去展开"存在"，创造自己的本质。老天是公平的，不可能什么都给猪，也不可能什么都给人。

（7）我们的"存在"固然一直在遭受威胁，但是，不屈服于命运是一种美德。我们应该具有"存在的勇气"，不顾一切威胁地肯定自身！

看到没有？这简直是对人生痛苦地无情揭露。当一个人思考人生意义时，在他面前就出现了这样一条"存在主义"的河流。它流淌着焦虑、痛苦和荒谬。但是，它的对岸，就是公平正义的天堂、终极关怀的乐园、心灵真正的自由和解放、大彻大悟者的诗意栖居地。

在这条河流面前，不同的人做出了不同的选择。

绝大多数人选择了待在河这边。他们故意无视对岸的存在，拒绝下河。思考不是很让人痛苦吗？好，我就不思考，我就"退行"，把自己从一个"人"变成一头猪。猪吃了睡，睡了吃，毫无痛苦，我也可以这样干。

另外，人确实是需要赋予生活一点儿意义才能躲避荒谬的袭击，才能活下去。但是，我的眼睛完全可以只盯着世界上的很多东西啊，比如金钱、权力、美色、美食、娱乐以及一切稀奇古怪的玩意儿。

过河是艰难的，但还是有人下河，只不过，下河也分三种情况：一种是下了河，走到了对岸；一种是下河后，受不了河水冲击退了回来；另一种是暂时还待在河里。

在哲学的视野里，留在此岸而从不下河的人是纯粹的俗人，现实主义者，就是苏格拉底、柏拉图们鄙视的"洞穴人"（不是山顶洞人，那时山顶洞人头脑还没这么发达呢），他们一生都只看见幻影，但把幻影当成真实。

已经下河而又退回的人是意识到理想在哪儿，曾经追求过，但最终背叛理想的变节者、实用主义者。

在河里痛苦地挣扎，既无法退，也无法一下子达到对岸的人是理想主义者。

达到了对岸的则是宗教圣徒、佛教大师、古典哲学家、真正的隐修者。

在心理上，这些不同的人有什么样的特征呢？

留在此岸而从不下河的人在很多严肃的问题上是昏睡的，大脑和心理常常被交出去给别人控制。他们是革命的"群众"，是消费社会的"消费者"，是明星的"粉丝"，是啸聚于网络的爱国青年。鲁迅的小说里尽是他们的身影，被人当鸭子一样地提着的看客、祥林嫂、阿Q都属于这一类。

这类人虽然有时候很不堪，但还保留着人性的某种正常情感——如果他没有被逼到变态的话。

下了河却退回来的人在心理上都有某种变态，是贬义上的"聪明人"。他们是人生的"生意人"，只要有一点儿甜头，就可以把自己卖出去。因为他们已经卖过自己一次，为了利益，此后没有什么不可以卖的。只是，他们对自己的背叛，注定要遭受自己的报复。这一点后面我会讲到。

以上这两种人，都是嘲笑理想主义者甚至对他们挥拳抒袖的英雄。因为只有把理想踩死，把理想贬得一钱不值，那些有理想的人才不会在对比中给他们造成焦虑。如果一群人都没有灵魂，那么，我就会心安理得于我没有灵魂。

17世纪的法国佬拉罗什福科恶狠狠地揭露，"谦和是一种陶醉于幸福中的人惧怕招致妒忌和轻蔑的情绪"。看起来是美德的态度都是人的一种心理保护装置，何况是对一个人嘲笑？

在河里挣扎，既无法退，也无法一下子达到对岸的人承受着理想和现实撕裂的痛苦，但在精神上，他们比那些不知道自己是谁，或者背叛了自己的人更健康。

但是，假如哪一天，他无法在心理上蔑视世俗的一切，这类人也很可能在心理上崩溃。

达到对岸的则是克服了自我的分裂，照亮了无意识的黑暗，或触摸到了人性和世界真相的人。

他们在心理上几乎不可战胜。

3. 我们是一种什么样的存在？我们如何用大脑和心理与世界打交道？

导读：我们要用大脑、心理和外部世界打交道——无论这个"外部世界"是一个人，一件事情，还是整个社会。

好，看了"存在主义之河"，现在，我们要去看一看我们的存在。

无论你有没有下河都清楚：我们要用大脑、心理和外部世界打交道——无论这个"外部世界"是一个人，一件事情，还是整个社会。

如果一个人的大脑、心理和外部世界无法打交道了，你能想象到他是什么人吗？

你肯定会脱口而出："植物人！"就是说，虽然人还活着，但大脑和心理的功能已经报废了。

我不得不佩服造出"植物人"这个词的科学工作者，确实形象。

但我还想接着问：

A. 如果一个人的大脑和心理，与外部世界发生的只是微弱的联系，就是说，大脑和心理功能还在，但已快报废了，他是什么人？

B. 而如果一个人的大脑和心理，在与外部世界发生联系时，同时也处于这种状态，就是说，大脑和心理也相互影响，很多时候，他"看"到和"理解"的只是他心里面愿意相信的，心里面体验到的也只是他在大脑里想象出来的东西呢？他是什么人？

C. 还有，如果一个人能够"看"和"直觉"到这个世界的真相呢？他又是什么人？

太深奥太抽象了对吧？别紧张，下面我会一一剖析。

一个人疯了，那是因为他在捍卫自我时失败了

现在，我来回答问题A。

当一个人的大脑和心理，与世界是这种关系时，他可能是一个重度的精神病患者，也就是疯子，同时他也可能是一个天生的白痴。

我们先来考察疯子。

说一个人疯了是什么意思？他无法分辨现实，不知道什么是对什么是错什么是羞耻什么是尊严，对吧？为什么他会无法分辨现实呢？

弗洛姆老师在说到疯子的时候，说他们是一群"捍卫自我的人"，只不过，外界的压力、打击太大，他们扛不住，在"捍卫自我的长征"中失败了。

弗老师的话值得一听。现实中我们所见到的疯子，很多确实原来都不是什么坏人，而是承受不了各种压力和打击，崩溃了。

我想补充的是：一个在压力、打击中成为疯子的人，不仅心理弱小，而且思维往往比较单向度，有"一根筋"的嫌疑。

所有人疯了，那就没有人发疯

停了一下，弗洛姆老师又说：在这个世界上，真正奇怪的不是为什么有人发疯，而是很多人为什么没有发疯。

但其实不奇怪。

真相是：一个人之所以没有发疯，是因为他用心理的变态逃脱了。或者，他通过和大家玩得一样，加入某个群体，得到了庇护—社会的一个游戏规则是，把很多人玩得一样视之为"正常"，于是，只要大家陷入"集体神经症"，那就避免了"个体神经症"，所有人疯了，那所有人都是正常的！

这个世界好像挺不公平的。得精神病的人，往往不是什么坏人。而得神经症，比如强迫症、焦虑症的，往往都是有道德感的好人，而且往往不想放弃自我—这两种人，攻击的永远是自己。

与之相比，那些人渣，大多数都不会得精神病和神经症，而是心理变态者和人格障碍患者，他们攻击的则一定是别人。真是让人郁闷。

其实，有抑郁症、强迫症、恐惧症的人，绝大多数是好人

在心理上，如何理解一个疯子、神经症患者、心理变态者呢？

先说疯子。让一个人痛苦的，是他有一个意识到的"自我"，并且和"世界"对峙。疯子就是在"自我"极为弱小，而"世界"极为强大的情况下，在精神撕裂中釜底抽薪，在意识里抹去"世界"，只活在"自我"的世界中。

（提示一下，"自我"，什么是真的自我，什么是假的"自我"，在后面我会重点剖析，并给出判断标准。）

一个人成为疯子，就是在外界的压力和打击中，承受不了，不和这个世界玩了，彻底退回到自我的世界。

同样，我们理解一个神经症患者，仍要从"自我—世界"的对峙入手。

神经症患者就是在"自我"和"世界"有冲突时，由于有道德感，不是用"自我"去仇恨、攻击"世界"，而是用道德感（所谓的"超我"）来责怪自己、攻击自己。为什么一个人容易有心理问题，容易得神经症？因为他总是找自己的原因，总是害怕得罪人、对不起人什么的，把什么账都算到自己头上！

一个有心理问题、容易得神经症的人，在背后一定有恐惧，一定有很强的道德感！他的内心，无时不体现出冲突：恐惧和道德感让他把责任揽在自己身上，但是，对自己的压抑、牺牲又让他心有不甘。

而恰恰相反，一个心理变态者就是在"自我"和"世界"有冲突时，遗忘对"自我"的任何坚守或道德审视，本能地仇恨、攻击"世界"，借此来获取心理上的生存。如果你叫这类人审视他的自我，等于要他的命，因为一旦如此，他就会听到内心里早被扼杀的人性的声音。

他们的内心一样有冲突，但是，化解这种冲突，他们的方法不是攻击自己，而是马上去仇恨、攻击他人，从而快速地遗忘"自我"。

一个人疯了其实和自杀一样，都是不和这个世界玩了

回到疯子的话题。

当我们说一个人"崩溃"了是什么意思呢？

很明显，这只是一种文学化的描述。而心理分析的描述是：他原来是有意识的，在头脑上能意识到他"自我"和"世界"的不同，知道自己和他人，因此在心理上，他能够对"世界"做出反应，能够体验到世界对他的刺激（压力、打击），能够意识到打击他的事情，并在心理上体验到痛苦，而"崩溃"了也就意味着，他头脑的功能快报废了，在意识结构上混沌一片了，因此当世界刺激到他时，在意识上就非常微弱了，同时，在心理上，也极难体验到世界的刺激所带来的痛苦了。

看到没有？一个人成为疯子，其实就是在头脑和心理上不和这个世界玩了，类似于一个人通过自杀来逃避痛苦一样！

在心理上所发生的东西，并不会消失

尼采曾经厉声质问一些人："为了不让一个人看着女人时眼光显得很淫邪，难道你要把他的眼睛挖出来吗？"

这是在泼洗澡水时，把小孩儿一块儿泼掉了。非常不幸，也让人同情，在消除痛苦上，一些人成了疯子。

但一切都结束了？世界安静了？NO！

你已经看到了，疯子不是植物人，他的头脑和世界还是有微弱的联系的。所以，在大多数情况下，由于意识结构已混沌一片，他对外界的刺激不会有什么反应，或者反应失当，比如，你骂他一句，他可能毫无反应，或咧嘴朝你笑。但是，如果你的刺激，或者别的事物的刺激，契合了他发疯前的心理背景，大麻烦就来了。

这种大麻烦，就是或者他会瞬间爆发，不可控制地惊叫狂吼，或者，他会突然之间一跃而起，拿刀在大街上见人就砍。

不要告诉我，这种事情在今天很少，可以不当一回事。

一个疯子为什么会这样呢？

我们已经知道，一个人在发疯前，是用头脑、心理和世界打交道的，而且承受了各种压力、打击。他发疯后，意识混沌一片，意识不到这些东西，在心理上也体验不到精神撕裂的痛苦了。

但是，弗洛伊德老师告诉我们，在心理上只要发生了的事件，就绝不会消失——他只是意识不到，体验不到而已。可是，那些撕裂了一个人的事件，那些导致他发疯的情境，作为一个心理背景还存在，还在黑暗之中支配着他！

所以，只要一个疯子重新体验到了那些心理事件，重新进入了那些当初让他痛苦的情境，一定会引起他巨大的恐惧。因为正是承受不了那些事件他才发疯！

再所以，如果外界的某些情境，通过他的视觉、触角、感知觉等，刺激到了他的大脑和心理结构，唤起了他的可怕记忆，他马上就会做出强烈的反应，而且往往是攻击性的反应，因为攻击，正是消除他巨大恐惧的药方！

再再所以，我有一个建议：在看到一个疯子或"疯子+流浪汉"模样的人时，第一时间要保持警觉，要有一种万一他有什么攻击性举动你就赶快跑的防御；同时，如果他看到了你，那么，千万不要盯着他看，你说话，玩动作，也千万不要夸张，沉默最好！

越是卑怯的人，越会去伤害毫无防御能力的人

现在，让我们来说说天生的白痴。

天生的白痴就是自我意识没有得到发育的，基本上可以认为他和这个世界缺乏用头脑打交道的能力，没有"自我—世界"之别，因此在心理上，也就很难体验到什么现实刺激带来的痛苦。

他只是依靠本能以及心理结构里的盲目力量来驱动自己对这个世界做出反应。就是说，基本上，他的头脑和心理与这个世界无关，只是有一坨肉和这个世界有关。

所以，他从未困惑过，从未痛苦过。但当然，你如果打了他一下，他会痛的，这是生理上的本能反应。痛是一种生理保护，提示遇到危险。

正因为天生的白痴和疯子有别，从一开始基本上头脑和心理就缺乏与现实世界进行联系的能力，所以他当然也没有带着一个心理背景而活着。所以，在心理结构上，没有什么盲目的力量来让他们做出任何怪诞的行为，更不可能突然之间拿刀在大街上追着人砍。

天生的白痴是人类的眼泪。在这里，我们要对那些逗着他们好玩儿、嘲笑作弄他们的人表示强烈的谴责和蔑视。

在心理上，嘲笑作弄一个天生的白痴是什么意思呢？其实这暴露了这些人的卑怯！因为天生的白痴在头脑上和心理上，与这个世界只有微弱的联系，缺乏对外部伤害进行防御、反击的"装置"，几乎是任人宰割。嘲笑作弄他们的人，在获得变态的快感时，可以具有最大的安全感。

所以，请相信我，一个拿天生的白痴开玩笑的人，或者是个低级人渣，或者是个已经认命的"老实人"，或者是个混得很失败的小丑！

哲人把自己的存在澄清、照亮了

我们的方法是先从两个极端考察人的头脑、心理与世界的关系，再考察处于中间状态的"正常人"。

现在，我们已经考察完了疯子、天生的白痴，轮到那些"跳出三界外，不在五行中"的宗教隐修者、古典哲学家登场了。

理论上，我们认为，他们已经触摸到了这个世界的真相，世间的一切纷扰都被他们的终极信仰，或强大的理性能力——化解。用海德格尔老师的话说，就是他们已经把他们的存在"澄明"。

这种境界，我们一般人很难达到。老实说，其实也不需要达到。

最高兴的时候，其实也是我们"无我"的时候

但是这两种人，还是有些不一样的。

想象一下，当你在最高兴的时候，在那种情境中，你还记得你的"自我"，你体验到的是你的"自我"吗？

绝对没有，对不对？

很简单，你完全融入了那种高兴的情境。在这种情境里，你的整个存在投身进去，再也没有一个"自我—世界"的二元结构碍手碍脚了。就是说，在你的意识结构里，自我和世界作为"主体""客体"都消失了，你拥有的只是非常爽的那种体验。

这是什么意思呢？大家可能感觉无法理解。其实不复杂。

有一个"自我—世界"的二元结构的意思就是，一般情况下，我们是带着一个"自我"，用头脑或心理去思考、感受"世界"的。比如在契诃夫先生的小说《变色龙》里，警察奥楚蔑洛夫就在想，那条狗是不是席加洛夫将军家的狗？

这个时候，奥Sir就是一个用"自我"去思考、感受的"主体"，而那条狗就是他的"自我"去思考、感受的对象，也就是"客体"。

如果破除了"自我—世界"的二元结构呢？呵，这就意味着奥兄弟和狗在意识上没有拉开距离了。这个时候，人就是狗，狗就是人，人狗合一，类似于"天人合一"。

佛教以及一些灵修的理论，把这种状态称之为"纯粹的意识"，就是只有意识本身，没有了意识的对象。世界的真相、极乐向你洞开，而你作为一个实体，不在你的意识中存在，你"无我"了。

多照亮一分心灵的黑暗，我们就多一分幸福

你一定会说：这好像还是很玄很神秘！

但我告诉大家，没什么玄，没什么神秘的。用我们的"三体心理"来描述，就是一旦你处于那种状态，你在头脑上进入到了"无意识"的状态，而在心理上，你对世界的感受、触摸，不再通过头脑，而是直接和世界合一了。所以，你在心理上触摸到的，就是世界的真相。

这么玩，其实就是精神分析所说的最简单的一个原理：把无意识呼唤成意识。弗洛姆老师就这样说：

"无意识是整个人减去其符合社会的部分，意识代表着社会性的人，代表着个人被偶然抛入其中的历史境遇给他设置的种种限制。无意识则代表着具有普遍性的人，代表着根植于整个宇宙的全人；代表他身上的植物，他身上的动物，他身上的精神；它代表人的全部往昔直到人类的诞生之初，它代表着人的全部未来直到人充分成其为人——那时，自然界将'人化'而人也将'自然化'。"

说句老实话，如果一个人不懂一点儿精神分析和哲学，思维跟不上，弗老师的这段话一定不知所云，就像天书一样。

但我们知道这一点就行了：我们普通人，是用头脑有限的意识来和世界打交道的，而意识就像弗洛伊德老师所说的，不过是露出海面的冰山一角，那些不被我们意识到的东西，处于漫无边际的黑暗里。

"无我"不是"我不存在"，而是没有了假的"自我"

我们可以假定，和我们相比，理论上说，宗教隐修者，那些高人们，突破了这种限制。通过他们的修炼，照亮了无意识的黑暗。

我相信，在这里你一定有一个疑问：如果宗教隐修者们都"无我"了，他还有一个"自我"吗？因为实在难以想象，一个人，而不是一个机器人，没有一个"自我"这样的心理功能来支撑他的存在。

这就是我们要澄清的：无论哪一种鼓吹"无我"的理论玩得如何神秘，"无我"从来不意味着没有了"自我"这样的心理功能，而只是意味着，一个人的"自我"，在用来维护他的心理生存时，已经"空"了。

"空"了是这个意思：一个人把原来那些纳入心理结构，构成他的假"自我"的东西，比如身体特征、价值观念、社会地位等等清除干净了。

那么，这样的一个人，已经不需要去和别人玩心理竞争，已经看穿社会价值排序了。"自我"也就只剩下了一种最原始、最基本同时也没有异化的功能：支撑他的存在，正如他无论如何修炼，都还有生存的本能一样。

这才是"无我"的正确描述！

当我们和世界不变的法则结合在一起的时候，在心理上，就不是世界的一个匆匆过客

这是宗教隐修者在头脑和心理上与世界的关系。古典哲学家呢？

他们就很好理解了，而且从来不玩什么神秘。

古典哲学家的理性非常发达，在头脑上，他能够穿过重重迷雾和假象，看到这个世界的真相，就是说，他头脑中赖以思维的那种逻辑结构，和支配这个世界存在、运转的那种客观的逻辑结构是同构的；同时，这一切传导到了他的心理结构，在心理上，他的整个存在，和这个世界不变的那些法则牢固地结合在一起了。他不再是世界上的一粒渺小的尘埃，一个匆匆过客。

所以，他们和宗教隐修者一样，能够看穿生死！

4. 人是什么？

导读：相形之下，哲学太抽象了，对于大多数人来说，并不好玩儿。

下面，我们准备揭开"正常人"在头脑、心理上和世界的关系。

先看一个笑话。

我看到的是这样的版本：在北大门口，保安问一个教授：你是谁？从哪儿来？要到哪儿去？

笑话说，这位保安问了三个终极的哲学问题，比教授更像是哲学家。我想补充一下：如果他学康德把这三个问题三江并流为"人是什么？"，那就更牛了，虽然很可能会被教授视为神经病。

这当然只是笑话，是利用了这三个问题和哲学问题在语言上的相同来玩的，目的显然不是嘲笑保安同志，而是嘲笑现在的一些大学"叫兽"（从"教授"进化到"较瘦"再进化到"叫兽"，这是另一个大话题），水平比保安都不如。

在这里我用语言分析澄清一下，保安的"你是谁？"问的是一个人的具体身份（你是本校的老师吗，嗯？），而哲学问的是一个人的自我，他的独特的存在（你和别人不一样的、最能代表你是你的地方是什么？）。

保安的"你从哪儿来？"问的是一个人来的地理位置，哪个城市哪个区域之类，而哲学问的是一个人开始的存在，他在精神上的出发地。

保安的"你要到哪儿去？"问的是具体的地理位置或建筑场所，而哲学问的是想变成一个什么样的人，想在精神上得到什么。

是的，相形之下，哲学太抽象了，对于大多数人来说，并不好玩儿。

但如果你以为这三个哲学问题与你无关，离你太遥远了，那你就错了。

哲学问题往往是看准了人生的要害所在，所以才提出来

正如每一个人都可以是心理学家一样，每一个人都可以是哲学家。心理问题就发生在你身上，而哲学也是你的生活。

不管愿意还是不愿意，这三个问题都在影响着我们的一生，而我们一生想干或不想干的事情，恰恰就是对这三个问题的回答！哲学家们绝对不像俗人们所想象的那么无聊，他们是看准了人生的要害所在，才费脑筋去想这些问题的。

其实，说"你是谁？"之类的问题是哲学问题，只是哲学家们把人生的问题提升到哲学的高度，以便看得更清楚些，就像占据了一个智慧上的制高点，从天空往下看一样，除此之外，再没有别的什么了。

比如，俗话说"男怕入错行，女怕嫁错郎"。为什么会入错、嫁错？这是不能用一句"我眼睛瞎了"就可以交代过去的，如果一个人犯了那么愚蠢的错误还

不知道反思自己到底想要什么，能干什么，我只能表示无语。

我想说得狠一点儿：如果我们自以为不存在"你是谁？""从哪儿来？""要到哪儿去？"的问题，那就不好意思，在我们和这个世界、和别人打交道时，在头脑和心理上就没有多少洞察力，就只能放任一些本来可以避免或控制的严重后果发生！

当我们有一个"我"的时候，人生开始了，痛苦也开始了

我们"正常人"的头脑、心理与世界的关系，就隐藏在"你从哪儿来？""要到哪儿去"的终极追问中。

我来抄袭一下《圣经》关于人类起源——在哲学上就是"你从哪儿来？"的经典描述。这件事，很多人也干过。

《圣经》这样说：从前，在上帝的伊甸园里，人类的祖先与自然和谐地相处在一起。后来，蛇引诱夏娃偷吃了智慧树上的果子，夏娃又拿给她丈夫亚当吃。于是，他们两人的眼睛就明亮了，看到了自己赤身裸体，感到了羞耻。

上帝知道他们干了这件事以后，非常生气。上帝一生气，后果当然很严重，他们被赶出了伊甸园。而且，上帝还惩罚他们，男人要终身劳苦地从地里刨食，女人要承受生育的痛苦。

故事抄袭完毕，到我们分析里面玄机的时候了。

弗洛姆告诉我们：在心理上，人被赶出伊甸园之后，最想去哪里？最想回到伊甸园！

因为人在世上有着看似永无尽头的痛苦，而伊甸园里太幸福了。与伊甸园这样的天堂相比，人还是人，还是有自我意识，有欲望，而且欲壑难填，所以始终有痛苦，而且能够让人意识到；再说了，人始终也是要死的，不像神仙那样可以不死。这是最大的痛苦。

所以，其实在解除痛苦的吸引力上，没有什么东西能够和宗教所说的那个天堂相比。人想重返伊甸园的渴望是永恒的。

当然，《圣经》的这个说法，只是一个宗教隐喻，是文学的修辞。真实的情况是：当我们刚出生的时候，生理上和心理上都刚刚发育，还没有一个"自我"，因此也就没有"自我意识"。而母亲，就是我们的整个世界。因此，我们也就像亚当夏娃一样，没有什么善啊恶啊羞辱啊之类观念，也不会感受到什么痛苦啦。

而在我们有"自我意识"后，母亲就不再是我们的整个世界，那种安全感就再也找不到了，就像亚当夏娃吃了那个果果，"明亮"了眼睛一样。

于是，人生开始了，痛苦也开始了。

你从什么地方出来，就绝不可能回到什么地方了

从伊甸园出来后，受不了痛苦想回去？上帝对此表示遗憾：不能。《圣经》说，回不去了，有两个手持发出火焰的剑的神挡住了人类的"回家之路"。

确实是回不去了。在这个世界上，有一条铁的心理法则：你从什么地方出来，就绝不可能回到什么地方了。

为什么呢？因为当你从某一个地方出发后，是某种心理状态，而你在经历过很多事情后，心理结构已经改变了，体验到的，就不可能是原来的东西。所以你永远回不到原来的心境。

更重要的是，由于人在从原来的地方出发后，已经有了一个"向前"的方向，你要叫他回去，他实际上是不甘心的，因为"前方""未来"一直在向他招手。想回去的，都是在现实中受挫、受伤的人，"回去"的本质，不是他真想回去，而只是没有了信心，或想疗伤而已！

这个铁的心理法则，适用于爱情婚姻和朋友关系上的"重归于好"。

我当然是非常赞成两个人之间"重归于好"的，但是，我想提醒：当你要吃回头草时，请想清楚：这是你义无反顾的事情还是没有办法？你对未来碰到一个好的下家，是并不抱期待还是不敢抱有期待？你是留有遗憾还是对回去表现出泪奔？

扛着一个"自我",我们不停对世界喊话

注意,我要讲到很有实质性的东西了。请给自己一点儿耐心。

中国古人曾讲过"混沌未开"。在一个人的意识一片混沌的时候,大概相当于处于动物状态。用哲学的话说,就是一个人在精神上,还没有从世界中分裂出来,他还是世界的一部分。

我们知道,人可是从猴子变来的哦——就生物学而言,他是从动物那儿出发的。

但在哲学、心理上的意义呢?其实也就相当于,人从动物状态走来。

当人有"自我意识"时,一切都不一样了。他那一坨肉虽然还是自然的一部分,受生老病死的自然规律支配,但在精神上已经凌驾于自然之上了。他存在了,相当于激动地对世界说:"我带着一个智力结构,一个心理结构,要来和你玩了!"

我们在小的时候,都渴望长大,深层的心理动机,其实就是要和世界玩。

这种样子,和猪之类动物太不一样了,猪还在自然里沉睡。只有你杀它,它才有生理上的痛苦。它可不像用"自我"对世界说话的人那样,有一大堆心理上的痛苦。

既然人在哲学、心理的意义上是从动物那儿走来的,那么,他想走到哪儿去?

走向神!

不能实现的春秋大梦,一直在内心深处向我们招手

为什么是走向神?

因为人从动物那儿出发后,精神上不断地成长。他意识到自己的有限,知道自己要死。

这简直就是一种缺憾!太"杯具"了。所以,他有一股强大的动力,想要超越这个有限,自由自在,长生不老,永远不会死。

神就代表这种终极境界。

想变成神仙,于是使劲去修道,曾经是中国人的恶劣传统。周树人先生就说

"中国根柢全在道教……以此读史，有多种问题可以迎刃而解"。还是鲁老前辈目光如炬啊。

然而，人想变成神，这是妄想。一场注定要破灭的春秋大梦而已。

当我们用化妆品和高档衣服武装自己的时候，那是一种追求完美的投射

答案很残酷，因为人无论在精神上如何发达，他永远是一坨肉，要受自然规律支配。

就是说，尽管他从动物那儿出发，向神走去，但永远走不到神那儿。

所以，神其实只是一种心理的虚构，如有，那纯粹是艺术！

人实际上只能夹在动物和神之间！

尼采就看到了人在这个世界上，到底是个什么样的东西："一座桥梁"——一座架在野兽和神之间的桥梁。

说到这儿，我想请问一下，为什么女人特别喜欢用化妆品、高档的衣服来武装自己？

我想告诉大家，用"美"、"男人喜欢"只是浅薄的解释。真相是：我们竭力想掩盖自己是一个肉体凡胎，因为肉体凡胎意味着卑微、有限、渺小。

而化妆品、高档衣服这些东西，虽然是人创造出来的，但对于美化人而言，却像是神的创造，那么具有魅力，那么不可思议——这是我们渴望摆脱人的有限状态的一种心理投射！

心理的秘密，就在人的存在中

被夹在动物和神之间，在这个险恶的世界，人的心理结构经常遭受打击。这是一个大问题。

于是，在这个大问题下，一系列的心理问题产生了。心理的秘密，就在人的存在中。

很多人采用的第一种解决办法就是"退回去",在心理上退回到儿童时代。一句话,撤。

但当然,没有人能够真正退得回去。在这里发生的,只是一个人的内心活动。

而我们正可以破译它。

我们最深的失落,就是对再也找不到当初自己的失落

比如,为什么一个在农村长大的人,漂在外面,非常想念故乡啊?为什么说自己热爱故乡的人,居然都不是一直在故乡生活的人?为什么当一个在外多年的人,回到故乡看到很多东西都改变了,会有严重的失落感呢?

是他们虚伪吗?是他们喜欢伤春悲秋吗?NO。

情况是这样:一个人在哪个农村或小城镇这样的熟人社会出生长大,他就相当于从哪个地方出发。他的童年无论有没有家庭方面的不幸,故乡的山山水水、一草一木,人际交往,都能给他最原始的安全感和关怀。就是说,在他的童年,他的自我发育时,故乡的一切,带着原始的安全感和关怀,一起嵌进了他的心理结构深处,构成了他本真的自我,而这是在此后他从未能得到的。

因此,在他的一生中,只要他在外面,故乡就像上帝的伊甸园一样召唤他。他热爱故乡,其实就是在焦虑之中,对于那个本真的自我的无限眷恋。

而当他在多年后回到故乡,看到一切都改变时,之所以会有严重的失落感,是因为当初那个进入到了他的本真自我的情境,已经不在了,因为他在心理上已经回不到童年,所以只要童年的那个情境不在,他当初的自己,就彻底地消失了。他的失落,其实就是对再也找不到当初自己的失落!

这是多么让人忧伤的事情。人类的存在,本身就是一首忧伤的歌谣。

而我们之所以埋怨故乡改变得面目全非,其实是因为我们已经改变得面目全非!

一个拥有最原始的安全感和关怀的成长环境是多么的重要

我想说，一个拥有最原始的安全感和关怀的成长环境是多么的重要。我始终认为，一个从出生开始就在城市，尤其是在大城市长大的小孩儿，已经割断了与自然的联系，很难得到最原始的安全感和关怀了。在心理上，这相当于没有了"根"，他从出生开始，就完全是一个"社会"中的人，就被现代"文明"的伪装训练所熏陶，在心理抗压上是不强的。

所以，我想建议，如果你有条件，让小孩儿在3岁到7岁的这样一个年龄段里，在农村去住一段时间，或是定期带小孩儿去郊外玩，让他感受到自然的一切，这是非常有必要的。至于他在9岁以后，就没有必要了，因为在心理结构上，他已经装入了太多城市"文明"的内容。

说到这儿，我想告诉你一个秘密，一个人无论多么位高权重，无论显得多么威严或伪装，只要他是在农村或小城镇这样的熟人社会长大的，他小时候从故乡习得的语言、习惯，比如说两句脏话、露出某种姿态，只要稍微不保持伪装，或有某种可以让他放松的情境，说不定就表现出来。他几十年在官场、商场，以及大城市"文明社会"的伪装训练，在这些语言、习惯面前都不堪一击！

我觉得我这样说已经够狠了，必须打住。

当我们装嫩的时候，很可能就是对开始变老的焦虑

一个人"退回去"可以采用的方式太多了。像想念故乡，只是轻微地企图在心理上退回去，寻找一种安慰而已。

在这背后，是无奈，是苦涩。

有的人退回去，采用的，是在心理上拒绝长大，拒绝独立自主地应对成人世界的策略。"啃老"其实不仅仅是在金钱上啃，在心理上也啃。一个习惯于"啃老"的人，内心里总有退回到一切都由父母搞定的童年时代的冲动。

有一种退回去的心理策略挺有意思，就是无论男人女人都卖萌装嫩扮可爱。

男人这样玩有什么奇怪之处呢？我想告诉"很傻很天真"的少女，如果你看到有男人这样玩，千万要注意了。

这类男人，或者对现实缺乏把握和控制感，缺乏用来吸引女人，提高自己的社会价值排序的车子、房子等东西。那怎么办？办法是通过卖萌装嫩，用这些POSE暗示自己，在心理上体验自己是一个无须考虑这些问题的小屁孩儿。

或者，他们是捕获猎物前的伪装，背后有卑鄙的图谋。因为这样一玩，在心理你就被暗示去体验他是一个没有复杂社会经验的男人，或激起了你的母性。你在心理上，也就被解除了武装。

女人卖萌装嫩扮可爱呢？

一种可能性，就是对开始老的焦虑。在语言、动作、姿态上表现得像一个天真少女，就是在心理上告诉自己还年轻。

另一种可能性，则是一种博弈的策略。在公司里如果这样玩，就是利用一种道德压力防止别人伤害自己：你忍心欺负一个小姑娘吗？在男人面前这样玩，是在暗示自己的纯洁。

只不过非常不幸，在公司里这样玩，对自己的杀伤力太大了，因为这等于告诉大家你没有能力，而很多人在利益面前，在伤害别人时并不是下不了手。而在男人面前这样玩，成功的前提是：或者这个男人是个傻瓜，或者，你的确没有复杂的故事。

告密者是领导需要的人

前面这些"退回去"的方式具有个体特征，但有些退回去的方式，就需要一帮人来干。

就"退回去"的原理，我想来看一下，一些公司的管理，聪明和愚蠢在哪儿。

当年，我发现所在的单位经常有人喜欢在领导面前说同事的坏话，搞告密打小报告那一套。我本人也不幸中枪—事实上，我这类特立独行的人不中枪，谁来中枪？

有一次，我愤怒了，遂找到领导，痛斥这类从事地下工作的人，说他们这样干纯粹是污蔑，破坏同事间的团结友爱。

但领导微微一笑，对我的控诉不屑一顾："人家只是反映情况嘛。"

我再白痴，也被这句话击醒了。

我懂了，领导其实很喜欢搞告密工作的人。这不只是他们想享受有人拍马屁的快感，人都好这一口，而那些告密的人在这方面特别擅长。不，他们喜欢这些人，更重要的是出于工作的考虑，是一种管理的需要，一种对员工的控制。

想一想，如果下面一大帮人，他们做什么领导都不知道，即领导和员工的信息并不对称，他如何能够在心理上感觉到可以控制下面的人？有信息封锁，权力就有瘫痪的危险。所以他需要"耳目"，来让他知道下面的人在想什么，在做什么。

告密者之所以有市场，钻的正是"管理的需要"这个漏洞。不是他们真有什么本事，是领导需要他们，他们才玩得转。

当有人在领导面前说你坏话时，请注意，你是否在领导面前信息不透明

如何对付一个告密者呢？我原来跑到领导那儿去控诉的做法是最愚蠢的，因为对于领导来说，真正重要的并不是谁被说了坏话以及说的是不是真的，而是这一点：下面这帮人，是分裂的、各怀鬼胎的，还是结成同盟？

专制者最害怕的就是民众铁板一块，而且做什么他们都不知道，所以一定要让民众之间处于分裂和狗咬狗的状态。其实任何一个庞大的机构，比如公司，都是如此，底下的员工斗来斗去，是经理老板们最希望看到的。

要对付告密者，我们得知道他们的软肋在哪儿。他们只敢玩阴的对不对？很好，那说明他们有恐惧，说明他们混得如何，主要就是看领导对于告密的奖赏，而他们的告密之所以得到奖赏，恰恰就是你和其他中枪的人在领导面前信息不透明！

而不透明，就难以被信任。

所以就两招：一招，用另外的游戏规则玩他，比如表现出你是一个狠角色；另一招，用他的游戏规则陪他玩，而且比他更狠，主动在领导面前信息透明。如何操作是你的事了，我只是从心理分析上为你揭示秘密，不是"厚黑大师"。

在困难和痛苦面前，我们该说的是：来吧，我不怕

前面说到了，当我们处于动物和神之间，作为一个"人"而承受痛苦的时候，第一种解决办法就是退回去。

它在心理上的意思是："现在我感觉很难受，前面的路也充满了风险，我还是撤吧，毕竟，原来走过的路是安全的。"

而第二种解决办法，就是绝不撤退，而是坚持往前走。

只要我们不做那种变成一个神一样的人的春秋大梦（那只会让人变成一个疯子），这条路便成功了。因为我们的心理一直需要得到成长，我们的存在，恰恰是对自我的不断超越。

它在心理上的意思是："来吧！我不怕。我可以强大我的头脑，强大我的内心，用我的力量来战胜一切，超越自我，确证我的存在价值——人生下来，本来就应该这样！"

一个心理强大的人就是这样，一切有所成就的人就是这样。

关于这一点我在这里不再多谈，我只想说，"往前走"的大致是这样三种人：能人、好人、智者。

一个人憎恨那些没有得罪过他的人，那是因为他已经不敢听到对自己的恨

能人是就社会的意义而言能做事而且做成功的人，但好人和智者已超越了社会的范畴，而是一种"存在"的范畴了。

说好人、智者已是一种"存在"的范畴是什么意思呢？

一个人来到这个世界上，就像随机扔一块石头一样扔下来，偶然地被"抛入"，没那么伟大。所以你问"人生有什么意义"，这种问题本来就是伪问题、傻问题，并没有一堆意义摆在那儿等着你，人生的意义是你要去寻找的。

但人是一种"存在"，一种相对于万物来说比较高档的"存在"。所以，当他从动物向神走去时，冥冥之中就得到了一个道德命令：做一个好人！不要出卖你自己！充分发挥你的生命潜能！

这个道德命令，用哲学的话讲，就是"存在的规定性"，规定你应该这样做，同时规定你不应该那样做。一个人生下来，不是为了去做一个人渣，去做一个既可以把自己卖了也可以卖别人的人——正如父母把一个人生下来，不是为了让他去做别人的"脑残粉"！

好人和智者正是符合"存在的规定性"的人。他们或者听到了内心的声音，按照这个声音来生活；或者，听到了这个世界的神秘声音，并用它来照亮自己和他人。

这两种人无论如何向前走，当然都永远成不了神，但是，他们的存在，却是一种类神的存在。这就是我们有时候在他们面前，会觉得内心受到震撼，或感觉到他们具有一种超出常人魅力的原因。

如果一个人的存在不符合"存在的规定性"，不听"存在"发出的那个"道德命令"呢，又会如何？

答案只有一个：他会憎恨自己，并为了掩饰这一点，就憎恨其他人。

个人如果不敢面对自我，独处的时候，他往往会恐慌

继续我们的话题。在解决从动物走向神所产生的存在问题、心理问题时，还有第三种办法，就是一个人既不后退，也不向前走了，就在他觉得安全的地方待下去。

这些都是什么人呢？

他们可能是麻木不仁的人；可能是一些在这个社会上永远只是当一个观众在看戏的人。他们没有什么成就，也不敢有什么成就。

也可能是这类人，他们拼命地忘记内心，忘记世界的秘密，一头扎进"社会"，扎进人际关系里。但在独处的时候，他们往往会恐慌。

当然，还有这类人，他们不敢对这个世界有什么欲望，谨小慎微，按照熟悉的生活，日复一日地过下去，直到死亡来临的那一天，一切OVER。

所有这些人都有一个共同的特征：在头脑上，他们无法或不愿用理性和这个世界的秘密建立什么联系，世界的秘密在他们的关注甚至意识之外；他们不想听到，或很少愿意去倾听内心的声音。在心理上，他们对于自己的生活并没有多少热情。

弗洛姆曾经说："如果能对人用精神的X光透视，我们会发现有如此众多的吞噬同类者，有如此众多的图腾崇拜者，有如此众多形形色色的偶像崇拜者。"

这指的是"退回去"的那帮人。

我愿意对他的话进行补充："如果能对人用精神的X光透视，我们会发现有如此众多的人在害怕生活，有如此众多的人丧失了体验自己和他人痛苦的能力，有如此众多的人躲在自己熟悉的语言和行为模式中得到安全感。"

我指的，是所有"退回去"和待着不动的人。

第四章

是什么让我们心理弱小

导读: 你的社会处境越差,心理处境也就越恶劣,所受到的打击、伤害,可能比别人多,心理上更难生存。

1. 让我们心理弱小的东西，恰恰是可以操纵我们的东西

导读：到底是哪些东西让人的心理那么弱小？下面先列出要点提示，在后面的章节里我会详细跟大家分析它们。

◎社会价值排序

很抱歉，我用了一个看起来非常抽象的术语。但这个术语非常牛，非常有用，就像吴思先生的"血酬""潜规则"的术语一样，可以帮助我们理解很多社会潜规则层面的东西。

什么是"社会价值排序"呢？简单说，只要你根据社会上大多数人的观念，认为一个白领就比一个民工高档，一个有大学文凭的人就比一个只有中学文凭的人牛，一个处长就比一个科员尊贵，一个漂亮的女人就比一个长相平平的女人高档，那么，真的不好意思，你的思维模式、心理模式遵循了某种社会价值排序的指令。

看到没有？在社会价值排序上，白领＞民工，有大学文凭的人＞有中学文凭的人，处长＞科员，漂亮的女人＞相貌平平的女人，分别是按"社会经济地位"、"文凭"、权力等级、颜值等单一或多重指标来排列的，它们构成了一个等级链。权、钱、文凭、容貌等都是对人在心理上有优势或有吸引力的稀缺资源，它们是决定社会价值排序的"价值"。

我们都想在社会价值排序上提升，这是人之常情，Low是很让人讨厌的，谁不想变成高大上啊。但是，想提升我们的排序，和心理上屈服社会价值排序是两个概念。很不幸的是，一旦你是社会价值排序的忠实粉丝，遵循社会价值排序的指令，就为自己的心理弱势打开了大门。这种社会价值排序必然制造伤害、焦虑、愤怒、自卑和羞辱，因为按照这个规律，在这个游戏之内，只有位于最高端的

人，在人群中才能获得绝对的心理优势。

社会价值排序这个术语太重要了，重要到我忍不住就打算在这里破译它。

三重心理处境

还记得前面我们关于人的存在的讲述吗？当我们在这个世界上存在时，马上会产生三重心理处境。

还是先想象一下，把你扔在没有人的黑暗之中，你会不会害怕？

恐怕会害怕，对吧？

害怕，就是你孤身一人在黑暗中时，在心理上的处境。

当我们作为一种存在出现在这个世界上时，存在本身就给我们带来了第一重心理处境。

因为，你和自然、和世界是分裂的啊，不是一体的啊，会有孤独感、渺小感。而由于人最终会死，他一旦存在，似乎随时就面临着虚无化的威胁，所以会有"不存在"的焦虑。这种最终会死的命运，投射在心理上，就变成了一种荒诞、一种空虚，一个人有时候会感到空虚无聊，没有意义——当这种情绪涌上来的时候，真相就是我们不想往前走，不想让自我继续成长。

所以，你有时候感到孤独，感到渺小，感到焦虑，感到空虚无聊，感到做什么好像都没有意义，当你体验到这些情绪的时候，并不痛苦，而只是有苍凉、悲壮感的时候，这太正常了！这说明你正在体验到你的存在的心理处境。即使内心强大级别最高的古典哲学家、在喜马拉雅山修行的高人，也会有这些情绪，只不过，当这些情绪涌上来的时候，在他们内心里不留下痕迹。

我们呢？也不用去管它们，因为这些情绪太自然了，来得自然，去得也自然。我建议大家有兴趣的话甚至可以去和这些情绪相处，触摸一下它们，因为和这些情绪相处其实就是在感受我们的存在。

可是，如果这些情绪让你并没有苍凉感，感受到了痛苦，并且一直不消失，那么，就不是存在的处境带来的了，而是你在社会上的处境以及你的心理结构可能有问题带来的。它们不再是自然的情绪,对我们是一种杀伤,因此需要通过改变我们去解决。

社会价值排序 = 利益食物链 + 心理食物链 + 审美价值链。它们也是三维一体的

接着说第二重心理处境。这种心理处境是我们在社会上的处境带来的。

按社会学的说法,"社会"就是一个很大很大的"结构"(请自动脑补一下蜘蛛网,想象一下有很多蜘蛛爬在上面,这只蜘蛛和那只蜘蛛在不同的节点、位置上时的那种图像),在这个"结构里",我们总是位于某个节点里。这个节点就是我们的社会位置。

当然,这个社会位置是可以移动的,可以从这一点挪到那一点,可以从一个低点挪到高点。比如马云就从当年一个比较低的节点上,通过努力推移到了非常高的一个节点上。在中国,一个人不走体制内路线,能拥有那么高的社会位置,已经是平民子弟所能到达的极限了。

马云兄是可以复制的,但你和马兄一样,得是一种和大众不一样的、非常独特的存在。

我们所讲的从这个节点到那个节点,从这个社会位置到那个社会位置的移动过程,就是传说中的"社会流动",流动得比较好,没有阻碍,社会就比较公平;流动受阻,穷人很难改变命运,那阶层结构就比较固化。

社会结构的"节点",我们的社会位置,是由三个链条交叉构成的。

哪三个链条呢?哦,是利益食物链、心理食物链、审美价值链。不管你是权贵还是平民,是高富帅白富美还是屌丝,是富人还是穷人,是公务员还是写字楼白领,是学生还是已工作的人,都被分别嵌入到这三个链条各自的位置里,然后,在它们的交叉地方,形成你的社会位置!

这三个链条只要一组合起来,对应于你的社会位置,在心理上,恰恰就是你的社会价值排序!

所以可以给社会价值排序列一个公式:社会价值排序=利益食物链+心理食物

链+审美价值链。

这个公式非常重要，我想请大家记住。

同时，我还想请大家也记住：利益食物链、心理食物链、审美价值链是三维一体的。

比如一个白富美，她老爸或是权贵，或是富人，或是名人，在利益食物链上的位置是很高的，她也继承了老爸的阶层地位，在利益食物链上位置也很高。而利益食物链总是和心理食物链配套的，她在心理食物链上也位于上端。审美价值链呢？因为她长得白，长得美，所以，位置也很高。在这三个链条的较高位置里一交叉，白富美在社会价值排序上就很高了。

同样是女人，黑穷丑呢？我们都不用分析了，她在这三个链条的位置上都非常低，所以在社会价值排序上也非常低。

当然，白富美和黑穷丑以及高富帅、穷矮矬只是少数人，大多数人在利益食物链、心理食物链、审美价值链上的位置有高有低，他们的社会位置，他们的社会价值排序是综合的结果。

但事实就是：你在利益食物链、心理食物链、审美价值链上是什么位置，你的这个社会处境，就影响到了你心理上的处境。如果你穷，那你大概会感觉到被人看不起，会有自卑；如果你很有钱，很有权，那就对别人有心理优势，会有一种傲慢。如果你长得帅，长得漂亮，那就处处受欢迎，受照顾，你就容易有一种虚荣的心态；如果你长得丑，就没有人围着你转，甚至正眼看你，你会自卑，你会明白一切都要靠自己。

总结一下就是，你的社会外境越差，心理处境也就越恶劣。平民子弟从小就开始的心理处境，要比官二代、富二代们的心理处境差得多。

当然，这不是说一个人的社会处境越好，他的心理就越健康。而是说，如果我们的社会处境很差，我们所受到的打击、伤害，可能比别人多，心理上更难生存。

但社会处境好的人，如果是不公不义的利益食物链的受益者，心理上也不会好到哪里去，他们会反过来被不公不义本身所杀伤。

我们都知道，假如一个强者要去欺负一个弱者，一开始肯定是有心理障碍的，他干不来，为了利益或变态的快感要干下去，就必须突破心理障碍。这个心理障碍就是他真实的自我,这个自我会告诉他欺负一个人在道德上是错误的。所以,当他为了利益或快感理所当然地欺负弱者,或者享受到跟不公不义联系在一起的利益时无动于衷,证明他已经把这个真实自我给压抑甚至扼杀了。

所以,还有第三重心理处境:自我的处境。

我们固然无法选择一开始别人怎么对我们,但却可以选择在若干年后,他们又会怎么对我们

在讲自我的处境所产生的心理处境前,我们先停一下下。

停下干什么呢?问几个奇怪的问题。

这个问题就是:存在本身所产生的心理处境,能改变吗?就是说,人本身可以像神仙那样无忧无虑吗?

答案你都知道:不可能。而不可能的原因恰恰也是:人不是神仙!这种心理处境,是根源于人这种存在本身,要改变,除非你把这个存在本身给改变了,就是说,不再是人,重新变回猴子,或者修炼成神仙。但这当然是白日做梦。

不仅是不可能。事实上也没必要改变。为什么要改变呢?

再问:社会处境所带来的心理处境呢,能改变吗?答案很明显:能!

只是,这种心理处境,从一开始就不是由我们控制的。我们无法选择父母,选择家庭环境。你不是万达王健林的儿子王思聪,她也不是碧桂园杨国强的女儿杨惠妍。另外,我们理论上虽然可以选择工作环境、生活环境、人际圈子,但要付出很大的代价,并不是说我在这个公司干,然后"贱人"特别多,上司也是施虐狂,我就可以辞职走人换一家公司,我们不仅要考虑心理处境,还得考虑利益得失。而在这样的环境里,别人是不是要打击、伤害我们,在我们不具有自我保护的能力前,也没有太多话语权。求别人"你不要打击、伤害我",估计是没用的。

当然,再次强调,无论这种心理处境多么恶劣,它都是可以改变的!

你确实无法选择父母,但可以选择成为什么样的人!选择从你开始,家庭的历史改写!

我们确实也无法选择一开始别人怎么对我们,但却可以选择在若干年后,他们又会怎么对我们！

这些，都是这本书的重要内容，也是我们的心理分析所要干的大事之一。

好，说到自我的处境所产生的心理处境了。这是一种什么样的心理处境啊？能改变吗？

只是用理论的方式来揭示，估计有点儿枯燥，这里用两个故事来代劳。

第一个故事我们非常熟悉。主角是一个女生。她工作非常努力，很优秀，很多年来一直坚守自我，相信有爱情存在。但遇到的男人总无法让她心动。于是，就成了"大龄女青年"。于是，就有很热心的人一直张罗着要给她介绍男朋友。开始时她不好意思拂了别人的好意，但接触十几个都发现那些男人层次太低，不是她的菜。而这样一来，舆论对她就指指点点了，说她眼光太高，孤傲，甚至心理有问题。她的父母亲戚好像也比她更着急，一再催促她找个男人结婚，好像她不随便找个男人把自己嫁出去就有罪一样。为此，她感到相当焦虑和苦恼。

舆论对于大龄女青年，尤其是优秀的大龄女青年总是不太友好，甚至有点儿险恶，没人拿她真实的自我当回事，也没人愿意去尊重她内心的想法。而她真实的自我并没有强大到对此表现淡定的地步，所以常常受到刺激。这就是她真实自我的处境所产生的心理处境。

还有另一种自我处境所产生的心理处境，那就是假自我的处境所产生的心理处境。所以，我们继续第二个故事。

这个故事的主人公是个20岁的男生，正在读大二。他在一所大学就读，家里经济情况并不好。但是，由于这所大学富人子弟较多，盛行吃穿玩上的攀比，他很自卑。为了克服自卑，他也不顾家里的经济条件，"剥削"父母，使劲在行头和玩乐上包装自己，提高自己的社会价值排序。为此，他当然有负罪感，但却感到无法控制自己，内心处于巨大的冲突中。

你应该看得到，这个男生很屈服社会价值排序。在他所在的环境里，社会价值排序低，会让一个人感到自卑，可能还会被人鄙视、排斥。这就是他的自我的处境，不过，是假自我。

屈服社会价值排序的，从来不是一个人的真实自我，而是假自我。这个假自我的处境，让他处在了一种既自卑又想掩盖自卑，既有负罪感又控制不了自己的内心挣扎中。

如果说，第一个故事的女生，要改变自己心理上的处境，是通过让真实自我变得更强大的话，那么，在第二个故事的男生那儿，他要做的就是打破社会价值排序，不靠假自我来和世界打交道。他的优势是努力学习，增强实力，为以后自己的成功做准备，而不是去跟别人玩这些攀比。在社会价值排序的游戏中，既没有实力又没有父母给罩着的人只能输掉，玩这个游戏其实很愚蠢，还是不要玩了吧！

◎"自我"的虚假

没有一个"自我"，人在心理上就活不下去。但是，如果他的"自我"并不是他自己，只是社会上的东西驻扎在自己心里的"代理人"，他就会和自己失去联系。

用"假自我"来维持自己心理生存的人从一开始就失去了防御能力。

◎玩心理保护，没有表现出自然情感

"心理保护"这个概念在我的"三体心理"，以及六维性格分析理论体系中特别重要，比"社会价值排序"这个概念还要重要。

为什么重要？因为这个概念是进入人类心理密室的万能钥匙。不错，是一把万能钥匙。我们千奇百怪的各种语言—行为，我们的各种心理问题，我们的内心弱小，都有一个共同特征：是玩了心理保护的结果。

在很多人心中，心理分析好像挺沉重，动不动就洞察你的内心，就要治这个心理有问题的人那个心理有问题的人。NO，NO，你只看到了它的基础功能，牛×的还没看到呢。事实上，它很好玩儿的。

我们就闲扯一下一些心理学家的万能钥匙。

行为主义心理学家们是把人的心理结构视为黑箱的。你心里面发生了什么他不管，他只注重给你一个刺激，然后你做出什么反应的规律。

但精神分析的各位大咖，就是要挖心理结构，他们就是要把心理结构给照亮。在挖的过程中，弗洛伊德老师的万能钥匙是"力比多"（性能量）；阿德勒老师的万能钥匙是"情结"；荣格老师的万能钥匙是"原型"；弗洛姆老师的万能钥匙是"人自由自发的生命潜能";霍尼老师的万能钥匙是"冲突";还有拉康老师,他的万能钥匙是"结构"。

"心理保护",就是我站在他们肩膀上,在他们没有看到或看得不深的地方,打造出的一把万能钥匙。

大家可以看到,荣格老师的东东是最难学的,因为那把万能钥匙开不了几扇门,演绎性非常差,云里来雾里去的,虽然格调较高。故而,其影响主要是在知识分子或热衷于玩神秘主义的人那儿。

阿德勒老师的好一些,但也只是一堆知识,另外也实在没有什么格调,所以在自认为高大上的人那儿并没什么影响。

拉康老师的相当有格调,不仅云里来雾里去,而且演绎性也非常差。这也决定了他只能影响知识分子。

霍尼老师的万能钥匙具有解释力,但演绎性仍较差,当然,格调较低。所以,其影响局限于心理咨询圈。

我经过仔细观察,发现荣、阿、拉、霍四位老师都欠缺某一种哲学意识。

什么哲学意识呢?哦,就是那种先把一切给推翻,找准一个原点,然后一步一步地从逻辑演绎出发的那种意识。笛卡尔老师讲得特别清楚。

相比之下,弗洛伊德老师和弗洛姆老师就具有这种哲学意识,他们的理论演绎性非常好。

弗洛伊德老师的"力比多",演绎出了对神经症,对人的"死亡本能"等的无数解释。

弗洛姆老师的"人自由自发的生命潜能",演绎出了几乎对人性,对神经症,对心理变态,对社会是否健康,对爱等的非常成功的解释。

现在,轮到我用"心理保护"来破解人类心理的秘密了。

我想说,到现在为止,我认为我对心理保护的阐释,绝对是对心理学所做出的一大贡献。我不是凭空创造,这个词是从心理学家们对"心理防御机制"的阐释里演化来的。他们用"心理防御机制"来解释人的一些心理—行为,比如领导骂我,我因为利益和心理上的原因不敢反抗,于是就压抑—"压抑"就是一种"心理防御机制"。

当然，我可能觉得压抑也太难受了，于是，在领导骂我时，我就认为他是领导啊，骂我是应该的，是合理的。我这么玩，是在把领导骂我合理化了——"合理化"也是一种"心理防御机制"。

心理学家们列出了很多种"心理防御机制"。他们说得确实不错，但我真的对此表示遗憾，太专业，也太浅薄了。他们没有深入一步，去发现人类的心理的运作逻辑。

这个任务，落到了我的头上。

事实上，心理保护不是有多少种，而是一种维护人的心理生存的机制，一种运作逻辑。但是，它在绝大多数情况下，不是真的保护了心理，保护了我们，而是在智力结构不起作用的情况下，以杀伤我们内心为代价的盲目的"保护"。领导骂我时我压抑，确实让我不至于因顶撞领导而在利益上受到威胁，或担心有严重后果，但是，这种压抑已经对我构成了内心的杀伤，我会变得更加懦弱，头脑上更加迟钝。玩合理化的心理保护也是如此。但事实上，我本来可以不玩这些心理保护，可以让内心强大，用智力结构去应对领导的，既不得罪他，也不会杀伤自己的心理。

心理保护的可恶之处，就在于它让我们无法释放自然情感，从而，使我们弱小的自我，得不到爱、理性、人格上的力量去强大，心理上，变得越来越弱小、扭曲。所以，要内心强大，必须打破心理保护，释放自然情感，这是一个根本性的原则和方法。在后面，我们将重点分析。

◎不确定性

只要我们无力把握一种东西，我们就不会感觉到自己是命运的主人。

被不确定性吞没的人，同时也是一个无法体验到自己在世界面前的力量的人。

◎别人言行的作用力指向自己

有的人很容易受别人的影响，别人的语言和行为，可以快速地绕过他的大脑，进入他的心理结构，激起他的各种情绪，引起情绪和状态的不稳定。其实，只要一个人无法用大脑防护自己的心理结构并解读外界刺激，他的心理弱小就是一种宿命。

看到前面有一个人，他就成了我的一个观察对象。同理，我们也是别人言行的对象。容易受到别人影响的人，别人言行的作用力就是指向他的，力的方向，决定了心理的优势和劣势。

所以，我们知道，窥视别人而获得巨大快感的秘密是：力是由我们指向被我们窥视的人，而且在心理上解除了他的防御。

◎社会等级的暴力

和价值排序对应，社会是一个等级结构，充斥着权力和金钱、观念的暴力。

一个老板可以借助"管理"的名义羞辱一个小职员，打击他的自尊心，无论是否变态，这是现实。

◎他人的伤害

很多人曾经幻想生活在桃花源，但桃花源不过是一个梦境。

社会生活的一个根本特征就是冲突。参与了社会这场游戏，弱者要想不被"伤害"，除非有奇迹发生。

更何况，伤害别人成为一些道德白痴的乐趣。

◎死亡恐惧

无论这个世界有没有公正，在这件事上人人平等，那就是死亡—大家都得死。

死亡只是生物规律，本身并不是问题。但对于人来说，知道自己最后要死，变成了最大的问题。

第五章

打破社会价值排序

导读：一个人越是因为别人比他有身份、有钱而仇恨别人，他骨子里其实越想变成那个人。

CHAPTER

1. 社会价值排序就是一种心理食物链：大鱼吃小鱼，小鱼吃虾米

导读：对于一个人来说，如果他不希望发生的一件事情已经发生，而且无法改变，他就要启动心理保护机制：认命。

"社会价值排序"这个概念是我们进入社会、人心真相的入口

假设你的朋友、同事人人都有房有车，而你想当"房奴"而不得，挤住在阴暗的地下室或城中村，每天挤公交上班气喘吁吁，你能想象自己可以保持平静吗？

当一个人这样问你时，不排除你为了面子，斩钉截铁地回答他：我能！但你的内心马上会告诉你，你在说谎！

另外，你或许可以告诉自己：我能！但别忘了，这是头脑里的那个你在告诉内心里的那个你。这是暗示，是否认，而不是心理的真实状态。

原因很简单，你屈服于社会价值排序——并且很不幸，和别人相比，你排的位置比较低。

一个由外在评价主宰自我认同的人实质上是一个遗失了真实自我的人。从外部世界得到的那个"自我"只要进驻到我们的心理结构，我们就成了外部世界的傀儡，失去了防御打击的能力。

只要我们屈服于社会价值排序，在心理上就注定要过一种风雨飘摇的生活，并被自卑、焦虑、烦躁等情绪袭扰。如果很不幸，我们没有权，也没有钱，也就是说，没有一个从外部世界中得到的强大的"自我"，那就更是如此。

要变得心理强大，就必须打破这个社会价值排序，让心灵从它的桎梏中解放

出来！

"社会价值排序"绝对是一个非常关键的概念，不夸张地说，它是我们透视社会、人心的一个入口。

我在前面的章节里简单解释过这个概念，现在我把它全面地翻译一下，就是：社会从来都狗眼看人低，有一套根据金钱、权力、地位、出身、文凭、容貌、名气、荣誉等来划分一个人牛不牛×、高不高档，并给大家排好高低不同的位置的评价标准。白领比民工高档，对民工有心理优势；而富人、老板在心理上，则又可以把白领踩在脚下。在世俗眼里，这不是社会的变态，而是天经地义。

那么，社会价值排序这个"暴君"是怎么君临天下的？

摆脱泥土、汗水乃是一个人的永恒渴望

公元前535年，有个叫楚芋尹宇的人说了一句非常著名的话："天有十日，人有十等，下所以事上，上所以共神也。故王臣公，公臣大夫，大夫臣士，士臣皂，皂臣舆，舆臣隶，隶臣僚，僚臣仆，仆臣台……"

瞧，一级压一级，贵贱什么的都排好了座次，而且还拉老天来论证它的合法性。鲁老前辈周树人先生对此表示严重抗议，并悲哀地替没有谁可以"臣"的"台"设想：不是还有更卑的妻，更弱的子吗……

古代印度种姓制度的玩法类似，也是把人分成几个等级，像什么婆罗门、刹帝利、吠舍和首陀罗之类。为了防止低贱种姓玷污高贵种姓的血统，前两个种姓绝不与后两个种姓通婚，并且还要在生活中保持种姓隔离。比如，规定不同种姓的人不能待在同一个房间里。

自然，高贵种姓们平时穿的衣服，低贱种姓们也是不能穿的。你穿的衣服，要让人一眼就看出你属于哪个种姓。高种姓的人戴一个金链，低种姓的你也想戴，就是在破坏种姓识别的政治社会环境，就是在破坏安定团结的大好局面！

据写了《人类动物园》《裸猿》《亲密关系》这个"裸猿三部曲"的英国人类行为学家莫里斯考证，在1363年的英格兰，议会关注的主要是规范社会各阶级

的服饰。在文艺复兴时期的德意志，服装超越她实际地位的女子可能会受到的惩罚是颈上戴木枷。在印度，头巾如何戴以显示种姓是有严格规定的。在亨利八世时期的英格兰，如果男人不能随时奉献一匹轻装马去为国王效命，其妻子是不允许戴丝绒女帽或金色项链的。在美国新英格兰的早期，如果丈夫没有一千美金以上的财产，妻子是不允许戴丝巾的。

为了保持一个在社会价值排序上还有点儿位置的读书人的身份，你见过只能排出几文大钱的孔乙己先生脱下过他的长衫吗？

离开了刀剑的庇护，社会等级制能否存在会成为一个大问题。但与社会等级制构成一体两面的社会价值排序，在征服人心上却不费吹灰之力。原因很简单：社会中的低贱阶层，在屈服于高贵阶层的暴力时，同时也屈服于他们的美学标准和价值趣味。

一个社会中的时尚，一般总是从上流社会那儿开始玩的。被社会价值排序俘获的下层社会善男信女们当然也会跟着模仿，从而也显得自己时尚高档，但当流行到他们那儿时，为了不和他们混同，上流社会的时尚达人们早就换一种玩法了。

低贱阶层之所以屈服于社会价值排序，向高贵阶层看齐，还有一个更隐秘的原因：后者离泥土、汗水最远——而摆脱泥土、汗水乃是一个人的永恒渴望！

和泥土、汗水混在一起，就会让一个人感觉低贱吗？是的。

首先，泥土和汗水与生命有关，但也和死亡、和一个人无法超越他生命最初的卑微状态有关，这是他最害怕的。

其次，社会等级制、社会分工存在着对身份的歧视，与泥土、汗水混在一起的，从来都是低贱阶层，高贵阶层们玩的不是生产劳动，而是治国打仗，读书管理这类玩意儿。"劳心者治人，劳力者治于人"嘛。

你也许要问：古代中国不是有"重农抑商"，有一套热爱土地的价值观念么？而且，苏联不是也曾经把工农抬上了天，把沙俄的贵族阶层贬到了地狱，离泥土、汗水近的人在离泥土、汗水远的人面前，难道没有心理优势吗？

当然没有。对于一个人来说，如果他不希望发生的一件事情已经发生，而且无法改变，他就要启动心理保护机制：认命。热爱土地，是因为无法扔下锄头去当官。认命避免了社会价值排序对自己的伤害，并从和土地的关系中找到生存的意义。

不仅是中国，在古代，几乎所有国家的穷人都这样干，也只能这样干。很多地方，干脆有宗教大师出来忽悠，把这种认命上升到宗教的高度，罩上神圣的光环，说人应该受苦，应该忍受自己的命运，以在来生或天堂获得拯救。

就是到现在，据去印度考察过的朋友讲，印度的穷人虽然只能在贫民窟里和垃圾为伴（出一个"贫民窟里的百万富翁"的概率，和彩票中奖的概率差不多，那是资产阶级用来麻醉被压迫人民的反抗意志的神话，广大革命群众一定要警惕！），但对自己的处境安之若素。为什么？因为他们作为低贱种姓应该忍受苦难，已经变成一种宗教意义上的生存，这是神安排的，要听神的话，这样神才能罩着他们。革命导师马克思教导我们，宗教是人民的鸦片。

苏联抬高工农是另一回事。看上去挺像回事儿的政治地位的确让很多人在贵族面前，获得了表面上的心理优势，因为他们想象自己站在真理和历史规律的一边。然而，贵族阶层背后的社会价值排序，仍然让很多人感到自卑。所以我们看到，新的组织构架仍然有着等级社会的诸多痕迹。一个人越是因为别人比他有身份、有钱而仇恨别人，他骨子里其实越想变成那个人！

从另一个角度看：在同等五官轮廓和身体形状的情况下，我们为什么认为，一个皮肤白的女人比一个皮肤黑的女人漂亮高档？或许白人很牛，黑人不算牛的现实会影响到现在我们的美学标准。但是，在古代，中国人有这种美学标准的时候，一些地方的白人都还在森林里呢。根本的原因是：白意味着不进行生产劳动，不日晒雨淋，远离泥土和汗水；而黑恰恰相反。

离泥土、汗水越近的工作，就越低贱；而离泥土、汗水越远的工作，就越高贵，这就是主流社会的观念。空姐显得高档不仅仅是长得好看，不仅仅是有一双黑丝袜腿，而在于她们的职业，她们接触的人，离泥土都非常之远。

正因为人具有摆脱泥土和汗水的永恒渴望，而且喜欢玩心理竞争，所以，哪怕社会等级制度已经被自由、平等的潮流冲击得七零八落，社会价值排序也从来不随着它的玩完而玩不下去。

恰恰相反，它会玩得更厉害。因为在现代社会，没有谁规定你不可以穿只有富人才能穿的衣服，也没有谁规定你一辈子就只能当工人、农民、小职员。它允诺，在成功地爬到上流社会方面，你和其他人的机会是平等的。未来的大门始终向你打开，问题只在于你可不可以走进去。另外，一切都具有不确定性，说不定哪天机会就垂青于你。既然如此，认命也就不合时宜，甚至是对自己的不负责任。

对此我热烈鼓掌，同时也深表遗憾——因为这意味着，大家一起让社会变得更加有毒！

2. 社会价值排序能玩下去的秘密是：必须不把人当人

导读：人作为人是无法相互比较的，但身外之物却可以比较，于是，人们就用身外之物的比较来代替人的比较，这就是社会价值排序这一游戏的真相。

并不是一个人有什么，他就是什么

前面我们已经知道了，社会价值排序=利益食物链+心理食物链+审美价值链，在心理上，它就是一种心理食物链：为了心理生存，人与人之间大鱼吃小鱼，小鱼吃虾米。

不想被吃，一个人就得往上爬。

来看一下战国名嘴苏秦。为了个人当官发财，他一不怕苦，二不怕死，在游说秦国打六国失败后，忍受众人白眼。又去游说六国"合纵"抗秦，最终执掌六国相印，还让曾经看不起他的嫂嫂像蛇一样爬行来谢罪。

我们要问，苏秦以"头悬梁，锥刺股"这一英雄事迹充分证明，他是用特殊材料造成的，这是一种什么样的精神？他的嫂嫂对他前倨后恭，又是一种什么样的精神病？

司马迁在《史记》里告诉我们，这是一种"取尊荣"的精神。没有"尊荣"，那就位于心理食物链中的最低端，那就只能被吃。苏秦什么人，怎么可能甘于当虾米？

他的嫂嫂是社会价值排序最虔诚的信徒。作为一只虾米，她除了严重鄙视混得很惨的苏秦，无形中把自己想象成一条小鱼，还能从哪儿找到点生活的乐子？她还要在心理上活不活？而当苏秦革命成功，变成了一条大鱼，她除了赶快讨好之外，没有别的选择。

更不用说，讨好本身就可以让她产生自己不再是虾米的幻觉，因为她是苏秦的嫂嫂，分沾了苏秦的牛×，可以在众姐妹面前炫耀了嘛。

不知道你是否感到奇怪：苏秦虽然从一个无产者变成了一个领导干部，身份变了，但人还是这个人啊，怎么在她嫂嫂眼中，他这个人的价值反差就如此鲜明呢？

这就涉及社会价值排序的一个天大的秘密，也是它的一个大漏洞。先看一种商品：靴子。靴子很有魅力，配上一双丝袜，女人穿上去绝对高档。OK，这没有问题，我们可以理解为，鞭子套在一双美脚上，看上去很美。

靴子有不同的牌子，有不同的价格，作为一种现象，这也很正常。

但是，接下来就有问题了：有两个长得差不多的女人去买靴子，一个进名牌店，一个到街边摊儿。不一会儿，她们都拿着自己的靴子在街上展示。当你看到这一幕时，在脑海里会不会有这种感觉—穿品牌靴子的女人比穿地摊儿靴子的女人高档？

这类现象我们太熟悉了，以致都不想去追问一下为什么。

我们认为逛品牌店的女人高档，仅仅是因为我们推测她有钱，从而屈服于金钱的力量吗？这样想只对了一半。事情的真相是，在我们的心理上，商品价格的差异本身就是一种价值的排序，它转化成了购买它们的人之间的价值排序—商品不同价，人也就不同价了。

人占有的东西，也就是身外之物可以比一下，但人本身能比吗？谁敢说在生命的意义上，一个亿万富翁的命就比一个乞丐的值钱？如果他把乞丐杀死了，然后丢出一百万，说，这点钱都可以买你几辈子的命了，大家服不服气？这些问题我们根本都问不出口，因为人的生命、人的价值是不能比的，更不能用金钱来衡量。

那为什么会发生社会价值排序，把人与人之间区分成高档与低档这种现象？

在一个聚会上，我们在介绍两个人认识时，一定会指着A告诉B，A叫什么名字，是干什么的，或是我们什么人。你发现没有，如果A没有名字，没有职业、身份，或和我们没有什么关系，我们根本就无从界定A，根本不知道他是谁。这样的A，就是一个神秘之物。

当你在一条阴暗狭窄的小巷里碰到一个陌生人时，为什么感到有些不适？因为你根本无从界定他。不错，他是一个人，但你不知道他是一个什么人。而这一点，对你就是一个威胁，你得防着点。

所以，我们一定要界定一个人，把握他。那么用什么来界定一个人？他不是一种存在嘛，很好办，就用他的存在属性，像性别、年龄、哪儿人、职业、身份、和谁的关系等等，就是存在属性。我们说，白岩松是央视的新闻评论员，姚明是一个球星。

本来，一个人是个医生，他有35岁，像这类存在属于只是用来指代一个人，就像语言符号用来指代一件事情一样，指代的东西和被指代的东西并不就是一回事。但是，在我们的大脑和心里，情况完全变了，变成了一个人就是他的存在属性。我们"体验"一个人，就是用他最明显的存在属性来体验他。很多人不是把大美女阿娇体验成一个清纯明星吗？当看到杰出的"摄影艺术家"陈冠希的人体艺术摄影作品时，意外了吧？

奇怪的是，我们这样体验一个人，他也这样体验自己。一个人是农民工，他也把"农民工"体验为他的自我，虽然是有点儿耻辱的自我；一个人是"城管"，他也把"城管"体验成他的自我，哪个小贩要是敢不把他这个"城管"放在眼里，还想不想摆摊儿，嗯？

尽管一个人的存在，真的不是他所占有的东西，但在心理上，我们就是认为，一个人就是他所占有的东西。社会价值排序的逻辑就是：每个人都是一个独特的个体，不是不能比较吗，就像一支钢笔和一个苹果一样？但是，我把它们都折算成钱，你看能不能比较它们哪一个值钱？

人也一样。

老老实实地承认，社会价值排序这个游戏对强者是最有利的，如果占有那么多的钱和那么大的权力，居然在别人面前还无法觉得自己牛×，不能狠狠地、合法地发泄一下践踏别人尊严的欲望，那还不郁闷得要死，生活又能找到多少意义？但是，对于弱者来说，把自己真正的价值丢掉，参与这场游戏，注定了在心理上只能输掉。

3. 剥去一个人的社会包装，你在心灵上即获得了解放

导读：一个人越无法依赖他真实的自我而活，他就越需要认为社会包装出来的那个"自我"就是真实的自己，并让其他人在心理上对此也表示同意。一个权要，一个有钱人，一旦意识到那个剥去了权和钱的自我就是真实的自己，他在心理上就陷入了灾难。

西方有个谚语叫"仆人眼里无英雄"。英雄在大众面前总是沐浴上一层神秘、强大、正义的光辉，但投射到仆人眼中，这一光辉迅速暗淡。

西方大哲黑格尔和蒙田联袂推荐过这一谚语。思考最抽象、最高深哲学问题的人和洞察人情世故的人都对同一种现象念念不忘，当然要引起我们的高度注意。

英雄在大众和仆人眼中居然是不同的两个人。是仆人本来就下贱，不能理解英雄的崇高境界吗？错了！

很简单，距离产生"魅力"。一个只看到包装出来的那个社会形象的人，当然会觉得英雄魅力四射。但如果他也看到了英雄拉屎，看到了英雄在生活上甚至十分低能，英雄是不是被"祛魅"？

伟大领袖毛主席教育我们：一切反动派都是纸老虎。纸老虎就是只能吓唬胆小的人。抗战刚开始的时候，很多中国人也被日本鬼子吓得尿裤子，似乎日本鬼子不可战胜。结果，平型关一战，中国人沸腾了。事实证明，子弹打进去，日本鬼子的身体里也是有两个眼的，那些肉体也弱得很。

到现在为止，我们已经看穿了社会价值排序是怎么玩的，以及它的破绽何

在。而对付它,当然也就有了方法。

我想,不穿衣服,人类可能没有底气在猴子面前说自己是"高级动物"。同样,我们在很多人面前心理弱小,那也只是被他们披的那一身"社会"的"皮"吓住而已。邪恶地想象一下,假如一个贵妇身上的服饰包装全部脱去,露出赤裸的肉体,可能还赘肉一大堆,眼神惊恐,你会觉得她高档?

我们要做的,就是剥去他们这身"皮"!

十年前,我在一家单位上班。那时我不是一个好学上进的青年,没有向组织和领导积极靠拢的想法,特怕领导,屈服于他权力的淫威之中。

有一天,我在厕所里一边撒尿一边唱歌时,领导像幽灵一样突然出现在我旁边。我感到一阵紧张,严重怀疑他在我身边,我的尿能不能撒出来?我看了他一眼,颤抖着喊了一声"×书记",我就不敢看他了,心里"咚、咚"直跳。

很快我就听到了旁边便池被尿水急剧冲击的声音。我控制不住自己,便偷偷地看了一眼。我看到了一张疲惫、显出颓势的脸,这张脸和平时那张威严的脸极不一样,好像换了一个人。再往下一看,我脑海中出现了这样的一幕:在一个厕所里,两个男人拉开拉链,并排站在一起放水。

那一瞬间对我的冲击太大了。电光石火之间,我突然感觉到,我是和领导一起站在厕所里撒尿,我和领导是平等的!

不错,在办公室里、在会议室里、在各种可以衬托他的身份的场合,他雄踞于我之上,让我战战兢兢。但是,一进入厕所,他和我就没有区别,领导和下属的身份都被解构了,他的威慑力被"祛魅"了,厕所把他打回了原形!

一种巨大的快感猛烈地袭击我的全身。在过了20多年的蒙昧人生后,我开悟了。

此后,我展开了一系列激动人心的推理。为什么领导不喜欢我们对他直呼其名?是因为直呼其名,就意味着一种平等,意味着这个名字一扯,就牵出了真实的他。如果这样,他怎么可能让我们敬畏?所以他一定要我们叫他"书记",以他在组织中的角色和我们打交道,提醒我们,他对我们有权力,我们在他面前要放乖点。

同样,一个富人也绝对不会忘记提醒我们,他有钱,我们在他面前,最正确的反应就是自卑!

我陶醉在那个年代自己天才的发现中，再进一步推理，他们这已经是露怯了。很多让我们自卑的人，实际上根本不敢把他真实的一面露给我们看。他露给我们看的那个"自我"，一定不是他真实的自我，而是经过了社会包装的"自我"。

"神医"张悟本出事之前，一系列头衔让人头晕目眩。像"中医食疗第一人"、"卫生部首批高级营养专家"、"中华中医药学会健康分会理事"、"中国中医科学院中医药技术合作中心研究员"、"首席健康推广专家"，哪一个拎出来在社会价值排序上没有分量？当然，事后表明，这些头衔纯属虚构，如有其事，全是人民群众容易被忽悠。

事实的真相往往是，一个人越无法依赖他真实的自我而活，他就越需要认为社会包装出来的那个"自我"就是真实自己，并让其他人在心理上对此也表示同意。一个权要，一个有钱人，一旦意识到那个剥去了权和钱的自我就是真实的自己，他在心理上就陷入了灾难。

当然，如果无法看破一个人用权和钱堆出来的"自我"本质上是一种虚妄，不好意思，承受灾难的就是我们。

当年，为破除社会价值排序，理论知识非常欠缺，只具匹夫之勇的我曾经玩过现在看来是疯狂而冒险的训练。

第一个训练，我想考验自己在心理上对于大众的白眼有多大的承受力。为此，在一个晴朗的下午，我穿起又脏又破的衣服，目不斜视地在生活区和大街上游荡，间或还溜达到宾馆的大堂里。这是"流浪汉+疯子"的造型。很多认识我的人一看到我那副模样，都以为我得了神经病，在背后指指点点，满脸不屑。我努力保持镇定，对此不屑一顾。在宾馆大堂里，我的出现惊吓了制服裹身的服务员，而保安则毫不客气地把我驱赶出门。

这是一种以毒攻毒，走到一个极端来刻意对抗社会价值排序的策略。后来我发现这种行为极为幼稚，我的勇气完全依赖于自我暗示和强迫，依赖于一种"我豁出去了"的无赖心理。我在前面已经讲过，一个人只要不要脸，是完全可以这样干的。如果这也叫心理强大，那真是对语言文字的巨大侮辱。

五天后，我及时刹车，宣告心理强大的这一错误实践"寿终正寝"。

第二个训练，我想考察自己有没有和那些让我自卑的人进行平等对话的勇气和能力。具体方法就是找机会和别人一起去本单位权势人物的家里，放开胆子说话，并且还直视权势人物的眼睛，培养自己蔑视权要的胆识。这一招几乎是自杀式的，但当时对心理强大的好奇心让我愿意冒险一试。

那一天，我、同事、权势人物就感兴趣的问题进行了友好的三边会谈，并相互交换了对某些问题的看法。我是在吃了晚饭，离开饭馆后，和同事一起访问权势人物家里的。

令我万万没有想到的是，我的自杀性举动居然没有害到我，相反取得了意想不到的成功。敢于频频和权势人物直视，让我找到了在他面前心理强大的感觉，说话也就毫不拘束，并且不时现出智慧的火花，令权势人物颇为欣赏。此后，我慢慢地和他走近。我和他的对话，也成为他在复杂的权力斗争中的一种休闲方式。

过后我对这一训练进行了反思。结果痛苦地发现，从心理强大的要求来说，这仍然不得要领。我仍然是强迫自己显得强大，碰到一个不是在和我进行心理较量的人，看起来我成功了，但碰到一个要在心理上打败我的人，我只有一个可耻的下场，就是失败。

这两个训练都缺失了一个非常重要的因素，也就是心理强大训练必须谨记的方法：不要让对方的任何信息掠起自己的心理反应。

而我的方法是，靠强迫自己产生勇气，来对抗对方就社会价值排序来说强大的身份。这是错误的，在一开始就走了歪路。这仍然等于承认，自己的身份和对方的身份比，在社会价值排序上是较低的，自卑被先验地设定。

假如在一开始就按社会价值排序的游戏规则出牌，打破它就只能是一种梦呓。我们的"自我"被社会价值排序的病毒感染严重，对于想要变得心理强大的人来说，要做的绝不是杀毒，而是重装系统！

在以后的强大心理之路上，我大义凛然地抛弃了这种错误的训练，迅猛地转过身，向前方绝尘而去。多年后，我披着一件"发帖回帖专用马甲"像幽灵一样出现在网络……

我认为，我们可以这样来破除社会价值排序：

给定一种情境，就比如你在一个让你自卑、怯场的成功人士面前，你该怎么做？

我们的原则是：只以头脑去和他打交道，而不以心理去和他面对，斩断他身上的光环对你心理的控制链。你在他面前应该是一个理性人，而不是一个心理动物。

一开始训练的话，通常是分三步走：

第一步，头脑要敏锐、活跃，尽力让自己情绪稳定。这么做的目的，是在心里面解构掉你和他的"强者—弱者"关系，阻遏自己产生"高档—低档"的心理反应，让他身上的一切信息，首先要过你大脑这一关，并把它们阻挡在你的大脑之内，而不是直接就绕过你的大脑，刺激到你的心理。

古希腊有个历史学家，叫希罗多德，他曾经讲了个故事。古波斯的国王大流士喜欢旅行，对在旅途中碰到的各种稀奇古怪的事情非常好奇。他发现，有个印第安部落习惯吃他们死去的父亲的遗体；但是，希腊人绝不这样干，希腊人是把父亲火化，认为这是最自然的了。有一天，他就召集宫廷里的希腊人，问他们是否会吃他们死去父亲的遗体。希腊人大感震惊，说即使给他们多少钱，他们也不会干这种事情。然后大流士再把一些印第安人叫进来，问他们是否愿意火化他们死去父亲的遗体，这些印第安人极为惊慌，告诉大流士，最好不要再提这种可怕的事情。

这个故事想说明什么呢？说明不同的社会，不同的文化，有不同的道德准则、习惯和生活方式，你熟悉了自己社会玩的那一套，认为是正常的、天经地义的，那并没有什么。但是，假如你碰到了另一个社会的人，因为别人玩的和你不一样，你便认为别人很奇怪、有病，那就是你的问题了：一说明你孤陋寡闻；二说明在思维上，你真的有些问题，总是假想自己与众不同。可事实上，在别人眼中，你一样的奇怪、有病。

根据这种启示，人类学家在离开自己的社会，跑到深山老林去和原始民族接触进行"田野调查"时，一定不能用自己社会玩的那一套去观察和解读原始民族的思维、习俗、生活习惯。他必须在心理上斩断和自己所在社会的联系，只带一双眼睛去看，只带一个大脑去思考、解读。如果不这样做，就会影响他看到事物的真相，使自己的"科学研究"沦为一场自我欺骗。

正因为如此，人类学的大佬摩尔根在写《古代社会》时，甚至跑到原始人那儿去住了四十年。不得不说，这位仁兄在斩断和自己社会的心理联系上，对自己够狠的。

从方法论上，我们破除社会价值排序的第一步，大致也是这个意思。这个一开始会有点儿难度，但没关系，我们继续第二步，找到他暴露出来的缺陷。

上面已经说过，一个利用衣服、装饰、名气、金钱、地位、神色把自己包装得高档无比的人，基本上是因为不敢把真面目示人，这样的人在心理上都不自信。而任何包装都不可能完美，都有漏洞，都会暴露出一个人平凡、普通的一面。古希腊有个神话，说有个英雄叫阿喀琉斯，牛×得很，刀枪不入，有金刚不坏之身。但他有个致命缺陷，就是脚后跟非常软弱，结果，在打架斗殴中他砍死无数人后，被高人识破他的缺陷，用箭射中脚后跟而死。

有位电视嘉宾讲过一个故事，他应邀参加一个电视访谈节目，主持人是个女人，长得倾国倾城，美貌无比，气质也是高雅得不得了，让他有些自卑，甚至有点儿语无伦次。但是，很快他就找到了自信，原因是他从上往下扫描主持人的身体后发现，这个高档的美女居然有一双大脚，而且不穿丝袜，脚背粗糙。这一发现让美女在他面前被"祛魅"了，原来她不是高贵的仙女，而是和他一样的普通人嘛。他迅速找到了自信。

破除社会价值排序的第二步，就是要尽可能地快速捕捉一个人可能暴露出来的伪装成分，以及身体、身体包装可能暴露出来的任何缺陷，把对方从一个领导、老板、名人这样的社会角色，还原成一个人，一个和你一样的普通人！

16世纪的法国人文主义思想大佬蒙田提醒我们，达官贵人之所以看起来比我们高档，那是因为他们脚上穿了高跷。他谆谆教导我们说："一个人可以仆役成群，身居漂亮官邸，施展巨大影响，拥有巨额收入。这一切可能都是他的身外之物，而不是他自身之物……甩掉他脚上的高跷，测量他的实际身高，让他抛开他的财富，剥掉身上的饰物，以赤裸的状态与我们相见……"

一个可以吓住心理弱小者的人，一般是用这两个步骤来让自己在社会价值排序上处于高端：一是在社会上"打拼"，谋取金钱、权力、地位、头衔，这些东西是一个人表演的身份"背景"；二是在早晨出门之前，尽力包装自己，它是一个人表演时的"形象设计"。"背景"和"形象设计"都对一个人进行了"魅化"。

你要干的事情恰恰相反，就是把他苦心经营的这个"魅化"过程还原回去，祛他的"魅"，把他打回原形！

我强烈推荐这种心理强大的训练。因为，这不是意淫，不是阿Q兄弟玩的那一套精神胜利大法；它也不是佛教的那种看破人间万象，一切都是浮云；它也不是很多心理励志类的书所鼓吹的那种"自信"，这类东东除了短时间内给你一种"勇气"以外，给不了你多少东西；它更不是那些什么禅学哲理、中国古典智慧之类的玩意儿。这些东西教人活得"糊涂"一些，其本质不过是像我前面说过的，为了不痛苦，人不妨变得像猪一样不思考，这是退化。一个成人为了摆脱心理痛苦，于是在心理上变得像幼儿一样，这叫"退行"。

除此之外，这种训练具有一种颠覆的乐趣，很好玩儿的。想想，当你剥去一个人身上"强大"的属性，越过这些表象，发现他其实也很虚弱时，一种快感是不是在心底里油然而生？

你也许会认为，这么做是有风险的。万一你不能很好地控制自己的反应，被和你打交道的"成功人士"捕捉到，得罪了他怎么办？"成功人士"一生气，后果就很严重。

可能会有这样的问题。所以，有第三步。我要说的是，别紧张，你有足够的回旋余地。

我想请问一下，当你在街头看到有个乞丐乞讨，你丢下一块钱给他时，在你的大脑和心里发生了什么？你一定有一个心理，那就是同情心；同时，你也一定有这样的认知，那就是他不是一个职业骗子！但是，这种心理和认知并不是和你丢一块钱的行为同时出现，而是构成了你行为的背景。正因为它们是行为的背景，或许，你有时候都意识不到它，使丢钱的潇洒动作就像自动反应一样，干净利落，绝不拖泥带水。

我们从中可以获得什么启示呢？很简单，正如一个成功人士让我们自卑，于是我们带着自卑的心理去和他打交道—或者换句有术语的话说，正如成功人士比我们高档，构成了我们和他打交道的心理背景一样，我们也可以把他"祛魅"，并纳入我们和他打交道的心理和认知背景。

这就是第三步要干的事情：把他的那些"魅力"剥去，然后纳入心理和认知背景，填充原来他在你心里很牛×、让你自卑这一心理背景被前面两步驱散后留下的空间，并且非常重要的是—仍然以你的角色去和他的角色打交道。

一边解构掉成功人士包装出来的"自我"——他所扮演的角色,一边又仍然以你的角色和他打交道,这是否逻辑错误?可能吗?

完全可能!两者是有时间顺序的。看破他强大的幻象,解构掉他这一角色后,在你的心里,他就不再牛×,你已经解放了。此后,你全身轻松,在智力上完全可以正视他是个什么角色,调动自己去应对。

第六章

回到真实的自我

导读：很多人忙忙碌碌，不停地做这做那，其实在很多时候，就是一个逃避和自我相处的借口。他非常害怕和真正的自我在黑暗中相会。

1. 杀死"自我"的人，自我在心理上也会报复他

导读：一个人帮你的前提是，他在心理上要帮自己。

要获得某个具有一定权力或资源的人相助，找准他过去的自我，以及他对自我的态度非常关键！

有位美国资深励志达人编了这样一个老套得让人想呕的故事：

三个人一起去一家公司应聘一个高薪岗位。我们姑且叫他们为A、B、C。这三位哥们儿踌躇满志，志在必得。这能够理解，作为资本主义的忠实粉丝，获得了这么一个管理职位，中产阶级的幸福生活离他们就不远了。

面试是老总亲自出马，由他拍板敲定。

这什么意思？完全是在强烈地暗示：老总不仅仅是公司老板这样的角色，他还是一个有私人情感、私人偏好的人，所以，你在他的私人情感、私人偏好上搞定他，职位也就搞定了。而人力资源那帮人，就只是纯粹的角色，拉关系套近乎之类派不上用场。

老总出马，当然不会玩那些摔一张纸在地面上，看应聘者有没有捡起来这类励志达人们已经编滥、编臭的小伎俩，更没有考应聘者的性能力，以防他们在以后包二奶养情妇，或染指老板办公室里穿着西装套裙进进出出的秘书。他是严肃的。但是，他有一个怪毛病，没有出一堆问题去考应聘者，而是请他们陈述，他们有何德何能可以胜任那个岗位。

书里说，A和B在老总面前，滔滔不绝地论证以自己的学历、职业经验、智力、性格等，完全符合职位要求—似乎这个职位天生就是为他们的存在而设的，

老总不给他们，简直没有天理。

而C则不一样。一开始，他并没有大谈特谈自己在能力上是多么厉害，而是痛陈家庭的苦难史，尤其是他没钱读大学，在餐馆里一边打工一边自学的经历。他就差背出孟子"故天将降大任于斯人也，必先苦其心志……"这篇经典励志文了。随后，他话锋一转，变得无比自信，向老总表明，把这个职位拿给他，绝对没错。

你能想象职位最后是谁摘到手吗？从作者和我的描述中，你马上就会想到，是C！

作者想要告诉我们，在能力难较高下的情况下，一个人在竞争中有利的武器就是刺激起对方的情感。他说，C早有预谋，他早就探听清楚了老总原来的经历，也是曾经苦大仇深，在餐馆里刷过盘子。自然，C的遭遇以及不屈不挠的精神让老总看到了当年自己的影子，产生了好感，于是决定帮他。而A和B说的都是任何一个人可能都具有的东西，看不出他们独特的"自我"在哪儿——既然如此，他们怎么可能让人印象深刻？

我佩服这位励志达人，真会编故事。不过，我要纠正他的观点——老总绝对不是帮C，而是在帮自己！

作为补充对照，下面我要讲一个真实的故事。

当年我有一个朋友，虽然学的是理工科，但非常热爱哲学。放在今天，可以称之为"民间哲学家"了。你可以想象，在一个拜金的时代，这样的人怎么可能不被俗人们羞辱？

不过这些不重要。重要的是，他进了一家公司，在同事面前毫无顾忌地聊哲学。

虚荣心会害人的。不久他就发现，曾经对他很欣赏的老总开始变了脸色，偶尔还有语言上的攻击，比如嘲笑他是"哲学家"。最后，最具优势的他在技术主管职位的竞争中被淘汰出局。

我朋友不知道自己是怎么死的，沮丧地向我求教。

搞清楚他的老总当年是学哲学之后，我沉痛地向他正式宣告：只要你还待在这家公司，只要这个老总还在一天，你的发展就死定了。你的确没有得罪过他，但你热爱哲学的自我本身就是在得罪老总，这是最大的得罪！

我猜都猜得到，他老总当年在学哲学时，一定有过狂热，完全以哲学中的那种思维和价值理念来看待现实世界。但是，很快栽了跟头。于是，为了爬上去，他必须信奉利益追逐的那一套（好像人们也叫它"哲学"），并以全盘否定那个"哲学"的自我，骂它"傻×"作为利益争夺的资格许可。

时隔多年后，当我的朋友以一副"哲学"的样子出现时，无异于当年的老总的复活。老总一眼就从我朋友身上认出了当年的自己，正如在励志达人编的那个故事中，面试的老总从C身上认出了当年的自己一样！

但是，C可以借助这一点，进入中产阶级的美丽新世界，而我的朋友却完全是在找死。

为什么？

原因在于，我朋友的那个老总为了利益而杀死当年的自我时，会有一种负罪感。为了消除这种负罪感，他就必须恨当年的自我，以此在心理上说服自己，这样选择是正确的。但同时，在心理上，既然利益的获得只有杀死当年的自我才能得到，那么它的复活对于他的利益就始终是一个噩梦般的威胁，他对它又非常害怕。

他的心理逻辑是：有过去的自我，就没有今天！一推，在心理上就变成：如果过去的自我还干扰我，我今天的一切就会受到威胁！

所以，我朋友不会有什么活路。在职场上，隐藏真实的自己乃是一种自我保护，因为职场只是一种角色关系，与人格无关。遗憾的是，他没有。

而C之所以让老板录用，原因就在于，老板并没有忘记和否定当年苦难的自我，相反，他把当初的那个自我看成了自己宝贵的一部分。帮助C，是在向当年的自己"鸣礼致谢"。他的心理逻辑是：没有过去的自我，就没有今天。

要获得某个具有一定权力或资源的人相助，找准他过去的自我，以及他对这个当年自我的态度非常关键！在我朋友的老总和C的老板这两个极端之外，还有一种人，处于中间状态，需要仔细识别。

这种人当年也好某一口，比如，具有理想主义气质、热爱文学、热爱哲学，等等。但是，为了生存，为了发展之类，他们看起来不玩，也不谈这些东西了。但是，他们并没有否定当年的自我，而只是把那个自我收藏起来、隐匿起来，不让外人看见，把理想无限推迟。在内心深处，他们只是留下了遗憾，还有对自己不能一直坚持的自责。

这意味着什么？意味着假如你让他看到当年的影子，他一定会帮你！因为，他们没有杀死当年的自我，你的出现不会威胁到他们。相反，他们的自责和遗憾，一直需要得到补偿和消除。而你的出现，恰恰让他们寻找到了一个替身。通过帮你，他们在心理上也帮到了自己！

什么叫贵人？C的老板和这类人就是贵人！

对于某些成功人士来说，如果他说自己当年是如何的悲惨，那只是他拿来炫耀的道具！

我还要为你解密一下这些现象：

有一些"成功人士"，从来不忌讳在"粉丝"面前（注意，绝不是在他的官员、富人朋友面前！）谈论自己曾经的贫穷寒酸，比如对一块饼流口水但没有钱买，一双破鞋穿几年，能美美地吃上一顿馍，简直就是最大的奢望。

这么做是因为，痛陈自己曾经过着牛马不如的生活，已经不是一件丢人的事，他们现在有一个牛×的"自我"支撑着呢；相反，它成了反衬现在自己的牛×，说明自己现在牛×是靠能力打拼出来的道德光环！

他的潜台词是：你们就崇拜我吧！

如果面对这种"成功人士"，你也拿那个苦难的自我去和他套近乎，你就等着被鄙视吧。他和C的老板、我朋友的老总都不一样，对当初的那个穷小子已经没有任何感情，既不爱，也不恨！他在说出当年的那个穷小子时，在心理上早拉开了距离，完全像是在说一个陌生人——那个穷小子只是他拿来炫耀现在的自己的道具！

这种人，如果在他还未开始成功，或者虽然已经成功，但却显得缺乏"合法性"时，就绝不会提到当年苦难或无耻的自己，而且也最恨别人提到。他所要做的，就是把过去的自己完全忘记，仿佛自己天生龙种。如果你了解他的过去，非要不识时务地提起，那你就死定了。

在他心理上，你这是在进行要挟，威胁他现在的一切，这样的后果可想而知！

大泽乡革命暴动的领导人陈胜的一个穷朋友可以作为镜鉴。

当年，被秦国残酷压榨、没有革命意识的人曾经嘲笑陈胜的伟大抱负，陈胜笑曰："燕雀安知鸿鹄之志！"一时传为千古名言。为了团结革命群众走武装斗争的道路，陈胜还许下过诺言，说"苟富贵，毋相忘。"

没有任何证据显示，建立了张楚革命政权（大楚，"大楚兴，陈胜王"）后，作为主席的陈胜同志对原来和自己一起"佣耕"卖苦力的穷哥们儿就翻脸不认人。当穷哥们儿找上门的时候，就算给不了处长、科长当，当个普通的公务员也没问题嘛。问题在于，那哥们儿对陈胜同志实在太不尊重。上帝只救自救的人，如果一个人太傻×，没人救得了他。

他先是在大庭广众之下直呼陈胜的大名"涉"。这怎么行？像我前面讲的，我原来工作的那家单位，头儿一定要我们叫他"×书记"，当然我们也可以不叫，如果我们想找死的话。陈胜同志早已经不是当年的那个穷小子了，而是革命政权的主席，身份地位变了，就获得了新的"自我"，别人就要按这个新的"自我"来认同他，而这首先就要改变称呼。直呼其名，置陈胜同志作为革命政权主席的权威于何地？

多年前，我发现过一件难堪的事：我们单位有个办公室主任，作为老职员，大家都习惯了叫他"刘主任"，一说"刘主任"，大家就知道是某某，也就是说，"刘主任"不仅与职务，而且与某个具体的人扯在一起了。

但后来他当了副处长。问题就来了，不能叫"刘主任"，而是应该改口叫"刘处长"了。但这一习惯，很多人都持续了一小段时间才改过来，叫"刘处长"才不觉得别扭。因为改变称呼容易，但适应一个人以他称呼的改变来象征身份的"改变"，并不太容易。好在这位刘主任，哦，不，刘处长，大人有大量，没有计较。

陈胜同志当然也有宽阔的革命胸襟，忍了。往好的方面想，这不就是这位穷哥们儿太拿当初的自己当哥们儿了，到现在还表现得这么亲切嘛。往坏处想，这也无非是一个博弈手段，穷哥们儿要在我面前要挟我：我掌握你的秘密，手一抖就可以抖出你最想忘记的过去！在我的"马仔"面前哄抬身价：老子和你们老大当年是兄弟！

谁知这穷哥们儿真是给脸不要脸。念在一起做过阶级兄弟的分上，陈胜同志在豪华宾馆里好酒好肉地招待他时，不知道是住惯了破土房还是神经有问题，他竟然义正词严地批评陈胜同志奢侈浪费。这就过分了，简直就是在说，陈胜同志经不住资产阶级腐朽生活方式的诱惑，已经脱离了一个革命家的本色。

想一下，当你好心好意地在一家餐厅里招待一个所谓的朋友，吃饱喝足的他嘴一抹，居然板起脸来教育你应少花点钱，说你的生活态度有问题，对于这种得了便宜还卖乖、一点儿不懂人情世故的家伙，你是不是想抽他？

但陈胜同志还是忍了。

没想到，这位穷哥们儿还长了脸，得寸进尺了，还要和陈胜同志叙旧，痛说当年大家一起给地主阶级卖苦力的悲惨故事。他要干什么？在一个讲究尊卑、获取政权讲究出身的社会，这不等于揭发陈胜同志没有资格当张楚国的主席嘛！

在发动大泽乡革命暴动之前，陈胜和忠实的战友吴广为什么要演一出"鱼腹丹书，篝火狐鸣"的戏？就是要为革命赋予一种天意的合法性。没有请出老天来帮忙，相信老天站在自己一边，人民群众哪有胆起来反抗武装到牙齿的秦国？如果不是老天的意思和安排，陈胜这样的"穷N代"哪有称王称帝的资格？

所以，在我国历史上，某些人在当皇帝后，必须要考虑的一件事情就是编一个神话故事，证明自己不同于一般人，出生时有什么神奇异相，比如天象异常、神龙出现，和这些神秘事物有关，绝不是像大家一样是肉体凡胎（他的儿子就不必浪费脑细胞再编了，因为已经是"龙种"）。比如，刘邦就指挥写作文的那帮人，编造了一个故事，说自己的妈妈某一天在湖边休息，突然从天而降一条龙，把自己的妈妈给奸污了，从而暗示自己是"龙仔"。当然，这也等于说，他老爸一直戴着绿帽子，一直帮别人养儿子。

可惜，那时没有DNA鉴定。做男人做到这份上，也真难为他老爸的。

邦哥都把江山给搞到手了，对包装出身还不能掉以轻心，何况只是建立了一个小小的革命根据地的陈胜同志？穷哥们儿这么揭老底，无异于对陈胜同志釜底抽薪，颠覆陈胜同志当主席的合法性，不是找死又是什么？

2.在心理上，我们的那一张脸完全是社会的脸

导读：一个人当了官，那个官职就变成了他的"自我"，因为和他是一个父

亲、一个曾经的农民的儿子、一个喜欢喝酒的人、一个拳击赛的观众这些属性相比，那个官职的社会价值排序最高。他在心理上要认同自己的这个"自我"，同时也有一个期待或"命令"：别人也要这样认同他！

很多时候不是我们在看自己，而是他人和社会假借我们的眼睛在看自己

还记得心理极为强大的苏格拉底关于哲学家摆脱了身体欲望，看到了理念世界的论证吗？在他的弟子柏拉图所著的《理想国》里，苏格拉底发挥他的天才想象力，神情冷峻地讲了一个有点儿让人忧伤的故事：

有一个洞穴，很大，一条长长的通道连接它和外面的世界，洞里只有很弱的光线照进来。一些囚徒从小就住在洞里，头颈和腿脚都被绑着，不能走动也不能转头，只能朝前看着洞穴的墙壁。在他们背后的上方，燃烧着一个火炬，在火炬和囚徒中间有一条路和一堵墙。而在墙的后面，向着火光的地方，还有些别的人，他们拿着各色各样的木偶，让木偶做出各种不同的动作。这些囚徒看见投射在他们面前的墙壁上的影像，便错将这些影像当做真实的东西。

这时，有一个囚徒被解除了桎梏，他站起来环顾四周并走出了洞穴，于是就发现了事物的真相，原来他所见到的全是假象，外边是一片光明的世界。于是，他再也不愿过这种黑暗的生活了，而且想救出他的同伴。然而，当他回到洞中的时候，他的那些同伴不仅不相信他说的每一句话，反而觉得他到上面跑了一趟，回来以后眼睛就被太阳烤坏了，居然不能像往前那样辨识"影像"了。由于他们根本不想离开这个已经熟悉的世界，所以就把这位好心人给杀了。

非常不好意思，在柏拉图的眼中，哲学家属于那个走出洞穴之外，看到了光明，看到了事物真相的人。而我们大多数人则只不过是那群一直待在洞里面，误把幻象当成真实的"洞穴人"。把这一点说破是很让人痛苦的，但必须说出来，不具备哲学头脑的人，一生的大多数时间都活在表象和无数个虚假的"自我"之中。

人类的自尊心曾经遭受过三次非常沉重的打击：

第一次打击是15世纪的波兰牛人哥白尼鼓捣出来的。当时人类相当自恋，以为地球是宇宙的中心，自己就是宇宙的宠儿，但哥白尼告诉大家，错了，太阳才是宇宙的中心（虽然现在大家也知道太阳不是）。这样，地球不过是整个无垠宇宙中的一颗孤独的行星，而人类也不过是被抛在这颗行星上的生物而已。

第二次打击是达尔文干的。当时人类以为自己是上帝造的，是一个独特的物种，非常鄙视动物。但达尔文用进化论无懈可击地论证，这纯粹是胡说。事实上，人是从猴子变过来的。

第三次打击来自弗洛伊德，他冷酷地指出，人类的狂妄非常可笑，事实上，他在自己家里都不能主宰自己。

弗洛伊德的意思是：控制一个人的，根本就不是他真正的自我，而是假"自我"！事实上，我们对于自己来说，从来是一个陌生人，而且在假"自我"对我们的控制中，我们非常害怕见到真实的自己！像我朋友的老总那样，谁让他看到真实的自己，在心理上等于要他的命。更有甚者，很多人像柏拉图《理想国》里的"洞穴人"那样，谁要让他们看到真实的自己，他们就要谁的命！

在弗洛伊德说出这番话几十年后，他的学生弗洛姆在美国提出了一个惊世骇俗的问题："如果我们西方文化中的电影、广播、电视、体育赛事和报纸停办四周，这些人们面对真实自我的主要的逃避途径被切断，对于被抛回到必须依靠自身力量的状态的人们会产生什么样的结果呢？"

我曾经把它搬过来问周围的人："如果叫你一个星期不上网，一个星期不搓麻打牌，一个星期不看电视，一个星期不泡妞、抠仔，一个星期不和别人吃喝玩乐，一个星期不通过工作或旅游来转移注意力——所有能够防止你与自己相处的途径都被切断，你会怎样？"

很难想象，是吧？先让我们考察一下这个行为：照镜子。

一般来说，在洗完脸后，上妆时，我们都要照镜子，尽力把自己那张脸弄得看上去美一些。我在此不由得冒昧问一下，有多少人有过这样的经历：当他从镜子里看到自己的脸，或者全身时，会突然之间产生这样的想法——镜子里的这个人是我吗？镜子里的那一张脸，那一坨肉，真的是我的吗？我就是那种样子吗？

我的意思是，照镜子的你，是否突然之间对熟视无睹的"自己"产生了一种陌生感？

我想说，如果你从来没有过陌生感，那你在假"自我"的奴役中已经做稳了奴隶，你内心的自我的声音，喊破了嗓子你都没听到；而假如你意识到了，但马上扼杀了它，觉得这种想法很好笑，你也是一个习惯于出卖自我的主儿。

表面上看，照镜子只是一种私人性的行为，不过就是看着我们的那一张脸嘛。但是，错了！根本不是我们在看自己，而是他人和社会假借我们的眼睛在看自己！

在心理上，你的脸完全是一张社会的脸！看这张脸的那个人根本就不是真正的你，那只是作为他人和社会"代理人"的你，就是"假我"。真正的你和这张脸已经没有什么心理联系。

所以，如果一个人突然之间产生了"镜子里的那张脸真的是我的吗？"这样的想法，那么，只要稍微想一下，他就会发现这张脸完全是社会的一个道具而根本不认识它！

如果我们的心灵已经被假"自我"控制，那么，结局只有一个：我们和前面所说的我的朋友的老总一样，非常害怕那个已经被压抑、被扼杀的自我哪一天醒来。为了成功地做到这一点，我们想尽办法不能让自己闲着，即使一个人在家，也绝不敢倾听内心的声音。有多少人能在突然之间停电之后，什么也不做，不去想其他事情，独自在黑暗之中坐半个小时以上呢？

很多人忙忙碌碌，不停地做这做那，其实在很多时候，就是一个逃避和自我相处的借口。他非常害怕和真正的自我在黑暗中相会。

一旦一个人没有了逃避与自我相处的途径，会发生什么？我把弗洛姆的答案抄录如下：

我坚信即使在这一短时间内会发生成千上万的精神崩溃事件，很多人会陷入极端焦虑的状态，与被临床医学诊断为"精神病"的症状没有什么两样。如果停用了减缓社会形式之痛的麻醉剂，社会的疾病就会暴露出来。

夸张吗？一点儿也不。

一个人有什么东东最能拿得出手,他就最喜欢把它拿来当成自己的"自我"

在社会价值排序的命令下,一个人有什么东东最能拿得出手,他就最喜欢把它拿来当成自己的"自我"。一个人当了官,那个官职就变成了他的"自我",因为和他是一个父亲、一个曾经的农民的儿子、一个喜欢喝酒的人、一个拳击赛的观众这些属性相比,那个官职的社会价值排序最高。他在心理上要认同自己的这个"自我",同时也有一个期待或"命令":别人也要这样认同他!

假如一个人,他的那个牛×的"自我"并不足以让他控制某些场面以及人际关系,还拿这个"自我"去和别人打交道,就不是牛×,而是傻×了。

有一个体制内的求助者T向我抱怨,说他碰到一件很郁闷的事情。一起围观一下:

最近,上面要给我们单位一批电脑。不过一个办公室分一台不够,所以到时候肯定我们单位会买几台,上面给的和单位买的肯定是那种集成显卡的——反正肯定是不能玩什么大游戏的电脑。

我就跟办公室主任说,我们办公室的电脑能不能让我自己配。反正花同样多的钱,我自己配,肯定可以配个更好一些的,这样可以玩游戏。我想我是个主任,同时也是搞财务的,这个事他应该答应。没想到他竟然对我说,这怕不行吧。

我觉得他的目的是不想让我去买,因为他是办公室主任,他有权决定买什么。他不想别人染指他买什么都由自己说了算的权力,哪怕是一堆废铁。

我承认自己有私心,想玩游戏,弄个好电脑,这就是目的。但在他的利益权衡上,我好像不被当回事。

我当时跟他说的时候,看着他不高兴的表情,真想扇他两耳光,过后我又想过去质问他"这么个事都不办,是吧?"可是我还是忍了。但非常不爽。

首先,作为一个资深纳税人,我要对公务员、事业单位人员上班玩游戏的行为进行严厉的谴责和严肃的抗议,并且郑重建议领导打他们的PP。又不是小孩儿,这不是很不像话嘛。

但在分析的意义上,我当然要保持价值中立。我跟T说,他犯了一个错误:

太拿那个好像很牛×的"自我"当回事了,这让自己的情绪毫无障碍地被撩拨起来,瞬间失去对办公室主任的博弈能力。换句话说,因为T有这个假"自我",而且在心理上被它所操纵,办公室主任只要对他这个"自我"下手,采取无视态度,瞬间就可以击溃他。

一个人如果有一个假的"自我",就把恐惧带入了内心

成也"自我",败也"自我"。

我们要搞清楚,自我到底是个什么玩意儿?什么又是真的,什么又是假的,后者又是怎么形成和操纵人的呢?

假定办公室有几个同事,因为你善良而欺负你,总是在阴暗怪气地贬低你,背后还说你坏话。你肯定不舒服,有愤怒,但又不能撕破脸发作,毕竟你可能内心弱小,而且后果你也难以承受,于是,你又有点儿害怕他们继续对你这样。

怎么办?为了解脱,你有了三种另外的心理反应:在他们还没有欺负你时,你就先害怕;你想是不是你确实太差,不合群所以别人才排斥你;你想,别人伤害你,是让你成长,所以你应该感谢伤害你的人。

好,我想请问:在你的这些心理反应中,哪些是真实自我所产生的,哪些是假自我所产生的?

答案非常清楚,在别人欺负你,而你感到不舒服,有愤怒时,有害怕时,你的自我是真的。为什么是真的?很简单,因为这些情感,都是自然情感。

而当你"先害怕"时,当你认为是自己确实太差别人才排斥你时,当你要"感谢"伤害你的人时,它们并不是自然情感,而是心理保护的结果,是假自我产生的情感。

不错,"先害怕"是一种心理保护,认为自己确实太差也是心理保护(合理化),"感谢"伤害你的人,看起来很伟大,但也是心理保护。

自然情感和心理保护是两个非常重要的概念。在我的"三体心理"和六维性格学中,"心理保护"是位于核心的概念,它是打开人类心理秘密的一把万能钥匙。在第七章,我就会和大家一起破译它们。

我们有了第一个判断一个人的自我是否为真的标准：在这样干时，他产生的是自然情感，还是玩了心理保护？

第二个标准是，在做一件事时，无论你是否意识到，如果你只是在扮演一个角色，这个角色就不是真实的你，因为你其实是一个演员。

"世界工厂"广东东莞有一个老板，为"东莞十大慈善人物"之一，哪儿闹水灾，哪儿闹地震，他总是慷慨解囊。他有没有学著名表演艺术家章子怡慈爱地抚摸着孤残儿童泪流满面，不得而知。但你可能想都想不到，这么一个大善人，他手下那些在车间里累死累活的工人兄弟连社保都没有。注意，没有谁规定，这位老板一定要当慈善家，但是，国家却规定他必须为工人买社保。你说那个"慈善人物"代表老板真实的那个自我吗？

第三个标准：一个人的"自我"是用来让内心有力量的，还是用来把内心破坏的？

一个人的真自我永远和他的内心联系在一起，而假"自我"则和内心没有什么联系。

假如一个小孩儿因为害怕父母打骂，按照父母的要求变成了一个"听话的孩子"，那么，非常有可能，这个"听话的孩子"并不是真实的他，但他一定会想象成是他真正的样子。而原来那个真正的他，他已经不敢体验，甚至不敢再承认和记住，因为在父母的打骂威胁下，这样做在心理上非常危险，非常痛苦。久而久之，他会发展成这样一种情况：不仅以"听话的孩子"这样的形象来面对这个世界，而且在心理上也以这个假"自我"来和世界打交道。

这中间发生了什么呢？就是这个孩子的真自我，在他的心理结构里被驱逐、压抑到了内心的黑暗深处，很难唤醒。他的心理结构，就这样被假"自我"所驱动，代表了"他"。

你一定有一个疑问：为什么说"听话的孩子"这样的"自我"是假的？"听话"难道有错吗？

"听话"很多时候都不会有错，而且，一个人在小的时候，由于自我比较弱小，需要吸收很多东西，来让内心、让自我变得强大，比如，吸收知识，吸引正确的价值观念。问题在于：这些东西是怎样进入他的心理结构，又是怎样对待他的内心的！

如果"听话"不是基于父母的引导和孩子的思考，而是打骂威胁的产物，那么，"听话的孩子"这样的"自我"在进入孩子的心理结构时，就把父母对他的威胁、强迫、控制也一并带了进去，而且，对他的那个真实的自我进行了粗暴的否定。新生成的这个"自我"不是让他的内心有力量，恰恰相反，变成了对他内心的一种奴役，因为它是在打骂威胁下的父母意志的"代理人"。这样的一个"自我"及与它联系在一起的威胁、强迫、控制只要存在一天，他就一天不能消除心理的弱小和恐惧！

所以，父母们都注意了，家庭是一个充溢着爱的场所，让孩子感觉到恐惧而不是爱的任何教育，对他的内心都是一种破坏。

在两个成年人中，为什么一个人的"自我"越虚假，他的心理就越弱小？原因是：当一个人的心理结构被假"自我"所驱动时，只要外界一打击，他就已经无法唤醒内心深处的那个真正的自我来抵挡，而只能用假"自我"来抵挡，但悲剧的是，那个假"自我"，恰恰是由外界控制的！

第四个标准：违反人性和理性的"自我"永远是假的。

当我们说一个人的自我是"真"的，意味着什么呢？意味着它在自然的意义上符合人性，在社会的意义上符合理性。违反这两点的"自我"必然是假的，因为它意味着一个人内心的畸形和扭曲。

假如你拿弱者当有尊严的人看待，那就是你的"真我"。因为，第一，它符合人性，"恻隐之心，人皆有之"；第二，它符合理性，假如你不拿弱者当人，从逻辑上说你也不拿自己当人。

但是，你不一定感觉弱者也有尊严。比如一个穷人，你不会同情他，认为他活该。你可能会认为自己的这种"自我"是真的，即你的这种观点真的代表了你的真实想法和体验。然而，它却是"假我"。原因也仅仅在于：第一，它不符合人性，第二，这披露了一个残酷的事实，你已经先不拿自己当成一个有尊严的人看待，或当比你更有权力、更有钱的人不拿你当一个有尊严的人看待时，你已经接受了。

干掉自己人性的人，人性也会干掉他

假"自我"从哪儿冒出来并控制人的？

我想先请问一个问题：为什么我们记不起三四岁以前的事？而三四岁以后，经过努力回忆，我们多少总有些印象？

请别用"因为三四岁前大脑神经发育如何如何"这样的话来回答我。我们是在透析人的心理，看出是哪只黑手在操纵，而不是在做神经生理学的科学研究。

把心理学还原成神经生理学是一个天大的笑话。英国精神病学家莱恩谆谆教导我们，不要相信生理学家和有些心理学家的一些鬼话，他们以为把人的大脑神经细胞信息给破译了，就能搞懂我们在想什么。莱恩反问：你就算把我说话时嘴巴、舌头、喉咙的运动规律给搞清楚了，能搞懂我说的是什么吗？

答案非常简单：三四岁前人的意识基本上混沌一片，根本没有"自我"的意识，"我"又怎么可能回忆得起还没有"我"的意识时候的事情呢？

一个人在很小的时候，在心理上是还没有一个独特的"自我"的，他的诞生只是生理上，而不是心理上的诞生。对于一个婴儿来说，母亲就是整个世界，他在意识上还没有和母亲分开。

但是，从生下来的第一天开始，一个人就"存在"了。他作为一个人，就接受了一个命令：让自己和别人都活得像个"人"样。就是说，你作为一个人，而不是一头猪，是有一种"存在规定性"的，它跟着你的存在而来，深深地刻在你的内心深处，无论你是否意识到，都规定你应该成为一个什么样的人—规定你应该自由，做一个有价值的人，而不是成为一个变态，成为一个坏人。

冥冥之中是有声音告诉我们不可杀人的，这不仅是社会道德的声音，也是人性的声音。你如果杀人了，就违反了这一规定，哪怕没人知道是你干的，你也必遭人性的惩罚。

一个人为什么会莫名地恨自己？很重要的原因就是，他没能成为"存在规定性"要求他成为的那种样子。来源于"存在"的那个真我，恨死了出卖自己或干坏事的他。

一个好人终会得到人性的褒奖，而一个坏人一生都逃不掉人性的追杀。干掉自己人性的人，人性也会干掉他。

小孩子三四岁以后，慢慢地就有了一个"我"的意识。弗洛姆曾引用一个小说家在一本小说中的例子，来说明人一旦意识到"我"是一个独特的个体，就相当于在这个世界面前突然醒了过来：

艾蜜丽……突然发现她是谁了。这是毫无理由来解释的，为什么早五年，或甚至于五年后，这件事不会发生在她身上，而偏偏就在这个下午，这件事发生了。她正在船头起锚机的后面（她把一个挂钩放在起锚机上，当作门环）的角落里玩住家家的游戏；玩腻了，便漫无目的地走到船尾，一边胡思乱想到蜜蜂和仙女，这时，一个念头突然闪入脑海，想道：她就是"她"。她一动不动地停下脚步，开始观察她的身体。她不能看到身体的全部，只能看到她的上身的前面，她的双手——她把双手抬起来，仔细地观察。但是，这已足够使她对她那突然发现是属于她的身体，有一概略的认识。

她开始相当嘲弄地大笑。她想："哈！真想不到，在所有的人中，你偏偏要长成这个模样！——现在，你不能摆脱这个模样了，但是，这不会很久的：你会由小孩子，变成大人，再变得老态龙钟，然后你就不会玩这个鬼把戏了！"

在世界面前醒过来，具有了"自我意识"，对于一个人来说是一件天大的事情，因为他在心理上，终于诞生成为一个"人"了。

但是，这同时也意味着一种危险！一个人具有了"自我意识"，就从世界那儿分裂了出来，并且暴露在陌生而危险的世界的枪口之下。亚当、夏娃在伊甸园那儿活得好好的，不穿衣服，相当于人的幼儿时期。但当亚当、夏娃被逐出伊甸园，不穿衣服就不可能了。一个人长大后，在"存在"的意义上赤身裸体绝对不行，要在社会上混，在心理上就必须穿衣服！

这些衣服就是"自我"。

人披上"自我"这些衣服的过程在社会学上就叫做"社会化"。他都把些什么东西吸进去了呢？太多了。朋友、亲人、知识、理想、价值观念、金钱、上帝、民族、国家、职业、爱好……

它的后果是：一方面，一个人吸纳了外部世界中很牛的东西，变成了他的自我，让他变得强大，比如学了很多知识，分析和应对这个世界就有了一把武器。

但另一方面，吸进去的很多东西恰恰是殖民者、侵略军。比如，社会上认为有钱才成功、才牛×，这一观念如果灌进了一个人的自我结构，那么，他就会以经济状况来认同他和别人的自我，这就等于把自己交了出去。这类假"自我"构成了一个人的弱点，只要想办法识别和触发它们，就可以实现对一个人心理的操纵。另外，一个人一旦让这种假"自我"控制自己，不幸他又没有多少钱，别人只要贬低自己为"穷鬼"，自尊立马崩溃。

如果我们对自己的评价取决于别人的看法，灾难就开始了

假"自我"占据我们的心灵有两种方式：一是我们把自己看成什么人，进行"自我认同"；二是他人把我们看成什么人，对我们进行"社会认同"，于是我们体验到了自己是什么人，爽或者不爽。

有位大专生某天去面试，在几位主考官面前并不紧张。但在一帮根本不是主考官，也必须在主考官面前放尊重些的人面前，他自卑了。

情况是这样：面试前，所有参与面试的人都在一个会议室里集中，大家相互讨论着。这个时候，他突然发现，他们的学历都非常高，而他只是个大专生，不要说重点大学了，连本科都不是。

他平时认为，文凭并不能衡量一个人的真实水平和素养。但是当他真的出现在一帮比他学历高的人的面前时，这种认识的力量突然之间崩溃了。

他认为，这是两个自我的冲突：一个是认为文凭并不是重点，另一个则屈服于文凭的等级排序。这两个自我在打架，但前者没能干过后者。

但是，他错了。

在这里根本就没有两个自我，只有一个：屈服于社会价值排序，在本科、硕士、博士面前俯首称臣的"大专生"。认为学历并不是重点，这还仅仅是一种认识，只在大脑里存在，还没有进入他的心理结构。没有进入心理结构，充当一种心理功能的东西，就不是"自我"！我们每天都有无数的想法，千奇百怪，但它们无论是一闪而过，还是不时出现，都没有多少进入心理结构，也都不是"自我"。

所以，认为文凭并不是重点，这种认识根本驱动不了他的心理功能，也就干不掉那个屈服于学历的等级排序的"自我"——这样就无法阻止自己的自卑。

当然，从另一个角度来说，也是有两个自我，其中一个是真的自我，一个是假的自我。遗憾的是，在他面试的那个情境中，真的自我只在他和主考官互动的时候出现，而在他和那帮学历高的人在一起时，奇怪地消失了。

原因在于，他已经破除了别人的地位、身份等"强"的东西对他的心理威慑，但是，并没有在心里把文凭这个"自我"驱逐出去。

文凭在中国确实很牛，因为社会太看重它，从而迫使一个人在心理赋予其意义。我曾经看过西部某县宣传部的一篇报道，热情地讴歌一位学林业的女硕士，"毅然放弃在大城市的良好发展机会"，回去支援家乡建设。报道引用这位女硕士的话说，她将努力用自己所学的"科学文化知识"，为家乡的建设和发展做出"应有的贡献"。

这个报道会不会让你喷饭？一个可能在北京、上海、广州、深圳这样的城市连工作都找不到的女硕士，在西部某县眼中，立马魅化成一个宝贝。学历在对一个人的包装上，可见有多大的档次和魅力。知识（虽然在逻辑上，有学历根本不等同于有知识）在包装一个人的身份、地位、分配资源的优先权甚至垄断权上，毕竟是最具"合法性"的，大家最服这个。

我相信这个女硕士是天才的演员。从这篇报道看，场面搞得极为隆重，搞得好像很"尊重知识，尊重人才"一样。但戏演得太过，就弄成喜剧了。把一个可能在外面连工作都找不到的女硕士当宝贝一样捧着，那只能显得那个县的公仆们是土包子。我曾经跟一个有博士学位、副教授职称的朋友说，你去那个县晃一圈，绝对牛×得不得了。

3. 智力结构是我们强大的防御阵地，可以保护我们的心理不被他人伤害

导读：一个人绝不是一张白纸，而是带着他个人的往事，他的心理背景去和

别人打交道的。忘记这一点将是一个愚蠢的错误。

一个人越是对他爱和恨的东西注入情感，心里就越抓狂

假"自我"是一杯毒酒，但有的人饮鸩止渴，而且乐此不疲。

必须要把这一点说破了："自我"就是用来让你在心理上得到生存的一种心理功能，不等同于你身体的那坨肉；但是，如果它是假的，就恰恰会使得你的心理弱小，很多时候让你在心理上遭受威胁。

我们在自我的家里做自己的主人，并不需要玩佛教那一套。为了摆脱痛苦，也不需要像中国传统"智慧"那样自欺欺人地"难得糊涂"。准确地说，我们并不需要去反抗假"自我"背后的强大社会力量，而只是不让假"自我"支配我们。

我们的理论和方法是：在各种博弈情境中，保持足够的冷静和敏锐，阻击任何外界的信息、情境绕过我们的大脑而瞬间进入我们的心理结构，否则这样的信息和情境就会激活我们的假"自我"，从而操纵我们。我们必须让这些信息先通过我们的大脑，在智力结构里面进行解读并做出反应。这样，智力结构成了我们强大的防御阵地，保护我们的心理结构不被他人伤害。

上面这段理论可能比较难理解，我们打个比方，假设你是一个无房无车的蚁族，某天你去相亲，对方突然问你："有房有车吗？"你苦涩地摇摇头；她又再问你："月收入达到一万吗？"你无地自容。她怒曰："我宁愿在宝马里哭，也不在你的自行车上笑！"并语重心长地教育你："穷人不配有爱情！"你羞愤交加。

好了！看到没有，她的话完全绕过你的大脑，瞬间进入你的心理结构，像刀一样准确地刺中了你因为没房没车而极为弱小的那个"自我"。你无力抗拒，因为不是你的大脑，而是心里面的那个穷酸的"自我"在感觉、在思考、在判断！

如果这个例子仍然让你觉得理解得不够深入，那么我们继续解释一下什么是智力结构，什么是心理结构，这两者有何关系。毕竟学一种武功，必须理解拳谱里面的一些词语，体会它的深刻思想，像李小龙一样，武术就是一种哲学。

智力结构（也可以叫认知结构、思维结构，都是一个意思）指的就是大脑的

功能，代表着人的感觉、知觉、思考、理性。人有这个东西，而动物一般来说是没有的，这就使人和动物有了本质的区别。

动物和外部世界的关系是"刺激—反应"，你做出一副凶神恶煞的姿态要打一条狗，它马上就会跑；而它和自身的关系则是"本能—行动"，一条公狗发情了，就会屁颠儿屁颠儿地去找一条母狗，而且不会顾忌是在什么地方。

但是，人不一样，在人与外部世界、人与自己的本能之间，由一个智力结构隔开。人和外部世界的关系是"刺激—判断—反应"，有的人在你面前凶神恶煞地做出要打你的姿势，至少可以让你用大脑做出一个判断：视实力，打还是不打？在人与本能的关系上，你发情了，不可能随便在大街上找一个女人解决吧？大脑的功能告诉你，那是错误的、危险的，你的行为得先经过大脑这一关。

绅士不过是有耐心的色狼，这句话是很多女人的经验之谈，恐怕也是一些极为伪装的男人的夫子之道，但它是有充分的理论依据的。这帮人在猎物面前，能够用大脑控制自己的本能，不让它马上发作出来，而是用人类发明出来的那套虚伪交际礼仪来包装、隐匿自己的欲望，给猎物营造一个温情浪漫的情境，使她们在心理上说服自己上钩是一件美好的事情。但一些土流氓大脑功能不起多大作用，欠缺人类运用"文明"的能力，更像是本能驱动下发情的公狗。

比之智力结构的简单性，心理结构是一个很复杂也很有歧义的概念。一个概念复杂，往往是它指代或描述的东西复杂。弄一个简单点的词语来让人对某些东西一看就懂当然省事，但这会漏掉非常重要的东西，是非常偷懒的做法。

相信刘德华的话，去买某种品牌的洗发水，我不知道有没有错，因为我没买过。但请相信弗洛伊德、弗洛姆、荣格、阿德勒、霍妮、埃里克森等非常牛×的精神分析的先知，也请相信我，理解了什么叫心理结构，我们就掌握了理解千奇百怪的心理现象的一把神秘钥匙。一种牛×的洞察不会从天上掉下来，而是从理解中来。所以，给自己一小点儿耐心！

让我来打一个手电筒，照亮"心理结构"这一概念的黑暗。

人的心理结构就相当于一个密室。我们知道，这个密室里藏有很多东西，人的欲望、本能、性格、动机、情感、记忆等，乱七八糟地堆在一起，像管理无序的仓库一样。

有些励志大师一直鼓吹我们要做自己情绪的"管理员",口号不错。但一定得明白我们的情绪在心理结构里面是如何运作的。光靠喊几句口号就想控制情绪,那是神话。

要注意这个密室下面还有一个黑暗的地下室。有很多东西堆在密室里,但还有更多的东西堆在密室下面的地下室。堆在上面的,用弗洛伊德的话说就是有意识的内容,而堆在下面的就是无意识的。

有意识的意思就是,当你爱一个人、恨一个人时,你能够清楚地知道;而无意识就是,你可能讨厌某一个明星,但你并不知道这是为什么,或者,你干了一件荒唐的事情,过后你都觉得莫名其妙。另外,还有很多人类和个人的往事,就永远待在地下室,无法呼唤到你眼前了。无意识非常类似于有一个幽灵在暗中操纵你,它就在你内心的最深处。

心理结构这个仓库太乱了,走进去一看,会把人的大脑搞晕的。弗洛伊德等大师都没有进行整理仓库的工作,这种事情,还是让我来干吧!

在整理心理结构这个仓库的过程中,我把很多杂物给扔了,只保留五样我认为比较重要的东西:身体-身份特征、往事、性格、价值偏好、情感,它们都可能变成一种用来维护人的心理生存的心理功能,也就是说变成人的"自我"。

一个人常常为他的身体-身份特征而自卑,或者狂傲。一个残疾人,一个性无能的男人,一个底层青年,不用说,那是比较自卑的。而一个帅哥,一个猛男,一个北大毕业生,那就会感觉自己牛×得不得了,常常以"帅"、"猛"、"北大"而自傲。你攻击到他们的身体-身份特征,都是在攻击他们的"自我"。

阿Q同学头上有疤,就最痛恨别人说"疤"这类字眼,甚至连说"光""亮"都不行。

多年前,我曾经有一位同事W,20多岁了,在身体上长得还像一个八九岁小孩儿的样子(我建议,我们最好用描述,而不用"侏儒"之类不友好的词汇来界定一个人的身体特征)。在他面前该怎么说话我还是懂的,从来不敢说"矮""小""短"之类的字眼。我想都想得到,自卑已经使得他的心理极度扭曲,一不小心就会得罪他。

而且,我预感,W以后肯定会出事。这是一个心机颇深、对自尊有着几乎是致命要求的人，现实迟早会把他引爆。

有一次，我和W，还有另外几个人一起去体检，碰到了另一位同事。他做了一个非常愚蠢的举动，看到W觉得非常稀奇，居然像看猴子一样地看着W，眼睛闪着嘲笑和挑衅。面对这种简直是找死的举动，我真的为他捏一把汗，并观察了一下W的表情。我看到平时极会隐藏的他眼睛里充满了杀人的欲望。

最后W终于杀人了。不过，死者不是这个找死的同事，而是W的老婆。原因据说是因家庭琐事而争吵，W拿起了刀。真是悲剧。

我们都有属于自己的往事，而且在心理结构深处，也装了人类的往事。除非是天生的白痴，否则每一个人从出生开始到长大成人，在心理上都会演化一番人类史。现代人和古代人，"90后"和"80后"、"80后"和"70后"的区别仅仅在于，在社会化过程中，他们的智力结构和心理结构仓库上面的房间，装的是特定历史时期的内容，而每一个历史时期、每一个时代，社会上的那些东西都不一样。

对于个人的往事，很多我们已经记不起了。我们之所以记不起那些东西，或者是它们当初对我们的情感冲击不强烈，掠过大脑就像烟云一样消失了—就算掠过心理结构，因为不太重要，也很快就被放到了黑暗的地下室；或者，有些东西太让我们痛苦，我们要阻止自己记起它们，于是，这些东西就像魔鬼一样被驱赶到了地下室，我们得把它们囚禁起来。

1909年9月，弗洛伊德应美国克拉克大学邀请，在其校庆20周年之际，从奥地利跑到美国去做了一次演讲。

那时，他在欧洲极不得志，非常郁闷。心理学界的大佬们，因为弗洛伊德革命性的创见而显得他们像个白痴，他们的利益受到了威胁，于是动用自己控制的资源，拼命打压老弗，说他搞的精神分析是伪科学。而老欧洲的人民也假正经，被心理学大佬们洗脑后，也认为弗洛伊德是个鼓吹色情的坏蛋。相比之下，美国人民的心灵就要纯朴得多了，对新的心理学发现更有兴趣。

第一天，美国人的热烈欢迎就让弗洛伊德感动得热泪盈眶。士为知己者死，真理更应对有理性教养的人宣示。于是，在演讲中，老弗第一次把自己对人类心理的破译给系统地抖了出来。

他宣布了一条不亚于《圣经》"十诫"中某一"诫"的发现：很多人之所以

得恐惧症、强迫症、抑郁症之类的神经症，是因为在最初某人某事某情境刺激到了他的心理结构，让他遭受了心理上的创伤，但是他当时因为害怕，因为羞耻，因为面子等原因，无法让情绪以正常的方式发泄，痛苦被压抑了。

什么是神经症？神经症的本质，就是这些被囚禁的情绪，你不让它们正常地发泄出来，它们就会改头换面，让你认识不到它们，以变相的方式进行发泄！而这个变相发泄的过程就是症状的表现。

其中一些情绪还一直驻扎在一个人的内心深处，成了心理生活中长期障碍的根源！

要治好这些神经症在理论上也很简单，老弗的学生弗洛姆接过话说，就是把无意识变成意识。老弗解释说，所谓的把无意识变成意识，就是通过某种方式，让神经症病人在心理上重新进入当初出现心理创伤时的情境，记起以往那些痛苦得不敢面对的往事，把当时不能正常发泄的情绪痛快地发泄出来。像催眠、自由联想这类在现在的心理治疗中常见的疗法，干的就是这种事情。

我要站在老弗的肩膀上补充几句话：不仅神经症，很多人心理扭曲、心理变态，也是这么一个逻辑。

假如你的上司狠狠地羞辱你，你很生气。但除非你不要工作了，有胆拍桌子，揍他一顿，否则，你就会选择忍气吞声。也就是说，在当时那种情境中，你压抑了你的情绪，在他面前保持了情绪的稳定。但是，你的"自我"已经被他踩在了脚下，你在心理上很难生存。为了获得心理的生存，你那一股气一定要出，不能在上司面前出，那就换一个人或换一种方式出。碰巧你可以管一个人，那么，你非常有可能像上司羞辱你一样羞辱他，让那一股气变相地发泄，获得了平衡。

曾经有一个经典的情绪变相发泄的食物链：老公在单位里受上司的气，不敢发作，便回家拿老婆出气；老婆受了老公的气，无法发作，于是便拿儿子出气；儿子干不过老妈，便拿皮球出气。这样的强者拿弱者出气的食物链，就是我们这个社会的生存状态。很多人就是这样变态的。

为了让一些白领减轻"压力"，在上司羞辱自己时变相地出气，社会上出现了一些"发泄公司"，弄一些"假人"，供有气要出的白领发泄用。而有的公司甚至不需要市场提供这类服务，很人性化为弄了一个房间，把公司高管的"假人"放在一起,让员工去拳打脚踢,甚至用鞭子抽。

这类玩法,的确可以让人的情绪发泄出来。但它对准的并不是当初制造了这一情绪的人,所以有点儿意淫。它只能让一个人不至于因为没有得到发泄而被引爆,而不能阻止一个人在心理上的变态。

弱者受到强者欺负,估计在打不过的情况下,一般不会直接去反抗,而是会寻找替代性目标,出一口鸟气。像制造了福建南平校园屠童案的郑民生"郑屠",就是这样玩的。作为这个社会的利益受损者,在心理上,他就是把损害他的人放大为抽象的社会,并以社会中最弱势的儿童为具体辨认对象进行"报复",杀的是当地贵族学校的学生,而不是乡村学校的学生,让他在心理上觉得自己报复到了该报复的人。

一个人绝不是一张白纸,而是带着他个人的往事,他的心理背景去和别人打交道的。忘记这一点将是一个愚蠢的错误。

我们和别人打交道,都会首先碰到一个问题:性格。性格在心理结构中占据了一席之地,有着不可忽略的心理功能。古希腊哲学家赫拉克利特早就说了,性格是人的守护神。用我的话来说,性格就是你和外部世界打交道,让你在这个世界中凸显出来的一种固定方式,同时它用来防御外部世界对你"自我"的冲击。关于性格,在后面我将详细分析。

在这个世界上,找不到没有价值偏好的人。有的人喜欢美女,有的人喜欢金钱,有的人具有宗教信仰,有的人是社会达尔文主义的粉丝,有的人喜欢平等,有的人却觉得压迫别人才爽……在心理结构上,价值偏好往往代表着一个人关于某事某物某人的"认同",他往往把他的智力、他的利益、他的尊严、他的情感等押了上去,即把"自我"押了上去。

所以,攻击一个人的价值偏好,等于攻击他的"自我"。你迎合他的价值偏好,等于恭维他的"自我"。拍马屁的高手,一个绝技就是从价值偏好入手,投其所好,很多事情往往都能搞定。

人好某一口,这一口就是他的"自我"的一部分。

价值偏好往往会注入情感。一个人越是对他爱和恨的东西注入情感,心里就越抓狂。自古以来就有雇佣兵出现,但情况往往是,雇佣兵在打仗时,往往都不如国家的民兵组织。原因固然有很多，但一个非常重要的因素是，雇佣兵只是为钱卖命，为钱杀人和被杀；而民兵组织打仗，则是基于对自己国家的爱，他打仗是注入了强烈情感的。

在心理结构里，某人某事某物越是构成一个人的"自我"，他对他（她、它）就越发销魂蚀骨。所以，爱一个人可以爱得死去活来，并且绝不允许其他异性分享。那是因为对方已全部被纳入到了他的心理结构，他要完全控制和占有对方。往往越是如此，一个人就越不允许他所爱的人独立、自由，因为这意味着对方不是他的"自我"，而是另一个独立的存在。

在真正的爱缺失的情况下，只是由强烈的情感支撑的"爱"具有毁灭性的后果。一旦对方显得不再爱自己，在思想上、行动上超出了自己的控制，就等于逃出了他的心理结构，这完全可以让他的"自我"彻底崩盘。这种心理上的巨大灾难非常可能驱使一个人杀死对方。他绝对不允许她在逻辑上投入另一个男人的怀抱，即把自己的"自我"交给另一个男人的情况出现。并且，他要对自己不能完全控制"自我"进行惩罚，杀死对方，实际上是掐死那个让他痛苦的"自我"！

要获取心理优势，一个人在大脑里必须像狙击手一样对别人的语言和行为进行狙击

有时候，我们对外界的反应，只能用脑，要诉诸理性、逻辑；而不能用心，诉诸情感、愿望。比如在认识事物时，如果让心理的内容取代大脑的内容，那我们就戴上了有色眼镜，我们看到的只是我们想看的世界，并不是真实的世界。

以自己的爱和恨，自己的愿望和恐惧去看待世界，弗洛姆称之为"人格失调性歪曲"，轻微的，比如卑鄙的人想象着谁都卑鄙；极端的，得了被害妄想症的人，以为谁都想害他。

有的时候，则是只能用心，不能用脑，比如在家里和亲人相处时，靠的是心的感受，要表达爱，和家里人斗智斗勇就没意思了。家里毕竟不是职场，更不是生意场。

而有的时候，则必须既用脑又用心，比如在思考一个人生问题时，除了头脑的推理、想象，还需要心的体验，头脑有必要带动心灵的参与。只有思考触发了心的体验，才算是真正理解了某个问题。顺便说一句，古代社会的哲学家之所以比现代社会的哲学家心理更强大，更能坚守某一种生活方式，是因为他们的哲学不仅是头脑的产物，更是生命的产物，他们的存在是和他们的思想一体的。但现代的哲学家，思想往往只是他们的"头脑风暴"，和行动是分离的，他们并没有做到"知行合一"。

我在前面说过，如果一个人的大脑被心理取代，不可避免地就会变成一个不讲逻辑的白痴，变成一个一被刺就跳起来的心理动物。现在让我们考察一下，智力结构如何和心理结构相互影响。

先看一下媒体如何对大众洗脑。请记住，不只是某些机构对你洗脑，你所希望提供真相的市场化媒体，一样这样干。

假设在某个学校，有老师和学生冲突的事件发生。好，媒体，而且是市场化媒体做了一条报道，标题是"老师猛扇学生耳光"。你的第一反应是什么？充满了道德义愤是不是？我们可以确认的是，这一标题，作为一种外界的信息，迅速地绕过你的大脑，直达你的心理结构，激起了你的情绪。

但你为什么被激起情绪？情况是，你在做出反应之前，在智力结构上已经预设了这样的认知背景：老师是强者，学生是弱者。非常不幸，你的智力结构和标题提供给你的"事实"合拍了，所以，"老师猛扇学生耳光"逃过了你理性的检验，迅速变成一个"事实"。并且，更为重要的是，在你的心理结构蓄积了作为强者的老师不能打学生的价值观以及对老师的不满。你实际上渴望这一"事实"出现，好有一个具体目标，合理地发泄你对老师的不满！于是，媒体对你的洗脑成功了，记者轻而易举地就把一个极为片面的"事实"强加给了你。

如果你仔细看报道，就会发现情况可能不是那么回事。不是老师凶神恶煞地揍学生，而是学生非常可恶，根本就是一个小流氓，多次出言不逊，羞辱老师。在忍无可忍的情况下，老师和学生发生了"肢体冲突"，学生抽了老师一个嘴巴，老师则还以颜色。稍有理性的人，看到这一段后都会修正自己对"事实"的认定，从而修改自己的情绪反应。但是，情绪无法稳定的人，已经完全接受了媒体在标题里强加给自己的"事实",他对真正的事实已经看不见了。这类大脑已经不管用的人就像一架机器一样,外界只要发出一个指令,他就会被操纵而自动运转。

我们再来看一个故事。

我有个朋友,是个做IT的,他自称是"IT民工"。此君疯狂地爱上了一个公司文员,是个美女。他告诉我,此女在他心中,堪称完美女神,不仅漂亮,而且温柔,极有小家碧玉的风范。我微微一笑,知道他已经陶醉了。一个陶醉在自己想象中的人将听不进任何反面意见。

不久,他终于把此女追到手,两人同居了。但也就过了大约半年,他开始向我大倒苦水,厉声谴责此女变成了另一个人,好吃懒做,极为势利、拜金,除了具有一副好皮囊外,简直俗到极点。

我纠正他:此女从来就没有变过,唯一改变的不过是他正视现实了,而以前他一直活在自己所造的一个梦中。此女的温柔、小家碧玉的风范,完全是他根据自己的愿望投射到她身上的,是他愿意并相信她具有这些特质,而不是她本来就有的。当初他被自己欺骗了。

这个故事太有普遍性了。"IT民工"之所以要给他的女朋友设定一个温柔、小家碧玉的"事实",是因为他在心理上一定要以此来说服自己选择她是完全没错的,并且,她如此美好,自己也显得眼光不错,档次不低。

幸运的是,在结婚之前他就醒了,而很多人可能都要等到结婚后,才惊愕地发现对方居然是一个自私、势利、粗俗、卑鄙的人,并且感到是如此陌生。之所以陌生,是因为此前他只是在和自己心理结构中的对方打交道,而不是和真实的对方打交道。

一个人在他人的眼中越透明,他就越没有力量

在我们的剖析中,智力结构和心理结构的秘密,以及它们的相互影响终于大白于天下。总结一下,我们获得了七个重大收获:

(1)在做判断时,无法控制自己的情绪、愿望,一个人必然变得极为愚蠢,毫无逻辑和理性可言,他看到的一切都是歪曲的,并且把"自我"置于被外界控

制的境地。

这一点，前面我们已多次讲到。但怎么强调都不为过，很多人就栽在这上面！

（2）认定或设定一种"事实"，注入情感的能量，一个人会变得执著，甚至疯狂。

宗教极端分子在心理上就是这么回事。

（3）很多人的心理优势是这么获得的：先把身份、地位、学历等外物纳入心理结构，并根据它们的社会价值排序，然后在智力结构上拿这些来和他人做歧视性对比。

很多俗人证明自己牛×就是这样玩的。另外，有一类所谓的"知识分子"甚至文化流氓，还借助于这一手法：在和别人争论某个问题时，为了获取心理优势，假如别人文凭没自己高，便通过文凭的歧视性对比证明自己伟大、正确；假如自己在文凭上不占优势，便占据道德制高点，把对方污名化，通过道德攻击而不是观点攻击打倒对方。

（4）如果一种观念被证明是正确的，那么，只要它从人的大脑那儿，被带到心理结构里面，变成一个人心中的信念，一个人就会变得无比强大。

一个哲学家、一个为正义而战的人，就是这样炼成的。

（5）如果这种理性的认知改变了人的认知结构，并且，在把它带入心理结构时，引发了情绪的释放，一个人就可以改变他的心理结构，而心理结构的改变就意味着一个人的改变！

这一点对于我们的改变来说非常重要，在后面我将会讲到。

（6）保持心理结构不动作，以智力结构观察、应对外部世界，并迅速解读和预测外部世界的信息，一个人就建立了心理的防御，并且随时可以出击。

这是防范假"自我"在外界刺激下动作，陷我们于心理弱小的金科玉律；同时，它也是我们在博弈中的重要武器。

（7）当个体A以智力结构和个体B的心理结构打交道时，个体B只能是输家；而当个体B以智力结构应对个体A时，谁在心理上是赢家，取决于谁更能捕获对方的心理动机，以及可能要通过语言、动作传达的信息！

根据（6）和（7），在与他人的博弈中，我们可以训练自己做自我的主人，使假"自我"无从控制我们。

如果你觉得上面的理论理解起来仍有点儿费劲的话，下面我们就给定一种情境来具体看。

就以对你的上司为例。某一天，你好像什么把柄都没有，但他把你喊到了办公室，阴沉着脸，似乎要找你麻烦。

这好像很酷。

但你该怎么办呢？

一个高明的领导绝对不能只玩很酷的面部造型。大领导在基层公务员和老百姓面前，肯定是和蔼可亲的。原因无他，他的权力早已牢固地确立，还玩酷就会吓着下面的人。权力只是让人害怕，但权威却让人在心里敬畏。有了权力，他还需要打造权威，用"人格魅力"来对权力进行包装。

和大领导不一样，科长、股长之类不玩酷有其苦衷。他们和手下每天都相处在一起，甚至还要一起干活儿，彼此的权力关系并没有多少空间距离，这无法制造权力的神秘感。而权力没有神秘感就没有威慑力。所以，装酷对于确立有效的权力关系无济于事，倒不如在平时就装着这层权力关系不存在，用情感笼络来换取手下对他权力的服从。

看到没有？当小领导和手下说黄色笑话时，他们的权力支配关系退场了，手下并未感觉到小领导的权力对他产生了压力。换句话说，当小领导和你说黄色笑话时，这个时候他并不是领导，你也不是小职员，你会感觉到他有权力威胁你吗？

但是，如果小领导是对外人，那情况就完全不一样了，他必须装酷，俨然权力的化身。

我第一次懂得"阎王好见，小鬼难缠"这个道理是在18岁的时候。那时我去老家的一个政府部门办一件事。走到门口，我看到有几个公务员在打牌聊天，便凑上去讨好他们，一人发了一支烟。按照人情的游戏规则，他们接了我的烟，自然也就欠了我一个人情。但是，当我问某某办公室在哪儿、我应该找谁办事时，他们中没有一个人理我，表情极为不屑，在我这个"屁民"面前一副大爷样。

对这帮在"屁民"面前摆谱儿的大爷，我无可奈何。一怒之下，我想到了找他们领导。于是我走到了二楼，见书记室的门开着，便走了进去。正好书记在，我便把情况给他说了。没想到此书记还极为热情，问了几句后，便亲自带我下楼，给某个公务员说我要办什么事，要他帮我办。事情以极小的难度办成了。

多年后，当我从蒙昧状态中醒过来，曾经对这一现象进行了思考。

我发现这是一种伪装策略。小公务员和临时工在体制这个权力金字塔下面只是一块垫底的砖，一种渺小和被人支配的感觉嵌入了他们的心理结构，成为他们和外界打交道时的心理背景。

在"屁民"们面前，他们好不容易可以找到自己有权力的感觉，肯定不会轻易放手。所以，假如他们在"屁民"面前没有摆架子，在心理上就无从体验到自己对"屁民"有权力，也无从对自己在体制内只是被领导的权力支配做出补偿。他们在"屁民"们面前很酷的语言、表情和动作，其实就是对屁民进行友情提醒：他们是爷，"屁民"得放恭敬些。

领导在和屁民们打交道时，自己有权力这一感觉同样构成了他的心理背景。所以他没必要像小公务员、临时工们那样玩。恰恰相反，表现出平易近人的样子，正是区别于小公务员的领导的标志。

看到没有？无论是领导，还是小公务员、临时工，当他们和我们这些"屁民"们互动时，第一本能就是装×。傲慢和平易近人都是一种显示权力的博弈策略。他们用语言、动作以及背后的权力，精心打造、包装出了一个"自我"的形象，用来应对我们。

回到我们开始的情境设定，第一步我们应该搞明白，上司阴沉着的脸，还有好像很威严的声音，都是一种博弈策略，意在呼唤并撕碎我们的"自我"。我们必须保持足够的冷静，不让心理结构运作，防止我们作为下属的那个"自我"被激活，也就是说，只让他的上司身份停留在我们的智力结构，而不进入心理结构。斩断了潜藏在我们心理结构中的假"自我"和外界的联系，我们的恐惧就不会产生。

要做到这一点，我们就必须在看到他时，压抑心理活动，同时快速地启动思考，对他的表情、语言进行分析。只要外界的信息能够被我们拦截在大脑里面，同时进行解读，它就不会冲击我们的心理结构。即使它一不小心溜了进去，它也已经是强弩之末，力量大减。而当我们用智力结构应对上司的语言、表情时，情况改变了，我们不再是他权力支配的客体，恰恰相反，他变成了我们思考和分析的客体，力是由我们指向他了。

"文革"时，很多文人都受到革命群众的冲击，要么以自杀向人民谢罪，要么坚定革命立场,都不再玩独立、清高了。钱钟书的夫人杨绛是个例外,还保持着"文化上流社会"的那种高姿态。在一篇文章里,她坦率地披露自己是这样玩的:"革命群众把我同组的'牛鬼蛇神'和两位领导安顿在楼上东侧一间大屋里。屋子里有两个朝西的大窗,窗前挂着芦苇帘子,经过整个夏季的暴晒,窗帘已经陈旧破败。我们收拾屋子的时候,打算撤下帘子,让屋子更轩亮些……出于'共济'的精神,我还是大胆献计说:'别撤帘子。'他们问'为什么?'我说:'革命群众进我们屋来,得经过那两个朝西大窗,隔着帘子,外面看不见里面,里面却看得见外面。我们可以早做准备。'"

看到没有?杨绛在这里把自己作为主体,把革命群众作为客体的游戏,玩到了登峰造极的地步。在她的心理上,当观察、认知的力由她指向革命群众时,后者已毫无防御能力,他们的自我赤裸地暴露在了她面前。如果你无法想象这种心理优势是何其的爽,那么请如实回答我一个问题:当你躲在黑暗中窥视他人时,是不是有一种难以言喻的快感?

我想说,仅仅把上司的语言、表情等信息拦截在智力结构上进行分析还不够。因为当我们这样干时,还只是被动的防守,而上司想干什么,他接下来要如何对付我们,这些信息对于我们来说完全是未知的。一个人在他人眼中越透明,他就越没有力量。我们越是搞不懂一个人到底要对我们干什么,他对我们心理上的威胁就越大。

所以,第二步,我们必须越过上司的语言、表情,透视他的大脑、内心,分析他的意图,预测他要对我们干什么,把"他"从黑暗里拖出来,置于我们智力结构的聚光灯下。也就是说,在阻击了他具有威胁性的信息进入我们的心理结构后,我们还要变成猎手狙击他!

这样,我们不妨快速地检视一下自己在哪方面可能犯了什么错,被他抓住把柄,从而想出应对之策。但一定要快!思维一定要马上转到这上面来:他是不是要以某件事情为借口,以我为道具来炫耀他的权力?或者,他要借助于一个威严的造型,发布一个关乎他的利益或权威的命令?假如他在我们的预测中说了某些话,那么,我们必须马上预测他接下来要干什么,在博弈中必须比他快一步。这一状态如果不被打破,那么,你在智力上就始终占有优势,你的心理优势也一直得到保持。

第七章

打破心理保护

导读： 我们的"三体心理"面临一个艰难的任务，是要在短时间内改变一个人十几年形成的坚固的心理结构，把那个赋予爱、理性、人格的力量，让它成长，让它强大！

1. 心理保护是打开人类心理秘密的万能钥匙

导语：人的心理、行为的终极动力、逻辑原点是什么？很简单：求生——在生理上和心理上求生。

虽然这已经不是一个多用几下子曰就可以忽悠人的时代了，但我们还是听中国古代哲学家老子曰一下：

一生二，二生三，三生万物。

中国人曰完，让老外接着曰。

我安排曰的人叫牛顿。他曰：在茫茫的宇宙，万物不停地运动，而上帝，就是运动的"第一推动力"。

"一"是指什么，"第一推动力"是不是上帝，对于我们普通人来说并不重要，重要的是思维——在这个世界上，很多东西都可以找到一个"终极动力"或"逻辑原点"，一个"事物最初出发的地方"。

人的心理、行为的终极动力、逻辑原点是什么？很简单：求生——在生理上和心理上求生。

我说过，在心理上求生，是心理的第一铁律。它类似于数学上的"公理"。

如果你说，在这个世界上，有人就是不想在心理上活，而是要在心理上玩儿完，那么不好意思，我无法想象有这种人——无论他是所谓正常人还是精神病！

在生理上不想活下去，也即想死的人不少，但这么做，恰恰也是为了在心理上谋生。一个感觉可以在心理上活下去的人，是不会自杀的！

知识是用来让人牛×的，而不是用来装的

那么多年来，有一个哲学的思维方式一直让我受益匪浅，在这里分享一下：对一个看上去有点儿道理的观点，不仅要知其然，也要知其所以然。

如果没有"给个理由先？""请描述一下为什么会这样"的追问，哲学能不能成为人类自我认识的最高智慧，不无疑问。

我来解释一下为什么我们要学会这样干。

知其然，你只能在头脑上简单地记住观点的表述，相当于背诵一下而已，很快就会淡出智力结构的表层，在很多时候根本就没用；知其所以然，它就成了你智力结构的一个内容，当时机出现，你就能够运用它。

培根说，知识就是力量。但如果你不会运用，知识什么都不是，最多可以用来装，显示自己"有才"。但其实，真正应该用来装的，是弹钢琴、提一个LV、开一辆宝马、去星巴克喝一杯这类玩意儿，而不是知识——知识是用来让人牛×的！

本能不会提醒你说："注意了，我来保护你啦！"

按照这个思维，我们要强强地问一句：人为什么要在心理上求生呢？

先简单地看我们的存在：我们是带着一坨肉来到这个世界上的，我们的存在，首先就是一坨肉，一堆复杂的生理结构，对不对？

好，这一坨肉，这一堆复杂的生理结构要能够生存，就先天地配备得有一系列自动保护装置，那就是本能。当你饥渴时，意味着这坨肉的生存受到了威胁，本能就发作了。当一个人在背后猛拍一下你的肩膀时，你会迅速地转头看他是谁，并同时做好进攻准备，这就是本能控制你来保护自己的结果。

本能是无意识的，不会提醒你说："注意了，我来保护你啦！"当本能发作时，没必要装什么高档了，痛快地承认一下，我们就是动物，和猪、牛、狗之类没啥区别。

但当然，我们是人类，不仅仅是动物。在带着一坨肉来到这个世界上时，在它提供的"物质基础"上,我们也发育、形成了两样东西——两种功能:智力结构、心理结构。

智力结构是用来干什么的,无须废话,因为它就是:"你有一个大脑,用来干什么?"对于像帕斯卡之类的思想家来说,人有一个智力结构,那真的是太伟大了,因为它可以用来让人思想,使人比宇宙中那些要毁灭他的东西"高贵"得多,直接就可以鄙视猪、牛、狗等动物了。

当我们带着一个心理结构出现在世界上时,各种可能的伤害,也就跟着来了

人有心理结构又意味着什么?它想干什么呢?

人有一个心理结构,是用来让人在心理上生活的,让他有喜怒哀乐,有欲望、需要、自卑、自恋等等。

当我们带着一个心理结构出现在世界上时,各种可能的伤害,也就跟着来了。但我们不想过那种在心理上痛苦的生活,怎么办?

放心,就像生理结构有本能来保护一样,心理结构,也有一系列自动装置来保护它,这就是一系列的心理保护机制。

换句话说,随着心理结构的发育、形成,我们过上了心理生活,它同时也配备得有一个自动保护装置,以让我们在心理上得到生存!

心理保护是打开人类心理秘密的万能钥匙

前面我说到了一点儿理论。理论总是让人觉得枯燥的,并不好玩儿。我深深地知道,在这个每个人都感觉很累的时代,不能用理论让人更累。

但为什么还是要说?因为没有理论的支撑,我们对很多东西,自以为清楚,但其实并不清楚,它们缺乏高度和深度。在很多时候,我们还是需要深刻一些的,不要那么浅薄。

而理论绝不是要让我们脱离生活,恰恰相反,它是让我们在地面上看不清楚时,先用它飞上天空，看清楚下面的一切后，再回到地面上，那感觉就完全不一样了。

正是如此，我就算讲到了理论，也会尽力让它通俗易懂。理论是用来让读者取得一个制高点，看清这个世界真相的，不是作者用来玩深沉的！

心理结构里面，有哪些东西来保护我们，让我们在心理上求生呢？有性格，有人类祖先遗传下来的各种无意识的心理内容，有心理倾向，有情结，有情感、情绪，等等。它们驱动了一系列的心理规律，让我们玩出各种花样，来在心理上保护自己。我把它们干的这件革命工作，称之为"心理保护"。

前面我已经提到了，"心理保护"这个概念非常重要，它是打开我们心理秘密的万能钥匙。你用这把钥匙一扭，一个人心理的密室就开了。

我们之所以心理弱小，之所以有这样那样的心理问题，在我们"内部"的原因，就是从一开始就不敢面对真实的、弱小的自我。

"激将法"就是利用心理保护的原理玩的。故意激怒一个人，就是激起他的心理保护，让他陷入心理动物状态，从而方便打击他、利用他、控制他。

在心理上求生，正是我们所有与心理生活有关的行为的终极动力

需要指出一下：在干心理保护这件神圣的工作时，很多时候心理结构一个人是玩不转的，而是需要智力结构这个亲密的战友配合。

有时候，我们变成一个白痴，被人催眠，突然精神失常，正是拜它们的团队合作精神所赐。

关于这一点，我们要天天讲，月月讲，年年讲：在心理上求生，正是我们所有与心理生活有关的行为的终极动力！我们平时所做的很多事情，其意义可能只有一个，就是对我们进行心理保护！

阿基米德说："给我一个支点，我可以撬动地球！"心理保护，正是我们进行心理分析、训练让自己心理强大的"阿基米德点"。

我们可以说："给我一点儿信息，我可以对几乎一切与心理生活有关的行为、现象进行烛破、澄清！"

心理规律并不乱玩，它听的是心理保护的话

我把"心理动物"描述一下、名词解释一下。

所谓的"心理动物"，指的是我们处于这种状态：当心理保护被启动时，我们失去了人应有的"理性"，被还原成了一个拥有心理结构并为它而活，做出各种莫名其妙或愚蠢行为的动物——我们与动物的区别，只是受的不是本能驱动，而是心理保护的驱动而已！

我想说，成为心理动物，只有对于疯子来说才是幸福的。对于我们普通人来说，它更多地意味着痛苦和灾难。

而很多控制我们的心理法则、心理规律，其引擎正是心理保护！大海航行是要靠舵手的，心理规律并不乱玩，它听的是心理保护的话。

所以，打蛇必须打准七寸。

当心理保护攫住我们的时候，意味着我们盲目地要在心理上求生，就像喝一杯毒酒来解渴一样

奥地利作家、现代文学最杰出的天才之一弗兰兹·卡夫卡说过一句话："真正的道路其实就是一根绳索，它不是紧绷在高处，而是贴近地面的，与其说它供人行走，毋宁说是用来绊人的。"

卡兄是很深刻的，虽然在今天，已经没有多少文艺青年拿他来装，"言必称卡夫卡"了。一个深刻的人，好像不太适合出现在一个浅薄的时代。我们的岳飞岳元帅就曾经大发感慨：知音少，弦断有谁听？

我听。

我想说，心理保护，正如生存本能一样，是我们无法缺少的，比如我们维护自尊总没错。但是，在很多时候，它其实也是一根绳索，与其说是用来保护我们在心理上不被伤害，不如说是在心理上给我们下绊，反过来伤害我们的心理结构的。

因为，第一，保护我们的心理结构，这更多地应该是智力结构的责任，是靠它建立一个防御阵地。

第二，对心理结构的保护，应该是靠它处于一种内心强大的状态，而不是靠那些我们无法意识到或控制的心理策略、心理规律来玩，或在心理上把我们变成某种样子，比如，变成一个偏执狂。

如果不是这样，那么心理保护就只是我们以杀伤自己的方式，来在心理上给自己疗伤而已。

这一点，请大家切记，切记！

把话说狠一点儿就是：当心理保护攫住我们的时候，意味着我们盲目地要在心理上求生，就像喝一杯毒酒来解渴一样！

用智力结构去应对，内心强大，那才是真正可以保护我们，无论是在利益上还是在心理上

心理问题很难理解吗？我的回答是：NO！

我要揭开这个真相：我们之所以有心理问题，正是在受到刺激、打击时，智力结构不起作用，无法防御，内心也不强大，导致了心理保护盲目运作，然后杀伤心理结构的结果！

我们实际上是自己杀伤自己，或配合别人杀伤自己。

什么叫淡定？真正的淡定，就是用你的智力结构去看，去应对，不让心理结构受到刺激，启动你的心理保护。

什么叫"泰山崩于前而不变色"？就是你的智力结构启动，同时内心非常强大，心理保护无法启动，所以那些危险，根本就刺激不了你的恐惧。

用智力结构去应对，内心强大，那才是真正可以保护我们，无论是在利益上还是在心理上。

再揭开一个真相：我们有了心理问题后，陷入恶化的原因就是我们没有学会破译它、澄清它，跳出受伤的心理情境，而是用心理保护来疗伤，因此导致了"心理结构受到伤害→用心理保护来疗伤（症状）→心理结构再受到我们杀伤→再用心理保护来疗伤（症状）……"的恶性循环。

这相当于我们在心理上给自己下套，而且，越钻进这个套里，绳子拉得越紧。极端之处，就是一些人受不了这种心理折磨了，选择了以自杀或杀人来寻求解脱。

没有存在感，一个人会生不如死

举两个例子。

第一个是关于"性格孤僻"的。我想用它来说明，为什么心理保护会成为我们内心的一个杀手。

一个人很"孤僻"，不想和别人说话，甚至不想让别人认识自己，在心理上是什么意思呢？

是这个意思：他有一种"吞没焦虑"，如果感觉有人看他，轻则不自在，重则有一种被吞没、被融化、被毁灭的危险。所以，为了在心理上保护自己，他在人群中撤了，只有躲在一边，他似乎才自在，才有安全感。

玩"孤僻"，其实就是对自己心理问题的一种"行为疗法"。

网络喷子在网上骂人呢？那是他们对自己失意的"语言疗法"。

如果它真能在心理上保护我们，那也就罢了。问题是不能。

一个人来到这个世界上，是需要向他人证明他的存在的，没有存在感，一个人会生不如死。玩"孤僻"是尽可能把自己隐匿于黑暗之中，不让别人注意到自己的存在，但只要他没有像疯子那样彻底退回自我世界，不再和这个世界玩，他仍然需要寻找存在感。

有些人不开口对世界说话，但在心理上一直对世界说狠话

那么有什么办法呢？

只有两种：对这个世界漠然，麻木，不关心；或者仇恨这个世界，内心对这个世界有攻击性。

前一种，既然不去面对这个世界，对它漠不关心，那就感受不到它对自己的压抑和威胁，他可以独自玩一些东西来找到自己的存在感。不和世界说话，他就和自己说话。但后果就是，他无法发展自己健全的人格，在心理上也不适应于和别人打交道。

前一种，算是一种生活方式吧，无须说好或说坏，这个人群里或许还有些天才。但后一种，更多地只是一个危险人群了。我家乡有一句话叫作"三天不讲一句话，肚皮鬼怪大"，说的就是后一种人。

这种人对自己心理的杀伤是巨大的，往往心理阴暗、扭曲。同时，在破坏了自己的内心后，他们对外部世界，也倾向于破坏。

很多冷血杀手就是从这个人群里走出的，像美国科罗拉多影院枪击案杀手霍尔姆斯就是如此。杀人，是他对自己心理问题极端的"行为疗法"。

所以，今天其实有一个有趣的现象，破译犯罪嫌疑人的动机，就相当于对他做一次心理分析。

我想说，这类"性格孤僻"的人，你不要看他不说话，其实他内心一直对世界说狠话。他是因为自卑，因为害怕被伤害等原因，为了在心理上保护自己才撤。但心理保护这件工作，还只是做了一半，他只是防止了自己被外界伤害，并没有找到存在感、价值感。所以，不要以为他撤了就没事了。

他实际上会有一种"受迫害感"：都是这个可恶的社会、可恶的人群让他这样的！他要"报复"。骨子里，他有一种冲动，那就是从黑暗中冲出来，震慑这个猝不及防的世界，迫使它重视自己的存在。

对于这类杀手来说，当看到在他枪下惊恐万状的人群时，那种梦寐以求的快感达到了极端，因为他终于找到了在世界面前巨大的心理优势，可以为所欲为。

心理的症状是一种双面怪兽

第二个例子，是关于"洗手癖"的。我的用意是揭示心理保护如何恶化了我们的心理问题。

任何一种心理问题，都有它的"症状"表现。这个"症状"是双面怪兽：既是心理问题的一个表现（一个人有什么心理问题，在语言、行为上肯定有表现啦），又是对它的一种"治疗"。即，当我们表现出某种"症状"时，其实是对心理问题比较另类的"语言疗法""行为疗法"。

一个人为什么有"洗手癖"？他或是有恐惧感，或是有罪恶感，疯狂地洗手，就是在心理上希望把恐惧感或罪恶感洗掉。

只要不是傻瓜，他当然清楚，他的手已经洗干净了，但是，他控制不了自己，还是反复地洗、拼命地洗，甚至把手都搓出了血，在心理上确认"我已经把手洗干净了"，即"我已经没有恐惧感了"或"我已经没有罪恶感了"才罢休。

他无法控制自己，其实是在内心弱小的情况下，被心理保护的强大力量给控制了，智力结构只能待在一边，眼睁睁地看着这一切。

用一个恐惧去治疗另一个恐惧，其结果就是更加恐惧

在这里我们只盯着洗手要洗掉恐惧感的情况。假定他的心理问题是这样形成的：有人或事情伤害过他，那一幕恐惧的情景，在他眼前挥之不去，痛苦地折磨他。

碰巧，某一天，他洗手的时候，眼前突然又出现了这个恐惧情境，于是，他为了在心理上逃离，便抓住了一根救命稻草，投射到了洗手的动作上。因为，只要把心理上的注意力，集中到洗手上，用洗手的动作来建立一个秩序，他似乎就可以钻进这个秩序里，在心理上逃离那个恐惧的情境了。

就是说，疯狂地洗手，是他对自己的一种心理保护，他正在用这种在别人看来很怪异的动作来对自己的恐惧进行治疗。

之所以手洗干净了还不停地搓，是因为他的安全感还没有得到，恐惧驱使他必须强迫自己加大心理保护的力度，直到在心理上确认建立了一个庇护所为止。

那么，从那时开始，在他心理上发生了什么呢？发生了这件事情：有了疯狂地洗手这个仪式，他就只需要害怕自己没有确认它是否洗干净，是否建立了一个安全的秩序，而不用去面对那个恐惧情境了。但这样一来，如果他不疯狂地洗

手,本身就带来了恐惧。

也就是说,在这里,他已经有了双重恐惧:当初的那个恐惧,以及洗手时没有疯狂地搓,建立一个安全秩序的恐惧。用一个恐惧去治疗另一个恐惧,其结果就是,恐惧不仅不消除,反而在心理结构里严重、扩大了,他成了"洗手癖",甚至会发展到连走路、关门,他都会强迫自己有规律地去踩几下、敲几下。

这就是心理保护干的好事。要不让我们的心理问题恶化,必须澄清一下,当我们做出这些荒谬而痛苦的动作时,这是为什么?

当然,要解决心理问题,我们必须回到让我们恐惧的最初源头。

我们的每一种强烈情绪,都可能凭空捏造一个"事实",或歪曲一个已存在的事实

现在,让我们来想象一个具有"被迫害妄想"的人,请他为我们演示一下心理保护是如何控制了他。

这个人,总觉得有人要害他。你的一个眼神、一句话不对头,对于他来说是,都是要害他的可怕信号。

鲁老前辈周树人先生在《狂人日记》所描述的那位狂人同学,其实就是一个"被迫害妄想狂"。比如,他看到没有月光,就知道不妙,看到一路上的人的表现很怪,就知道"他们已经布置妥当",要害他了。

当然,鲁老前辈是在编故事,利用小说反封建。

但在现实中,当一个患有"被迫害妄想"的人表现出好像谁要害他的样子时,你一定很清楚,并没有人要害他。那只是他心理上感受、相信有这么一回事。这是一个由他的情绪所产生、认定的"事实"。

这种情绪就是恐惧。

我们的每一种情绪,如果比较强烈,都可能会产生某种我们在心理上愿意相信、但可能并不存在的"事实"。比如,我们恨一个人,就会觉得他丑陋;比如,我们崇拜一个人,就觉得他好高大上。

如果推到极端,一个人只看到他的情绪所产生的"事实",并且亢奋不已,

你应该知道，这个人已经不只是有心理问题的问题了，他是一个精神病。

对于商家来说，看到在人们心中潜伏，而且能够迅速传染的每一种情绪、情感，其实就是一个商机，甚至一种产业。

人类的一个荒谬之处在于，当 A 伤害了 B 的心理结构时，为之埋单的，却是 C

我们可以确定：有"被迫害妄想"的人，以前肯定被人害过，尚未走出那种心理创伤。就是说，恐惧仍然在他的心理结构弥漫。

在这里，他有了第一重心理保护，把自己留在当下，而不要被扔回当初被人害时的那种情境。那是一个绝不能回首、重温的噩梦。因此恐惧不能指向过去，不能表现为对以往某事某物某人的恐惧。

然而，在这种情况下，恐惧就有向焦虑转化的危险，因为没有一个对象、情境让它指了。这是最让人难以忍受的，因为它意味着不能捕捉、确认的恐惧从四面八方袭来，会让一个人在心理上彻底窒息、瘫痪。

怎么办？第二重心理保护启动：把焦虑转化为具体的、指向现实某人某物的恐惧。就是说，他无意识地强迫自己想象、确认，是有具体的人要害他。

还有第三重心理保护，就是我前面已经提及过的"先害怕"。一个人以前被人伤害过，他有强烈的恐惧，面对新的伤害，他的自我太弱小，根本无力抵抗，在心理上，伤害的后果是他难以承受的。于是，他就只能"先害怕"来进行心理保护。所以，一个有被迫害妄想的人，哪怕看到一个人的眼神、姿态不对，也先想你是不是要害他！他会害怕你，而因为害怕你，会对你做出一些过激的，可能还有进攻性的反应。

面对这样的人，我们有必要理解一下，他的内心是多么的恐惧，自我是多么的弱小和无力。

当然，这个荒谬是真实的：过去有人伤害了某一个人，把恐惧植入到了后者的心理结构，而为这个心理结构埋单的，却是现在的无辜者！

这就是"被迫害妄想"的真相。一个多么让人无奈、倍觉荒谬的真相！

我对一些人说得最多的有两个建议。第一个建议是，不要在公交车上和司机吵，即使他脾气不太好，也要让他一点儿。毕竟，司机开车，要承受很大的心理压力，你们在心理上并不对等。出于尊重，你可以让一个年纪比你大很多的老年人，那么，出于安全和尊重，为什么你不可以让一个心理压力比你大得多的司机？

第二个建议是，不要去惹这个社会上的弱势群体，或一个明显看上去受过一些打击的人，在他们面前趾高气扬，说话蛮横。他们已经受了很多人的鸟气，愤怒潜藏在心理结构里没有爆发。你最好不要去成为这个炸药的引线。

如果一个人走不出过去，就一定会和现在过不去

我们还没有说完。

你一定会觉得奇怪，为什么一个患有"被迫害妄想"的人，会觉得别人原本正常的眼神、语言、动作，好像就是有什么卑鄙罪恶的图谋呢？在恐惧尤其强烈的时候，他还会认为，要"害"他的人，是不是和原来曾经害过他的人是一伙的，他不是想忘掉那些应该也不是什么好鸟的人吗？

第一个问题，用"敏感"来解释，那不是解释，是没有解释的能力或偷懒。它无法告诉我们：如果不幸地碰到一个具有"被迫害妄想"的人，我们在他面前该如何说话？

对于这个问题，正确而有效的回答是：因为，当他的心理结构里弥漫着恐惧的时候，他对和他接触的人有两种矛盾心理：既希望认为对方要害他，从而找到一个外在对象把里面的恐惧投射出去；又害怕体验到对方要害他时的那种来自外部的恐惧。这个时候，他会不会认为对方要害他，判断标准是对方的眼神、语言、姿态、动作等是否在心理上让他感到安全，感到可以控制彼此的关系。

如果你不能让他在心理上感到安全，他会以"被迫害妄想"来在心理上保护自己。所以，在和一个具有轻度或重度"被迫害妄想"的人说话时，千万小心。你如果眼神游移不定，玩诡异，玩神秘，玩不屑，表情冷漠，或和他说话有应付嫌疑，你就等着被怀疑有卑鄙的图谋吧。但同时，也绝不可以表现得和他突然之间好像很亲密，反差太大了。

这个原则，同样适用于你和一个比较敏感、比较自卑的人打交道时——这两种

人，同样有过去的心理创伤。

第二个问题，在恐惧比较强烈的时候，一个有"被迫害妄想"的人为什么会认为要"害"他的人和以前曾经害过他的人是一伙的。两种心理保护：一是只有这样认为，他怀疑别人要害他才显得合理，否则，无端地怀疑别人，会有道德压力；另外一种，他强烈的恐惧把他似乎带回到了他最害怕返回的过去的情境，而把他怀疑要害他的人看成是以前害他的人的同伙，可以预先来进行心理防御。

我不知道你看到了没有，一个人走不出他的心理创伤，被恐惧攫住，其实也是一个可怜人啊！

一个人的"被迫害妄想"，既是一种"症状"，同时也是对自己的一种"治疗"。他启动诸多心理保护，变成一个心理动物，是为了让自己好受一些。然而，这些心理保护，或者让他的智力结构不管用，或者只是在重复他产生恐惧的心理逻辑，无一例外地以杀伤他的智力结构、心理结构，恶化他和这个世界的关系为代价。

我们的一个弱点，就是不敢直面过去的心理创伤，因为我们害怕再体验到恐惧、耻辱。而且，过去已经是过去，无法再防御，也无法进攻了。于是，在心理创伤的背景下，我们不敢直面过去，而是对现在产生过激反应。

而我们如果走不出过去，就一定会和现在过不去！

有些人疏远我们，原因可能仅仅是，我们的存在会贬低他存在的价值

我感觉我在分析时，已经有点儿抒情的意思了。赶快打住。

现在，让我们先停顿10秒钟。我想请大家想一个问题：我们为什么会去嫉妒别人？

……

好了，如果还没想清楚，请先看一下我的一个亲身经历。

多年前，我有一次在老家的街上碰到了一位中学同学。那些年，不是什么人都一起追过女孩儿的，我和别人没有，和他也没有，关系很一般。中学毕业后，大家分道扬镳，据说他四处漂泊，还进过血汗工厂，混得并不怎么样。

所以在分别多年后，当我和他重逢时，在我面前出现的，已经是一个脸上有着屌丝夸张表情的男人。

我见到他很高兴，准备和他一起回忆当年旧事，展望美好人生。然而，他的反应非常冷淡，语言攻击性十足："你们混得不错吧？但我呢？那么惨！"

他用的词是"你们"。暗示两个人，已经处于不同的世界。

赫拉克利特说，人不能两次踏进同一条河流。看来，两个已经不同的人，也不能再踏进同一条河流。

一不小心就中枪了，他的意思我懂：羡慕嫉妒恨。尽管我真的是完全无辜的，但只要他认为我混得比他好，我的存在本身对于他来说，就已经是一种刺激，一种心理上的威胁，他必须用攻击性的语言在心理上保护自己。

我一时语塞。但还是知道，最正确的反应方式，就是赶快猛贬自己，把自己描述得失败无比，非常凄惨，同时，给他一个真诚的、无辜的笑容。

在这个世界上，有些人会莫名其妙地疏远我们，原因仅仅是，或者我们的存在，在对比中会贬低他存在的价值，让他看到他现在不能接受的自己；或者我们的存在，他已经不想去担忧、关注。

前一种人，是曾经和我们属于同一个群体（同学、战友等），但没有多少友情可言的人；后一种人，则是那些对我们寄予过希望，但和我们并不是一条道的人。

有一点他们是共同的：疏远我们都不是"无缘无故"，都是要对自己进行心理保护——避免受到刺激，或涌上失望，因为我们不是按照他们的意思来存在的。我们对此感到"莫名其妙"，唯一的解释是对他们为什么会这样并不了解，而且在心理上阻止自己去了解。

当你觉得一个人"莫名其妙"时，请先阻止自己说出"有病"这类词语

伟大领袖毛主席教导我们：世上没有无缘无故的爱，也没有无缘无故的恨。事实上，就一个人的心理来说，从来就没有"无缘无故"这个概念，一个人看起来不能理解的语言、行为，在心理上是完全可以理解的。

所以，在人际关系中，当你觉得一个人"莫名其妙"地对你做出什么时，请先阻止自己说出"有病"这类词语！就算你阻止不了自己，接下来也应该冷静地分析、洞察他——"为什么这样？"

换言之，你要做的，不是用一句话，把他的行为描述成一种道德现象，神经病现象，而是破解他行为的心理动机，因为在你面前出现的，并不是一个道德家，不是一个神经病，而是一个人，一个心理结构！

描述一个人怎样，不是对他是什么样的人的洞察

有一个在事业单位工作的女生不堪女同事的骚扰，向我求助。这个同事当面一套，背后一套，在她面前扮演好人，而在背后却使劲说她的坏话。

女生告诉我，她几次想发火，当面教训这位"无耻的小人"，但面对凑上来的一张"笑脸"，下不了手。她因此非常郁闷，感觉自己被人欺侮而如此懦弱，总是担心这个女同事说自己的坏话，会不会让自己在单位被孤立。

我问她："她工作能力没有你强，没靠山，和你也没个人恩怨吧？"

女生惊讶了一下："啊？我没想到啊。我只感觉她心理有病！"

她心理当然有病！然而，这不是问题的全部真相。其余的，也是最重要的真相是：这个女生被人家嫉恨了。

我很遗憾，女生的反应，表明她只具有用语言来描述别人的行为表象的能力。

我们的所谓感觉，我们的所谓认为，更多时候其实只是一种描述，不是一种洞察！但我们往往以为这就是我们对一个人的洞察，说TA是一个什么什么样的人。

这里的思维定式是：从一个人的语言、行为表现，我们往往就会说TA是一个什么样的人，以为这就是我们对这个人的了解或判断。

是吧？

然而，我们完全忘记了，当我们这样做时，其实只是对TA的语言和行为进行了外在的描述，并不是对内在真相的描述。因为我们并没有对TA表现出这些言行的心理结构进行洞察，从中找出真相！

在博弈时，如果你用的是心理，而对方用的是大脑，那么，你就等着被人在心理上、利益上屠杀吧

所以，如果是在博弈中，请把"感觉""认为"之类会阻止你变得敏锐的词语扔掉！

在博弈中，假定博弈方是A和B。那么，有几种博弈格局：

当A投入的是头脑，而B只是心理时，B不失败的可能性非常微弱。当A、B投入的同时是头脑，或者心理时，结果如何取决于谁先发制人，谁在头脑上、心理上更强大，以及背后的实力。而当A投入的是心理，B投入的是头脑时，那么，除非有奇迹发生，要不然，A就等着被人在心理上、利益上屠杀吧。

如果是你的亲人或朋友"莫名其妙"地要求你什么，或对你做出了什么呢？

假如你的反应只是"莫名其妙"、"很怪"、"没病吧？"之类，那么，我替你的亲人和朋友感到遗憾。

因为你的反应，事实上已经向你和TA表明：你骨子里缺乏理解、关心TA的意愿和能力，即爱的能力。你和TA的关系，从你这一方来说，更多的只是一种生物学和社会学的关系，你只是以头脑、心理、行为去回应TA，而非进入TA的内心。

更遗憾的是，你不知道这一点，虽然，很幸运，TA在失望的情绪反应中，也不知道或不愿去知道这一点。

但幸运是不能长期维持一种关系的！

很多人的潜能，都被心理保护以 种杀伤自己心理结构的方式浪费掉了

绕了一下，可以解密嫉妒在心理上是什么意思了。

在很多情境里，嫉妒就是我们在心里面看不起自己，不满意自己的现状，但是，绝不允许自己意识到 因此，要把心理的能量，投射到一个出现在我们面前，刺激到了我们，让我们看不起自己的人身上！

简单地说，嫉妒就是我们一种隐秘的心理保护。它的普通表现，是不爽、诋毁、攻击他人，借此获得心理平衡；极端表现，则是把自己的失败算到别人头上，通过毁灭别人这个"刺激源"，来在心理上求生。

为什么说一个人嫉妒别人没有出息？因为在心理保护的驱动下，他把应该用来改变自己、提高自己的心理能量，以一种杀伤自己心理结构的方式浪费掉了。

我们中的大部分人，把很多时间和精力浪费在应付盲目而神秘的心理保护上，陷在它的牢笼中，无力挣脱，或不想挣脱，甚至干一些无聊的、痛苦的事情，就是为了能够在心理上求生。如果把自己"解放"出来，会让一个人做出多大的成就，会让一个人获得多大的幸福？

心理保护像幽灵一样无时不在，盲目、强大而无边无际

我想说，无论是玩孤僻，用"洗手癖"摆脱恐惧，还是被迫害妄想，嫉妒，自恋，攻击别人，否认某件事情，逃避，别人骂了我们的偶像就不爽，等等等等，都是在进行心理保护。心理保护像幽灵一样无时不在，盲目、强大而无边无际。

但在这里要强调一下：不是所有的心理活动，都是在玩心理保护哈。我不喜欢玩夸张这一文学修辞手法。

心理保护是在你的心理生存受到威胁的时候才启动，其他情况就不是了。比如，你爱一个人，当然不是心理保护啦！

它是什么？是自然情感！

好，到了我解释一下什么是自然情感的时候了。出一道题，大家看一下哪些是自然情感：

A. 看到有人遭灾，心里也难受；B. 看到不公平的事，你心里很不爽；C. 爱狗者看到流浪狗，流出了眼泪；D. 看到有人比你漂亮，你有点儿嫉妒。

ABC是自然情感对不对？而D是心理保护！所谓自然情感，是指发自你内心，符合人性、理性、道德的情感。它是你内心真实自我的情感、情绪反应，它们抒发出来，是养育你的自我，而不是杀你的自我。

看到有人遭灾，因为我也是人，所以，如果我是用真实自我和世界打交道，那么，别人的痛苦就会引发我的痛苦，我的这个情感就是自然情感。这种自然情感让我体验到人类的正常感情，强化了真实自我和世界的牢固联结。

看到不公平的事，我们心里不爽，是因为这种不公平的事情是违背理性、道德甚至人性的，我的真实自我就和理性、道德、人性联系在一起，因此，不公平的事违背我们的自我，刺激出了我们的不爽情感。如果我认为很正常，那只能意味着我的真实自我已经被压抑或死了，我只是扛着一个假自我和世界打交道，而假自我是不可能被不公平的事刺痛的，它和理性、道德甚至人性都没什么联系。这种自然情感每抒发一次，我的真实自我就和理性、道德甚至人性紧密地联系一次，是在强大我的自我。

爱狗者看到流浪狗流出眼泪呢？也是自然情感。这是人类对弱小的生命的悲悯，从中，也可以让人看到自己。但如果爱狗者看到有人吃狗就气不打一处来呢？就不是自然情感了，而是心理保护。在权利上，这是用自己的偏好去强迫他人和自己有同样的偏好或至少不违背自己的偏好，而在心理上，隐约可以见出一种恨意。

至于看到有人比你漂亮，于是你就嫉妒，完全就是心理保护的产物。我们已经分析过了，这种心理保护，只是在杀伤别人，杀伤自己。

要自然情感，不要心理保护！如果可以喊一句口号的话，我想这样喊。

2. 直面真实自我，打破心理保护，用爱、理性、人格的力量让自我变强大

导读：拿出勇气去直面或召唤我们真实而弱小的那个自我，去体验它所产生的自然情感，赋予它力量，用它去突破一直奴役我们的心理保护。

在心理上，我们是靠"自我"在走的

下面，我们来破译一下如何打破心理保护。

所有的心理保护都有一个共同特征：一个人缺乏力量和人格上的勇气来直面

弱小的自我，对弱小的自我进行担当，不敢用弱小的自我和世界打交道；他只能发展出心理保护来保护弱小的自我，用假自我和世界打交道。

于是，产生了可怕的后果：

A. 弱小的自我一直囚禁在心里的地牢中，没有机会成长，像是一朵没有阳光雨露的花一样，慢慢枯萎；

B. 玩心理保护，每玩一次，就是对内心的一次杀伤。

换句话说，心理保护不是在养育自我，而是在杀自我。它让一个人在内心里没有机会强大。

我们要打破心理保护，就从弱小的自我碰到了什么开始考察。

对此，让我们返回童年考察一下吧。

一个人大概在一岁多的时候，就学走路了。一开始肯定站不稳，会经常跌倒，一跌倒就哭。但是，有大人在教小屁孩儿们走路啊，并且，他们还有意识地放手让他走。于是，慢慢地，小屁孩儿终于学会独立走路了，直到完全走稳。

这是生理上的成长之路。要学会走得更远，必须先学会走稳，虽然学会走稳并不就能走得更远，一个人还需要有行走的能力。

在生理上，我们是靠双脚在走路，但在心理上呢？我们是靠"自我"在走的。

三四岁的时候，我们的自我就开始发育了，心理上，我们对这个世界睁开了天真的眼睛。它要一直发育，我们在心理上要一直向前走去，换句话说，在时间的流逝中，自我要一直成长。

当我们还没有一个"自我"的时候，母亲就是我们的整个世界，给了我们足够的安全感和爱。按照基督教的说法，我们的童年在这段时间，实际上相当于在伊甸园里。

但随着我们开始长大，三四岁后，"自我"发育，走出了母亲的世界，情况就变了。对于一个小孩子来说，只要小伙伴欺负他，只要父母虐待他，甚至只要他无法满足很多愿望，幼小的心灵就会受到伤害。

讲到这儿，不得不重复这样的老调：一个人的很多问题，包括心理问题、人格问题都可以追溯到童年。必须挖到童年，才能挖到病根，然后除去这个病根。这是心理分析的老祖宗弗洛伊德老师早就说过、干过的。冠希陈老师玩了人体艺术摄影后现在仍喜欢泡嫩模，就是在心理上还没有超越童年。

其实不仅弗洛伊德老师，中纪委书记王岐山同志曾经推荐过一个法国历史学家的书《旧制度与大革命》。这个人叫托克维尔，他还有另一本同样有名的书《论美国的民主》，也把美国之所以能够是一个民主国家，追溯到它的童年。

比如，托克维尔老师这样写道："要仔细观察一个人在成年才冒出的恶习和德行，必须追溯他的过去，应当考察他在母亲怀抱中的婴儿时期，应当观察外界投在他还不明亮的心智镜子上的初影，应当考虑他最初目击的事物，应当听一听唤醒他启动沉睡的思维能力的最初话语，最后，还应当看一看显示他顽强性的最初奋斗……可以说，人的一切始于他躺在摇篮的襁褓之时。"

所以可以看到，一个不好的家庭，对小孩儿的心理非常具有杀伤力。为人父母最应该被鄙视的一点是，他们做什么从来只是按自己的意志来，不考虑小孩儿的心理感受，不考虑小孩儿的自由成长。

儿子是什么样的人，是父亲示范出来的；女儿是什么样的人，则是母亲教出来的。

我们的"三体心理"面临一个艰难的任务，要在短时间内改变一个人十几年、二十几年甚至三十几年形成的坚固的心理结构。怎么办？只能是打蛇打准七寸，必须突破他的心理保护，把他那个因为受伤—或害怕受伤—而一直躲着的真实自我给找出来，赋予爱、理性、人格的力量，让它成长，让它强大！

如何把真实的自我给找出来，赋予爱、理性和人格的力量，我们后面再讲。现在可以得出一个结论：在生理上，我们肯定会长大；但在心理上呢，则不一定。很多老无赖其实就是在心理上没有进化，甚至还倒退回去了，白活了一把年纪。

即使一个人在小时候，心理上没有受过伤害，没有让自卑、恐惧驻扎在内心里，然后扛着它们去面对这个世界，当他长大后，在读书或生活、工作中，恐怕也难免受到挫折和打击。

像小时候一样，如果在长大后，一个人的自我还比较弱小，或者，把真实的自我给藏起来，又或者卖掉，用一个假自我去面对这个世界，遇到挫折和打击，心理上仍然很难站稳。有的甚至会跌倒。还不排除有这种情况：有的人跌倒后，如没有人扶一把，都无法爬起来。

内心弱小的意思就是真实自我的弱小

心理上没有站稳,就是内心的弱小,而内心的弱小就是真实自我的弱小。

在这里你要注意了,比如很多如"你懂的"这样的"大老虎",在没有被打前,看上去多么强大啊。但是,这种强大当然只是假自我的强大。所以,一旦在反腐中落马,假自我的强大不复存在,他就一夜白头,那种形象和落马前形成强烈的反差。

在这里,我们要对一个人内心弱小的一些指标进行补充。

(1)有焦虑、恐惧、狂躁等情绪、情感反应。

换句话说,只要一个人有或轻或重的心理问题,可以断定,他并没有站稳,内心弱小。很简单:他在心理上正在受苦受难,而且缺乏自我保护的能力,心理上是脆弱的。

(2)有很深的自卑感,在跟一些看上去比较高大上,或层次比自己高的人交往时,有心理障碍,畏畏缩缩。

这意味着,我们是扛着一个无价值感的自我,和一个恐惧的心理背景在面对这个世界,在和别人的关系中,一开始就预设了自己的低小下。所以只要别人一个鄙视的眼神,或者说了一句话,打击我们的家庭出身、容貌、职业、收入、学历,我们马上就会因自卑被激活而深感羞辱,受到伤害。

如果预设我们不是低小下,而是高大上呢?那也没用,因为只是在头脑上、心理上强迫自己这么认为,只是在打鸡血,还是没有改变自卑、恐惧的心理背景。

是鄙视的眼神和打击的话很厉害吗?NO,它们对我们心理上的杀伤力,依赖于我们的心理背景,是不是自卑、恐惧,程度如何。如果我们根本就不自卑、恐惧,那些眼神和话虽然也很可恶,但只是道德上可恶,在心理上伤不了我们。

(3)看不清方向,没有目标,感到迷茫,不知该怎么办,甚至迷失。

这是在认知上、心理上的一种紊乱状态。我们在心理上漫无方向,左右摇摆,随波逐流,体验不到自己的存在所具有的力量。

(4)独立性不强,非常容易受别人的影响和控制,比如,工作、恋爱婚姻这种人生大事,都把决定权给交了出去,交到父母或别人那儿。

当一个人连属于自己的事情，都要按别人的意志或眼光来干时，有一个根本的原因，他无法在心理上自我负责，因此在内心弱小中无法靠自己走路。

（5）很情绪化，跟世界打交道时，不是用头脑去思维，而是用心理去思维。

什么是用心理去思维呢？比如，我穿了一件很旧很低档的衣服在街上走，以为别人肯定会看不起我，所以，搞得好紧张，好没有自信。但事实上，根本就没人正视我的存在，他们谈不上看不看得起我，这是一个伪问题。我这么"以为"，根本不是我头脑的产物，而纯粹是心理的产物，是用心理来思维。

这个世界上，很多人其实都是用心理在思维，而他们还以为自己是在用头脑思考！

（6）对很多东西逃避，不敢面对，做一件什么事，总是犹豫、拖延，想改变自己，但又拿不出足够的勇气和耐心，缺乏安全感。

不知你看到没有，从（1）到（6），揭示了内心弱小在我们存在上的后果，以及恶化我们的存在的神秘机制。而我们要让自我变强大，把我们成为什么样的人的主导权，把命运的主导权抓在手里，正可以从这里开始。

一个人内心弱小，一定是还处在一个受伤的心理情境里，或者，哪怕很多年过去了，他仍有一颗受伤的心

一个人在内心弱小，心理上站不稳，也许只是一小段时间，也许是一段很长的时期。另外，也不排除这种情况，在很多年里他都这样，仍有一颗受伤的心。

下面，我画一张图来描述一下：

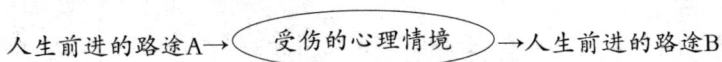

人生前进的路途A→ 受伤的心理情境 →人生前进的路途B

过去的某一个时候，一个人如果受到别人的打击，没有强大的内心去保护自己，他在心理上就会受伤，于是形成一个受伤的心理情境。

能不能走出这个心理情境，决定了他将是一种什么样的存在。

头脑-心理-人格三体心理分析学的一个任务，就是让我们在路途A中受伤时，能够尽快地走出受伤的心理情境，不要带着伤走到路途B。它追求的最佳效果，就是从路途A走时，即使受到打击，也不受伤，直接走到了路途B，没有陷在受伤的心理情境。

没有谁知道，如果一个人陷在受伤的心理情境里，他的幸福和成功会受到怎样的影响，他会浪费多少时间，失去多少机会，会不会导致他的人生因此不可挽回地变坏。

从心理保护被激活的那一刻起，一个人其实就已经被改变了，是向不好的方向改变

举例子总是说明方法的最好办法。我们就说一个故事。

很多年以前，小明还是一个少年时，被一个高大的人渣欺负。这个人渣在他放学时，堵住了他的去路，拿出刀子晃了晃，要小明交保护费，否则就会伤害他——"快掏钱，不然老子杀了你！"人渣面目狰狞。

小明吓怕了，颤抖着，赶快把身上仅有的几十块钱全掏给了人渣。

此后，小明放学时，再也不敢一个人走了，他害怕再遇到那个人渣。

多少年以后，小明长大了，成了大明，长得高大威猛，比当年抢他的那个人渣还高。但他发现，他已经是一个胆小怕事的人了。女朋友甚至嫌他空有一副骨架和肌肉，却没有男子汉的气魄。他也恨自己，为什么这样不争气。

我们来分析一下，为什么他会变成这样？而当初，又发生了什么，才导致这样的？

可以确定当人渣拿刀逼他交出钱时，小明已经受伤了，不是身体上受伤，而是心理上受伤。他很弱小，只能任人渣宰割，在那一刻，他有恐惧感。因为他当场没有爆发，不敢反抗，这种恐惧的情绪、情感，作为一种巨大的心理能量，不是向外，向人渣发泄，而是渗透到了他的心理结构深处。

恐惧这种巨大的心理能量，渗透到心理结构深处，意味着什么？意味着会杀

伤他的自我。

注意，恐惧的心理能量在进入小明的心理结构时，是携带着他当时对恐惧的体验，人渣威胁他时的情境，以及他对自我弱小、无能的体验一起进去的。那一幕，烙在了他的内心深处。

当人渣拿着抢得的钱扬长而去时，小明的内心，接下去会发生什么呢？

发生了这样一件影响极为深远的事：他的心理保护启动，把恐惧这种真实的自然情感给压抑了，不允许自己体验到。从此，他开始用心理保护，用一个假自我来和世界打交道了。

在这里请大家注意，心理保护最具杀伤力的地方，就是压抑我们的自然情感，不让自然情感的心理能量正常地涌现、排泄。因为自然情感是和我们内心最真实的自我联系在一起的，所以，压抑自然情感，其实就是在压抑，甚至扼杀我们真实的自我。

与自然情感相对，心理保护所产生的那些情感，不是自然情感，而只是基于心理生存的需要所强迫自己产生，或被迫产生的情绪、情感。比如，你屈服于社会价值排序，用钱和容貌来衡量一个人的存在档次，当你相亲时，美女有嫌弃你收入还不到一万怎么可能配和她在一起的意思，你瞬间感到羞辱和愤怒了—你的羞辱和愤怒看起来很正常，但并不是自然情感，而是为了心理生存的需要，被迫产生的情绪、情感，它的功能是这样的。在这种情况下，你如果要产生自然情感，只能是鄙视，鄙视她的存在档次很Low，但前提当然是，你不玩心理保护。或者，你内心足够强大，对她有足够的心理优势。但这两种情况，都要求你不是社会价值排序的粉丝。

直说了吧，心理保护压抑自然情感，压抑真实自我，它所产生的那些情感，是和假自我联系在一起的情感，是假自我所产生的。所以，我们的一个公式是：自然情感永远和真实自我联系在一起，心理保护永远和假自我联系在一起。一切的问题都是从心理保护对我们的控制开始的。

回到小明的问题。

我们再想一想，当他被人渣用刀逼着交出钱时，他害怕了，屈服了，交出了钱。好，他处在了恐惧之中对不对？我们知道，一个人处在恐惧中，心理上是很难活下去的，心理保护会启动，他会强迫自己产生一些情绪、情感。关键是，启动的是什么样的心理保护，产生的是什么样的情绪、情感呢？

不是愤怒，而是害怕，准确地说，是先害怕！

它的原理是：我被人威胁过，真的怕了，我不敢反抗，因为反抗的后果更可怕。所以，一旦有人威胁我的话，为了在心理上保护我自己，我就先害怕，有了这样的心理保护和强迫自己产生的情感，就可以避免我有更可怕的后果了。

这种心理保护一旦被激活，而且没有被打破，也就长期控制了小明的心理结构，于是，小明就被改变了，他从当初害怕的那种体验，慢慢地变成了一个胆小怕事的人，尽管他长的样子看上去能够给女生安全感。

而由于多年来，他没能打破心理保护，没能直面当初弱小、无能的自我，他的恐惧感一直被压抑，当时伤害他的那个人、那件事，一直在他的内心里存在，虽然已经长了那么大，但他仍停留在当时的那个心理情境里，没能走出来。"过去"在他的心理上，被带到了"现在"，一直没有离开。

不敢面对内心深处那个真实弱小的自我，就谈不上改变自己

好吧，在小时候，我们太弱小，被人欺负，被人鄙视，因此感到恐惧，感到自卑，这难以避免。但是，现在要问一下，为什么很多人，就是走不出当时受伤的心理情境（无论他是否已经忘记了这个心理情境），在心理上站稳呢？为什么那么多年了，碰到了很多人很多事，他仍然恐惧、自卑，一直在重复着当年的套路呢？

回答是：心理保护的力量太强大了，那么多年来，我们已经被改变得太深了。我们变成了一个胆小怕事的人，一个窝囊的人，一个自卑的人，一个冷漠无情的人，一个很没有安全感的人……

没有打破心理保护，我们原来被压抑的自然情感，就不可能排泄出来，就不可能改变心理结构，改变自己。

但这不是全部的真相。

还有另外一个重大的真相：那么多年来，我们可能一直都不敢面对那个真实

而弱小的自我！

不敢面对内心深处那个真实弱小的自我，就谈不上改变自己。

我们可以破译的一个秘密是：一个人之所以有心理问题，之所以变成胆小怕事的人或没有安全感的人，是通过玩心理保护，把真实而弱小的那个自我给压抑了或扼杀了实现的。它是一切心理问题的终极秘密。

所以，无论是走出受伤的心理情境，还是解决心理问题，或者改变我们自己，方法都是一样的。它就是：拿出勇气去直面或召唤我们真实而弱小的那个自我，去体验它所产生的自然情感，赋予它以力量，用它去突破一直奴役我们的心理保护。

这是在心理上站稳、解决心理问题、改变我们自己的终极方法。除此之外的其他任何方法，或者只是换了心理保护，或者没有触及问题，都是徒劳的。

这是我们必须要做的第一步。只有和一个真实的自我在一起了，我们才可能开始变得内心强大。

3. 直面真实的自我，其实就是对自己诚实，对自己进行担当，无论自己多么不堪

导读：一种敢于直面真实的自我，无论它多么不堪；另一种一直在逃避甚至扼杀真实的自我，无论他能不能获取到利益。前一种人彼此之间可以成为朋友，而后一种人彼此之间永远只是利益关系。

真面一下真实的自我，承认它很弱小，承认它很不堪，承认我们曾经虚伪无耻，承认我们面对很多事情无能为力，承认我们没有什么自我价值感，真的很困难吗？真的有可怕的事情发生吗？

做不到这一点的人，我只能说他在人生中缺乏基本的诚实：对自己诚实。

他也没有学会对自己的人生负责。

这个世界其实就两种人：一种敢于直面真实的自我，无论它多么不堪；另一种一直在逃避甚至扼杀真实的自我，无论他能不能获取到利益。前一种人彼此之间可以成为朋友，而后一种人彼此之间永远只是利益关系。而当这两种人碰在一起，他们在心理上都会感受到，大家不是一路人。

我们的自我就是这样弱小，可是，有时候我们还强迫自己认为自己多么强大……

曾经有一个女生找到我。她只有23岁，大学毕业才一年。

她想做一个"事业成功"的女人，希望在未来几年，就能在"事业上"达到一个高度。为此，她按照某些职业规划和人生规划的套路，给自己设定了具体的目标，每一个时间段要达到什么什么，一旦做不到，她就会焦虑、恐慌。可是，越是急切地想成功，她越焦虑，而这又影响到了她头脑和心理上的发挥，工作大受影响。终于，弄到了抑郁、失眠的地步。

我以一贯的风格，直接告诉了她，她这样急切想成功，是因为这三点：无价值感；自卑；好强，因此在心理上把自己体验为一个男人。她的"成功"似乎是治好这三点的万应灵丹。

她承认了。

我还说，她其实很屈服于社会价值排序。

她也承认了。

此后，我们聊了很久，我告诉了她一些解决抑郁和失眠的方法。我对她说不要那么焦急，毕竟才23岁，很多人25岁了，一切都才刚开始呢。而我，在26岁时，还自认为是一个白痴呢。

同时，我也希望她勇于去面对真实的自我，承认自己就是弱小，自己只是一个女人，不要去和别人攀比，不要在意别人的眼光，一切顺其自然，做好她自己，远比一切都重要。为什么就要看他人、社会的眼光行事呢？没有谁可以评判你的自我价值。

我想解开她身上的心理保护的枷锁，她已经被套得苦不堪言了。

她答应了。但第二天，一切照旧。

说实话我很失望，显然我的话她全没有听进心里去。

我们又继续聊。在聊的过程中，她进一步暴露了自己的急功近利和对社会价值排序的狂热。言谈之间，她表现出了对一个闺蜜的艳羡，说她如何如何优秀，在国外留学，几年后会有什么样的成功。她认为，做人就应该像她闺蜜这样，知道什么可以利用，可以让自己上位，她也要做到这一点。

我感到了一种悲悯。

我不反对她的价值观。可是，正因为这样想，这样做，她不要说成功了，都已在心理上、生理上把自己弄得抑郁、失眠了啊！都成了这个样子，工作都大受影响了，如何去成功？

我开始想，她为什么在前一天并不把我的话听进心里去，为什么不敢面对、接纳弱小的那个真实的自我？

当我们被心理保护给攫住时，要面对弱小的那个真实自我，是需要力量的。这个力量从哪儿来？

在第三、第四章，我要讲到存在理论，讲到心理、头脑、人格的三维一体。但在这里可以先提示一下：我们的存在=头脑+心理+人格+身体。我们的身体的功能，对于存在来说是生理上的，不是心理上的，所以，这个力量，跟身体没有关系，而只跟头脑、心理、人格有关。

但不可能从她的头脑中来，她理性能力并不强。

也不可能从她强大的心理来，因为她真实的自我本来就弱小，心理本来就弱小。

人格呢？对了，就是人格，她只能动用人格的力量。当一个人人格高尚，敢于担当，敢为正义而行动时，其产生的力量，是能战胜心理保护的力量，让他直面弱小的那个真实自我的。

可是，她似乎不属于这样的人，她的人格，已经被那种利用什么来成功的价值观，以及对社会价值排序的屈服给侵蚀了，并无多少力量。

在这里要插一句，假如有两个人，头脑的理性能力一样，遇到的心理问题也一样，自我的弱小程度一样，但A人格层次高一些，B人格层次低一些，那么，A一定比B更有力量阻止自己的存在变坏。因为他比B更具有对自己的责任感。

在后面我还会详细分析，当我们什么都不行的时候，只要人格层次不低，我们仍然可以靠它来救自己。很多人在艰难困苦中，之所以挺了过来，最后获得了成功，靠的正是人格的力量。而很多人把自己玩烂，正是人格不行的结果，他们是栽在自己的人格手上的。

老天其实是公平的。

回到这个女生的话题，在非常短的时间内，无法期望她的头脑、心理、人格的力量，我只能出奇招。

这个奇招就是把她的悲惨现状说出来，让她无法逃避，同时，让她能够爆发出自然情感。

前提是，在权威之外，我还给她一个安全、温暖、信任的氛围。所以，在说她的悲惨现状时，我也说到了自己，还有别人的悲惨历史。我说，这没有什么，我们必须承认我们就是这样悲惨，我们的自我就是这样弱小，可是，有时候我们还强迫自己认为自己多么强大……

她哭了，自然情感爆发了。

我鼓励她大声地哭出来。

在那一时刻，她终于跟真实的自我在一起。我相信她开始站稳了，虽然要走稳，路还很长，还得具备行走的能力。

但她还很年轻，才23岁。一切其实都不是问题。

释放自然情感，是一种心灵的洗涤

你已经看到，要在心理上站稳，要解决心理问题，要改变我们自己，我们必须打破心理保护，去释放跟真实自我联系在一起的自然情感，用它的心理能量，去驱散心理结构中那些和心理保护联系在一起的情感、情绪的心理能量。

这是真正的道路。

现在回看一下小明，再重复一次：他当初被人渣威胁，所产生的恐惧，是自然情感。人在那种情况下，有恐惧是很正常的，非常自然。可是，他因为害怕这种恐惧，害怕人渣，以后用心理保护来玩的那种害怕，就不是自然情感了。他的胆小怕事，正是心理保护下的这种情感固化后的产物。

同样，假如当初一个人小时候被人鄙视而产生自卑，是自然情感，以后玩了心理保护，见到在社会价值排序上比自己高的人自卑，也不是自然情感。

这个23岁的女生，她对自己弱小、无力、无价值的体验，是自然情感，而急切地想成功，艳羡闺蜜，不是自然情感，是心理保护的产物。

再回到本书开头所说的Yan呢？他对买房的不甘心，这种纠结，一半是自然情感，因为是内心的需要；另一半不是自然情感，因为是屈服于"不买房失败"的社会价值排序，是心理保护的产物。同样，他对未来的恐惧，有一半是自然情感，是对房价上涨和通货膨胀的害怕，这是很正常的，是内心对社会可能的变化的反应；但另一半并不是自然情感，因为只是他在不知道未来怎么样的情况下，通过心理的思维所想象的产物，这是心理保护——为了防御未来可能的情况出现，我先害怕，这跟小明形成胆小怕事时的心理保护是一样的。

对于这个23岁的女生来说，在一个安全的、有可依赖、依赖的人肯定自己的氛围中，承认弱小、无力、无价值感的自己，痛快地哭一场，即可体验到早就久违了的自然情感。这种自然情感，会驱散弥漫在心理结构里的属于心理保护的艳羡、焦虑的心理能量。这是一种心灵的洗涤。不错，我们就是这样洗涤心灵的。

你可以想象得到，哭过之后，她会轻松很多。

小明呢？同样，也应该抛开所有的面子、大男人形象之类，拿出人格上的勇气来，拿出对自己的担当来，痛快地承认自己当初和现在，的确很害怕，的确胆小怕事，这不丢人。他最好哭一场，返回当初的心理情境，直面现在的自己。当他这样做时，会感受到害怕，而感受到害怕，又会感受到耻辱、窝囊。这都是自然情感，他需要做的是忍住，让它们发泄。这是在排毒。

第八章

险恶社会，博弈法则

导读：我们在这个世界上所看到的很多东西，从政客演讲、宗教礼仪、商品展销、电视广告、房间装饰，到开业典礼、教学培训、请客送礼、制服诱惑、请示报告，无数现象，本质上都是表演，也是隐秘或残酷的心理博弈。

1. 通往牛×的道路上，行走着一群伪装的人

导读：表演是从古至今支配一个社会资源分配最核心、最隐秘的精巧技术，它打造影响力、构造权力、操纵人的心理，是政治、商业、宗教的"第一谋略"。

只要有两个人以上，就有演员和观众，就有伪装

世界到底是怎么一回事，大多数人并不关心。对于他们来说，世界的真相是不可穿透的黑暗。他们的思维模式是：世界看起来像什么，它就是什么。

一只小老虎也曾经如此认为。

某年某月某日，一头驴被一个好事之徒用船带到了山高林密、瘴气弥漫的贵州，见没什么用处，便把它放养在山下。有只没见过世面的贵州本地小老虎正要出来觅食，一见驴那庞然大物的样子，差点儿晕过去：哪儿来的怪兽，这也太强大了吧！

如果非要用一个类比，那我要说，这只小老虎当时的心理感受，和鸦片战争时中国人第一次看到英国人的"坚船利炮"时有一拼。

你一定看出来了，这是我国著名文学家柳宗元同志讲的一个故事：《黔之驴》。宗元同志运用伟大的文学灵感编这个故事，当然是有着特定用意的。对于我们来说，宗元同志的这个故事其实是一篇博弈论的经典文献、一个识破伪装的经典教程。它告诉我们：你在一个人面前心理弱小，其实是因为你不知道他是在伪装强大，或仅仅长相很强大！

反过来说，当你意识到这个社会是依靠装来烘托出它的存在，并且能够进行分析，你在它面前就会变得心理强大！道理如前面我们所说的，装的本质就是虚弱，它缺乏与真实联系在一起的力量。

驴长得确实很装，又高又大，吼一声也像张飞的嗓子一样，震耳欲聋，搞得

很强大一样。尽管它可能是无辜的，长得装酷真的不是它的错。

因为驴的一声长鸣，小老虎吓得半死，赶快夹起尾巴逃命。按照我们的理论，就是驴很装酷的那种样子，在被小老虎看见时，发出了一个信息，它快速地绕过小老虎的智力结构，刺激起它的恐惧，然后驱动它逃跑。

就"看上去像什么，它就是什么"的思维而言，我们可以想象一下小老虎在心里如何推理：驴长得那么装，很强大的样子，而且声音都那么强大，那它一定很强大；既然很强大，那它就要咬人，咬不过它，不赶快跑，难道想找死？

这一番推理自然与驴毫无关系。它仅仅发生在小老虎的心里——是它在心理弱小状态下的妄想性推理。

上面说过，驴长得那么装酷真的很无辜。但人长得很装酷，却可以利用这一点。我记得曾经有一段时间看电影电视时，最喜欢观察判断哪个是好人，哪个是坏人，好像看电影电视，就是为了找出谁是好人谁是坏人。回想一下，这种可怜的思维都是小时候看电影给害的。那时候看过的电影，谁是混进革命队伍里的国民党反动派，谁是战斗在敌人心脏里的地下工作者，从眼神、相貌上就一目了然："好人"必然相貌堂堂，尽是帅哥美女；而"坏人"则猥琐丑陋、獐头鼠目。作为演员，长得这么装酷，演"好人""坏人"，活都干完了一半。

所幸，小老虎很快明白，驴的那种样子，或许只是长得很装，自己的害怕源于信息不对称。因此，必须保持心理定力，以智力结构去和驴博弈，通过试探—反应，搞清楚驴是否厉害。这样一来，注定了驴的悲剧性结局。

驴子的悲剧在于，它从来没有意识到，只要有两个动物以上，就有演员和观众。在小老虎的注视下，它的存在就是一种展示、一种表演、一种装酷，所有的信息都会传递给小老虎并被它所捕捉、解读。因此，自己必须善于伪装、控制信息。这就是博弈之道。装酷而没有意识到自己的装酷，最终的结果往往不是牛×，而是傻×。

如果说一些人变得聪明的原因是他善于思考，那么，另一些人变得愚蠢的原因则是他连废话都记不住

"世界是一个大舞台""人生就是一场表演"……这是谁都知道的废话。

但很遗憾，大多数人常常会忘记周星星同学这句经典名言："其实，我是一个演员。"

在这个世界上，如果说一些人变得聪明的原因是他善于思考。那么，另一些人变得愚蠢的原因则是他连废话都记不住，都理解不了。

我们在这个世界上看到的很多东西，从政客演讲、宗教礼仪、商品展销、电视广告、房间装饰，到开业典礼、教学培训、请示报告、请客送礼、制服诱惑、斗鸡玩狗，无数现象，本质上都是表演。

在特定情境中，表演往往暗藏着博弈。

像《黔之驴》中驴子那样的角色只是少数。社会上的表演行为，大多数时候都是有意识的产物。下面我描画一下逻辑构图，捅破这里面的玄机：

（1）"社会"是一个合作—竞争体系。一个人无法独自生存，所以大家组成了社会，一起合作生产资源。

由于人的自私，以及谁都想获得那种比别人牛×的感觉，因此对资源的分配，谁都想抢得多一点儿。

（2）资源的分配由各种游戏规则决定，最厉害的是暴力。但在一个和平而有秩序的社会，它只是战略武器，不能公开使用。

能够得到有效运行的游戏规则，一定要提供一个让大家遵守的理由，辩护说自己是合理的。

（3）就是说：A、游戏规则在观念和文本上必须展示给人看，必须表演出它的合理性；B、在运用中，一个人或一个集团，必须通过语言、动作、装饰等，提醒大家这个有利于自己的游戏规则的存在，并且必须得到遵守。

（4）因此，表演是一场场社会游戏能够继续玩下去的灵魂。

从古至今，能够在"社会"这个舞台上作为主角表演的，从来只是少数人，而大多数人只有看戏的份。而这些少数人，几乎都是些善于装×，能够制定、解释、影响游戏规则的人，这绝不是巧合！

毫不夸张地说，装×是从古至今支配一个社会资源分配最核心、最隐秘的精巧技术，它打造影响力、构造权力、操纵人的心理，是政治、商业、宗教的"第一谋略"。

说出这一点让人痛苦：成功在某种意义上取决于谁更会表演，而失败则是表演的失败—暴发户在别人眼中不是"贵族"，以及求职者无法获得职位，本质上都是表演的失败！

越是在我们看来稀松平常的东西，操纵我们时就越轻而易举

在我们看来稀松平常的东西，或许也是在表演。请看下面的例子：

A. 你走进一家服装店，店里装修豪华，售货员统一穿着某种制服，保持着不卑不亢的态度，里面各种服装摆放有致，显得极为气派。你的第一反应是：档次不低！

B. 领导对你发了一通脾气，你很委屈，然后他又好言抚慰你，那个时候，你觉得对他又敬又怕，甚至有莫名的亲切感。

C. 你从来没有想过，领导的办公室为什么要单独一间，并且装修高档，这不是基于构造权力的有意设置，而是很自然也不需要多想的一种现象。

D. 你出席了某个聚会，有你开始不认识的人暗示或吹嘘某某长官或名人和他有某种关系。

E. 你从来没有想过，大专生没有什么"学位帽"（因为没学位），而本科、硕士、博士有不同的学位帽，这是一种礼仪上的包装，目的在于确认身份地位的区别。

F. 在办公室里，当上司当着很多同事的面说你工作不错时，你认为，上司只是在表扬你，你心里乐滋滋的，而没有想到他是在利用你打压其他人，并可能把你推到"全民公敌"的境地里。

在这个世界上，存在着很多我们觉得稀松平常而从未加以反思的东西。而越是不能引起我们反思的东西，一旦它准备操纵我们，往往轻而易举。

比如，除非实在是没条件，否则领导绝对会有一间单独的办公室，而不会和员工挤在一间大办公室里办公。这么做的目的，不仅仅是体现领导的地位、权威，尤其重要的是必须保持权力的神秘感。不设置神秘感，就无法确立权力的有效性。

权力不是什么独立的东西，而只是一种统治—被统治、管理—被管理的支配关系。维持这种关系固然需要以惩罚为后盾，以奖励为诱导，但如果不伪装，它

并不比柳宗元笔下的那头驴子更让人敬畏。

"本色演员"干不过伪装者的秘密是:他们无法把真实的自己隐匿于黑暗

通往牛×的道路上,行走着一群伪装的人,背后跟着一群摇旗呐喊的傻×。

在这个浩浩荡荡的队伍里,刘邦同志是当仁不让的先驱。

秦二世元年,也就是公元前209年的一个夜晚,作为秦帝国的一个乡长,邦哥感觉到人生已经走到一个十字路口。

想当初,他是一个逍遥自在的流氓,平时和人赌博,发了工资就去休闲中心洗头按摩,没钱吃饭了,还可以领一帮狐朋狗友去自己嫂嫂家混吃混喝。但是,自从接了个押一帮罪犯去骊山充苦役的差事,这种美好生活就成了往事。

当时的情况是,雨一直下,气氛不算融洽,罪犯们利用大雨泥泞的掩护,一会儿就逃走几个,气焰有点儿嚣张。而邦哥当时只有两名马仔,想砍罪犯,根本不是他们的对手;不砍,罪犯逃光了,自己只能被上级领导砍。在那一刻,他仿佛听到了哈姆莱特的经典句式:"牛×,还是傻×,这是一个问题!"

人,有时候是被逼的。在社会改变的关头,很多人的处境大致一样。但成功者比别人占据一个优势,就是他总能冷静下来,嗅到机会。

站在秦朝末年的那个夜晚里,刘邦透过岁月的烟雾,好像看到了那个将端坐于汉朝有限公司总裁宝座上威风八面的自己。现在,他被逼着要做一笔风险投资。他要挖到第一桶金!

办法是:装!

还原一下当时刘演员的动作和语言:猛灌一杯酒,很决绝、潇洒地把碗一砸,然后充满豪气地回头对罪犯们说:"弟兄们,你们要是到骊山,绝对死定,我现在把你们放了,逃命去吧!我也走了。"众罪犯一愣,然后有人带头,其他人也跟着一起高呼:"老大,我们不走,你去哪儿,我们都跟着,给你提鞋都行!"

为什么会有这种效果?我们来分析分析。

假定刘演员大义凛然地号召"大家一起反了",可以判定这是一个愚蠢的策略。原因很简单，罪犯虽然无论逃走还是造反，死亡的概率都非常大，但仅仅是靠生命本能来驱动自己的选择的话，选择公然反抗，在心理上只会感觉到死得更快更惨！石头追着砸鸡蛋当然无完卵，但鸡蛋自己去砸石头，岂不很蠢？

注入情感因素呢？那就完全不一样了。注入情感就给选择注入了意义，注入了道德因素，就把他们从一个怕死的个人变成了要演一出戏给别人看的演员！

而刘演员在那种情况下，恰恰就可以利用他的身份来给他们注入情感因素。他不是押着他们去充苦役的领导吗？"放"罪犯逃命，尽管其实是一个伪命题，但在罪犯的心里，却等于是刘领导冒着杀头的危险，执意要救自己一命！

对这样会装的大哥，不跟着他混，跟谁？

在秦朝末年争夺天下的残酷较量中，仅仅从装的素质上来讲，就决定了项霸王最终只能被刘无赖淘汰出局。原因很简单，项霸王是"本色演员"，演的是真实的自己，因此在智力结构上缺乏防御，而刘无赖演的只是一个"情境角色"，真实的自己隐匿在黑暗之中，一直在窥视着对手。

2. 装从来都是维持牛×的必要手段

导读：遇到挑衅，你对别人做出什么反应，往往决定了他对你的后续态度和行为。在别人不了解你的时候，制造出一个强大的印象，往往是我们的一种自我保护。在你造成的印象一再地不利于自己时，想挽救是很难的，因为这意味着要改变他人的心理结构！

领导不拆穿下属拙劣表演的秘密是，这等于是自我拆台

装从来都是维持牛×的必要手段。它是一个人炫耀权力、身份、派头、光环

时的"圣典"。

有人曾对"领导视察指导工作"有过形象的描述。我照抄如下，方便分析：

领导在簇拥中来到学校，师生在准备好的状态下发言、表态，领导看宿舍、教室、图书馆和实验室等，最后走到会议室和早已做好准备等在这里的师生代表进行所谓交流。师生代表一律是念稿，领导听后做出指示。最后还少不了拍照留影。如此一番便是所谓重视教育，深入基层了。

一个中学搞庆典，学生整齐列队，在风雨中手持花环，站立恭维领导视察讲话，时间持续一个小时。事件传开后，遭到舆论密集炮轰。

学校里这种任何成功的表演都必须有一个主题。在这类戏中，它必须做到：

（1）突出领导的身份、权力和他们对教育的重视；

（2）显示出教师热爱教育、学生努力学习的风貌。

在表演开始前，参演各方对这两点都应该有所领会，否则将影响演出效果。

这类表演参演人员众多，但分属不同的演出阵营。一个阵营是领导及其随从，另一个阵营就是学校的老师和学生。按照美国社会学家戈夫曼的术语，领导和他的随从、老师和学生分别构成了不同的"剧班"。但就整体的演出效果来说，他们同时又是同一个剧班的成员。

领导的随从，像领导本人的表情、语气、语调一样，起着传达信息，让别人辨识谁是领导的作用，他们的存在本身就是对领导权力的一种表演，在配合领导表演上不存在问题。但是，老师和学生在表演前，很可能要预先进行排练。学校在挑选剧班成员时也有一定的要求，那些因为能力或其他方面的原因而可能给表演带来风险的学生，估计会被排除在演出队伍之外。

同时，学校对"舞台"的挑选也很谨慎：必须是洁净光亮的场所，而那些肮脏杂乱的地方只能成为不被观众看见的"后台"；假如领导对某些关键性的场所从安排好的程序上也要"视察"，那就必须对它们预先进行化妆处理，比如大扫除，进行装饰布景等。

要强调的是，在领导视察指导工作的过程中，实际上同时有两场戏：一场是领导作为演员演出，而师生作为观众观看一此时，随从的表演、师生的表演、学校的舞台设置，并在一起构成了领导演出的背景；另一场是师生作为演员演出，而领导作为观众观看，此时，师生的演出背景，仅仅是学校的舞台设置。

看到没有，师生表演的成功对于领导太重要了，因为他们的表演越好，在领导作为演员的这场戏中，他们就越能配合领导的演出。所以，即便师生的表演非常蹩脚，或者有人穿帮，领导也会选择性地失明，不会去揭穿，因为这样做等于自我拆台。如果破坏师生们的那场戏，受设计好的情境所制约的领导的那场戏，便很难演下去。

你对别人做出什么反应，决定了他对你的后续态度和行为

我读初中时，有两个老师在我们班上的不同地位对我产生了极大的心理震慑。

A老师是个男老师，长得一副威严的面孔，50多岁，上课也挺认真，但是，他在我们班的学生面前毫无师长的尊严。

他上课时，除了喜欢学习的学生外，没人拿他当回事，经常是他在台上讲他的课，下面的学生该打瞌睡的打瞌睡，该嬉笑打闹的嬉笑打闹。甚至，在他面朝黑板用粉笔写字时，还有学生拿捏成团的纸打到他背上。他猛回头发怒，却又不知道是谁打他，只能颤抖着作罢。这种局面持续了两年，一直到我们班毕业为止。

B老师是个女的，30多岁，表面上看起来并不威严，然而，她却是我们班学生最惧怕的一个老师。上课时没有人敢打瞌睡，即使最不想听课的人，也得装着看黑板，一副认真听讲的样子。只要她在教室里一出现，班上同学那些调皮捣蛋的行为就自动中止。至于在她背后做鬼脸（有少数同学往往喜欢这样表演以便让大家认为他是个英雄）和拿纸团打她，就更无从说起了。我相信很多人都有这样的念头，但事实上，直到她一年后不再教我们，我都没有看到有谁敢这样做。

看起来真的很奇怪：一个威严的男老师居然被学生任意侮辱，而一个并不威严的女老师却镇住了所有的人。是因为学生有怜香惜玉之心吗？完全不是！多年以后，我对此进行了思考。

我的结论是：他们之所以有如此的地位反差，完全在于第一次走进课堂给学生上课时，他们采取了不同的策略。B老师一上来就以语言、动作、眼神明确地给学生传达这样的信息：按照学生必须听老师的游戏规则，在课堂上她才是主人，由她说了算，学生必须知道她是谁，学生们自己又是什么身份！

而A老师却没有。我记得，A老师第一次进教室给我们上课，除了先做自我介绍以外，和他以后的行为没有任何区别，都是一上来，班长喊"起立"，然后就说今天上什么课，然后再在黑板上板书，下面的学生如何反应似乎并不在他的关注之内。今天看来，这是多么致命的错误！

很简单，他不知道，他在学生面前的所有言行都是一种表演，更是一种博弈！

他可能已经预设了这一点，那就是学生应该听老师的，然而，这种师生的关系只是一种制度规定，一种社会观念，它要变成现实，就必须在彼此的互动中通过表演体现出来。他以为他是老师，自动地就可以让学生尊重他、敬畏他，然而他错了。如果他表现得并没有一个老师的威严，那么，学生就会欺负他。

事实上，由于一开始存在信息不对称，学生并没有敢放肆，而是在他进门上课后表现得很乖。原因很简单，此时他是个什么样的老师这一信息还未被学生掌握，没有谁敢一开始就冒着风险不尊重他。学生是通过他的行为来解读并判断他是个什么样的老师的。

遗憾的是A老师介绍完后就直奔主题讲课，而没有花一点儿时间用双眼威严地扫视一下整个教室，以告诉学生他是谁，他才是这儿的老大。更致命的是，他忽略了这样一个问题：学生肯定会通过试探来判断他是个什么样的老师，以决定对他采取何种态度。

因此，在学生开始试探他，出现不认真听课而讲话的行为时，他也没有严厉地呵斥。这等于告诉学生这一信息：其实在他上课时是可以不尊重他的。但这还没完，试探仍然在继续，而他仍然没有及时地表现出一个老师应有的威严。不必等到学生拿纸团打他，只需要试探几次，他的发怒就已经没有用了，因为他是个可以捉弄、不受尊重的老师形象已经被学生定型，他已经沦为可以侮辱的对象。学生拿纸团打他，唯一的顾忌只是让他抓到而已。

而B老师恰恰相反。她在第一次进教学门后，面无表情地做了简单的自我介绍，然后站在黑板前威严地扫视了教室几分钟，没有人敢和她对视。她等于无声地宣布：从今天开始，我就是这儿的主人，你们都必须在我面前放规矩点！她要用目光把学生任何不遵守课堂纪律的念头压下去。

这并没有结束。学生仍然不可避免地要试探她。在她讲课时，我看到有一个同学开始挤眉弄眼地和另一个同学说话。这时她眼睛一瞪，快速地大喝一声："坐好！"（看来她早料到会有人这样做）那个调皮捣蛋的同学被震慑了一下，不再说话，但脸上还是一种无赖相。她快步走到这个同学面前，猛地一敲桌子，再对他断喝一声："放规矩点，要不然你给我滚出去！"并一直怒视他，直到他垂下头去。离开这个同学的座位时，她还对整个教室的每一双眼睛瞪了一圈，每个人都噤若寒蝉。

任何对权力关系敏感的管理者都明白，只要制度给的权力不足以让他对手下的员工生杀予夺，那么，他就必须预想到这一结局，即他的权力会受到员工明里暗里的抵制和消解，迟早会有人不买他的账。所以，他一上来就必须告诉员工他是谁，绝不能拖到第二次！

遇到挑衅，你对别人做出什么反应，往往决定了他对你的后续态度和行为。在别人不了解你的时候，制造出一个强大的印象，往往是我们的一种自我保护。在你造成的印象一再地不利于自己时，想挽救是很难的，因为这意味着要改变他人的心理结构！

用表情、姿态、动作传达信息，更能迷惑人

有时候，表演是不需要用语言的。用表情、姿态、动作传达信息，更能迷惑人。

假定你是一个上门给我修电视机的人（你也可以是修电脑的、卖东西的），在我根本不懂电视修理的情况下，你如何做才能既从我身上多敲钱，并且还让我感谢你？

你可能会说："我一上来就可以把电视机的故障说得有多严重（因为你不懂），并且一副热心样。这样，你就会乖乖地多掏钱，并且会以感谢对我的热心

进行回报。"

主意不错。然而这样做忘记了这一点，你不是在做慈善，你和我的关系是做生意的关系！因此，我在一开始的时候对你就有防御，在心里就会警惕你是否要利用我对电视的不懂而敲诈我。所以，即使你能成功地从我这儿多敲钱，也不可能让我感谢你。另外，由于我并不知道你的专业技能，还会怀疑你的维修质量。

也就是说，你如果用语言来忽悠我，很难达到这一效果：我既被你卖了还帮你数钱。在存在信息不对称，同时信任也不存在的情况下，语言无法有效地建构起忽悠我的逻辑通道，也无法为你谋取最大化的利益。

那怎么办？其实很简单。就是针对三个问题：

（1）消除我对你的提防；

（2）"自然"地告诉我问题很严重；

（3）显出你技术精湛的样子。

想一下，在不具备电视机知识的情况下，我有方法来判断故障是否严重吗？有！那就是通过你检查故障时的表情、姿态、动作等。看准了这一点，你就可以利用这一点来忽悠我。

你必须做到让我能够"自然"地判断故障的严重性，以及你的技术的精湛程度。就是说，你必须成为一个"自然"地在我面前表演的演员。

你可以这样做：

（1）上来给我修理电视机的时候，先不要和我多说话，因为此刻我正在提防你。你应该马上打开电视机，并且找机会让我在身边看。这时，你的动作、表情应该这样：

表情动作要有不同的变化（这个时候你完全成了演员，而我成了在一边看你表演的观众。正因为我的这种观众身份，我解除了提防你的心理防御，而你恰好可以利用这一点演戏）。开始的时候要显出认真、自信的样子（这样可以让我相信你关注的是解决问题，而不是从我身上多敲钱）；继而，在修理时，要显出困难的样子（这等于告诉我，故障很严重）；最后，则是显得非常轻松（这相当于说明，你技术精湛，这么严重的故障根本就难不倒你）。

（2）从检查故障到修理完毕的整个过程时间既不能太长，也不能太短（因为太长会让我怀疑你的专业能力，太短又会让我认为故障并不严重）。最成功的做法应该是视你想敲多少钱来设定时间的长短。

一旦你能"自然"地传递给我故障很严重的信息,对于这一"事实"的认定那就属于我自己的认知判断了,很显然我就没有理由拒绝付给你较高的报酬。并且,面对你精湛的技术和负责的态度,我不表示几句感谢,在道德上就说不过去。

3. 无博弈,不伪装

导读:越是装修豪华的宾馆、饭店、美容院,收费越贵。这不仅仅是成本高的问题,更重要的是它要进行有利于它的游戏规则的解释:它很高贵,是专门为高贵的人打造的。一个人一旦在心理上进入了这个游戏规则解释的情境,挨宰就会觉得无可非议。

在残酷的伪装博弈中,一个人在心理上输了,他也就输了

公元前495年,越王勾践被吴王夫差打败。在千钧一发之际,他买通夫差手下的一个干部,说服夫差饶了自己一命。

但只要自己存在,就存在翻盘的可能,对于夫差总是一个威胁。所以,勾践为了保存自己,必须想个办法,消除夫差的戒心。

什么办法?帮夫差吃屎!

这是古往今来最震撼的表演。一个老大居然可以给另一个老大吃屎,自贱到这种地步,比黑社会火拼时,一个老大跪下给另一个老大喊"爷爷"壮怀激烈多了。

一个老大跪下给另一个老大喊"爷爷"、吃屎意味着什么?夫差会认为,勾践吃屎,表明他在心理上已经彻底被打垮,彻底服了?夫差根本就没那么傻!一个人屎都敢吃,表明他何其忍辱负重,隐藏的仇恨何其强烈!那为何夫差会被勾

践的吃屎骗过呢？原因很简单，老大一吃屎，在小弟们面前就灭了威风，就混不下去了，还报什么仇呢？

但夫差失算了，他没弄明白：勾践吃屎就代表了越国被迫吃夫差和吴国的屎，全体越国人民反而会同仇敌忾。

以江湖的残酷为例，我们来分析一下，假如一个老大被别的老大打趴了，他该不该吃屎？这涉及表演和博弈的复杂问题。

◎双方实力极不对等

在这种情况下，势力弱的老大被强迫吃屎，实际上羞辱不是太大，还是有某种"合理性"的，因为实力如此不对等，吃屎在人们看来可以理解。同时，在这种实力对比下，吃屎可以获得"能忍他人所不能忍，方能成他人所不能成"以及"大丈夫能屈能伸"等观念的辩护。

同时，吃屎不一定就只是呈现给在场的人这种解读：这位老大已经被击垮，老大的雄风荡然无存。事实上，吃屎不一定就是表现为已经被击垮，它仍然可以表现这位老大心理上的强悍，老大的精神不倒。

进行残酷的心理博弈，讲究的就是不露怯。不露怯不一定就是不怕死，它还表现为不怕砍断自己的手指，不怕吃屎等。关键是表现出果断，敢于承担任何后果。

请想象一下黑帮电影的镜头：当一个老大被强迫吃屎时，他眼睛丝毫不露怯，直盯着另一老大的眼睛，抓起一把屎就往嘴里送，一口吞下。这是一种怎样的气势？在场的人，包括对方老大，都会被他震慑住。

屎是吃了，但是，老大雄风还在，气势还在，还有在江湖上混的资本，当然兄弟也还在了。

◎双方实力大致对等

这种时候，一般不会有一方老大叫另一方老大吃屎的可能性发生，因为，如果有一方这样进逼另一方，双方的火拼结果只能是两败俱伤，甚至同归于尽，对谁都没好处。

其实这个时候实力的较量已退居成背景，心理较量凸显到了前台。这时候真正是在心理上输了，就输了。

当两个实力大致相当的黑帮有摩擦时，一般老大是不会出面的，甚至还要装模作样地以兄弟相称，因为无论脚底下动作如何，双方表面上都不能撕破脸。撕破脸也就意味着进入了全面对抗，对谁都没好处。

所以，无论是抢地盘，还是做其他手脚，一般都是小混混或马仔在做，而且双方都要考虑对方的心理承受力。因为，如果有一方因为对方抢地盘或砍杀马仔而不敢回应，那就是露怯，会发生多米诺骨牌效应。

在非亲非故的情况下，一个人帮你的前提是要帮自己，至少不能损害自己！

几年前，有个平时不会记得我的存在的朋友给我打电话，客套犹豫了半天后，说有件事情需要向我请教。

我知道他人很聪明，特别是对各种混世法则比较了解，也有一定的能力，读书的时候就积极地向组织靠拢，思想先进。但是，我的确没有想到，他也会犯愚蠢的错误。

他想当所在单位（他在一个庞大的国企）某个三级单位的副手（当时他好像只是副科级）。有一个竞聘，他估计觉得通过正常的竞聘无望，于是便找单位的领导，希望能给下面的人讲一声。领导和他沾点间接的老乡关系，他也经常去领导家，领导似乎还经常给他讲些人生道理，比如要读书之类。他感觉，以他们的关系，领导似乎应该帮他这个忙。

但领导则打官腔，说只要有能力，肯定有机会嘛。

这位朋友是聪明人，自然知道这个官腔传递出了事情无望的信息。不过他担心的是，他这样莽撞地找领导会不会得罪了他，问我该如何办？

我告诉他，他没戏的道理非常简单，只要大脑还管用，是人都明白：

他或许有一点儿能力，但资历明显不够。虽然让他当某三级单位副手只是领导一句话的事情，但领导肯定不会帮他。因为，领导并不会替他思考，而只会替自己思考。帮他是有风险的，他是谁，领导为什么要为他承担这样的风险？除非他捏住了领导的把柄!

这风险就是:帮他说话,领导通不过合法性论证。也就是说,领导担心下面的人议论他,他的形象必然受损,难以在下属面前树立权威。这对于一个整天装严肃的领导来说是可怕的。

我的朋友之所以犯下这个机会主义的错误,乃在于他只从他自己和领导的关系上想,而没有从领导的角度上考虑,更没有想到这背后有一个"公众舆论"影响领导的判断。非常现实和聪明的他居然忘记了这一点:在非亲非故的情况下,特别是在单位里,一个人帮你的前提是要帮自己,至少不能损害自己!

他问我怎么收场,说去给领导道歉行不行?

我说这更愚蠢。很简单,这件事情虽然在他心中有很高的分量,但在领导心中根本就是一件屁事,而且由于它的不快性质,领导在心里面倾向于对它进行遗忘。这时候如果他还要揭开它,那么他的语言无论是什么,本身就激起了领导的不快,原来也许他没有得罪领导,但说了肯定会得罪!

我提醒他:"难道你忘记了契诃夫同志的《一个公务员之死》?你想成为那个要向将军道歉的公务员?!"

他又问那怎么办?不再如以往一样去他家?

我说同样愚蠢。对于这个世界上的很多人,特别是握有权力的人来说,你打破和他的交往规律容易激起他的心理反应,会诱使他对你和他的关系及你本人做出判断。领导可能已经记不起这事,但如果你不去他家,他可能还真的想起这件事情来了,你还真得罪他了。

正确的方法是仍然如以往一样去他家,但要假装好像从未发生过这件事情,提也不提起,话题仍如以往一样。对于有权力的人来说,他同样可以滴水不漏地和你演戏。这样,似乎从来没有这样一件事情影响过你们的关系。

而非常重要的是,他这样做不仅不会得罪领导,而且不排除会在以后有好处!因为,他不改变和领导的交往规律意味着,他并不因自己的受挫而改变对领导的尊敬,他的存在本身就等于提醒领导欠了他。

他们以前的交往本来是一种平衡的社会交换:他对领导尊敬,领导以对他的一些指点(比如要读书这类)作为报偿。但这种社会交换被他的要求打破了,因此，无形中领导不能满足他，在心理上已经等于欠了他的。在以后他有合法性的资格竞聘某个职位时，只要用某种方式让领导记住这一点，领导肯定会帮他。

所谓的"兄弟"，和"老乡"一样，往往只是一个借口

这种现象非常让人痛苦：两个曾经的"兄弟"只要在权力上还是上下级关系，那么"兄弟"就结束了。权力关系没有友谊，因为友谊的平等性质和权力的等级秩序不共戴天。

我曾在网上看过一个帖子，非常经典。发帖者马甲为"皖北的纯爷们儿"，我把故事整理摘抄如下：

今天在这儿想说件事，其实也没什么大不了的，就是这么久以来，心里一想起就老不舒服。在这里，我不想提他的名字。

我从10年前跟他学习印染。那个时候他也只是个小师傅，一个月也就三千来块钱，我就更低了。刚开始进那个公司时，一切从零开始，公司很多设备都没有，我跟着他学也很辛苦，每天上班时间都能达到十六七个小时。一直持续了有两年多时间。

我知道他很看重那艰苦的两年多，以及在那两年多里我们纯真的友谊。后来他换了公司，做了一个部门的主管，就把我也拉了过来帮他，因为在我们这个行业里，一个人单枪匹马很难在一个公司立足，即使你的技术很过硬。总是要有自己的一帮人才行。

他那时候把我拉过来，对我还是跟以前一样挺好的。大概做了有两年的时间，老板把厂长炒掉让他做了厂长。刚开始当厂长的时候，他对我许下一堆承诺，包括我的工资待遇什么的，要我们支持他，替他卖命。我当初也是愣头青，他说什么我就听什么，对他的话深信不疑。

但慢慢我感觉不对了，他对我的承诺一个也没有兑现。对我也漠不关心了。以前那种在一起同甘共苦称兄道弟的感觉已经荡然无存，关系已经疏远。其实我

也明白，地位变了，人也就变了，那段友情也就消失了。只是，心里很不舒服，好像无法接受。

所谓的"兄弟"，和"老乡"一样，往往只是一个借口——这就是真相！

中国没有人不知道《水浒传》。一帮黑道上的"兄弟"打家劫舍，大碗喝酒、大块吃肉，想砍谁就砍谁，多有"兄弟"情义啊。但真实情况让人沮丧，所谓的"聚义"，不过是几个聪明人（宋江、吴用等）为自己的利益玩弄一帮傻"兄弟"而已。

武松等人是陷进"兄弟"的情义圈套里去了，被人卖了还帮人数钱。但宋江没那么傻，他知道"兄弟"只是在江湖上混的一个借口，目的仅仅是让自己有号召力，并且能够驱动、控制一群傻×。

你可能会说，刘关张桃园三结义，不求同生但求同死，算得上"兄弟"吧？表面看上去是这样。但前提是，他们还要共同打拼。如果不需要共同打拼了，这"兄弟"也就做不下去，只能被纯粹的"君臣"权力关系取代。

在这个世界上，要做"兄弟"是有条件的，违反这些条件，那不仅"兄弟"做不成，还可能反目成仇。

这些条件是：

（1）两个人的处境要大致相同，而且在认同、利益上可以相互支援。如果社会地位相差悬殊，那就不可能是"兄弟"，因为"兄弟"预设了平等；

（2）两个人在某一利益结构中，具有更多的共同利益，这个时候允许地位和身份的差别，但他们在利益上一定是相同远大于冲突。地位高的一方可以为地位低的一方提供庇护，而地位低的一方则可以为地位高的一方卖命。

所谓的"兄弟"，正是来自于认同上、利益上的相互需要。一旦发生"兄弟"关系，两个人在认同上、利益上就可以相互有利。正是这种需要产生了"兄弟""情义"。

这种"情义"当然不是真正的情义，而只是大家用来说服自己的一个借口，是掩饰认同和利益的相互需要的一个好听的词。

就像人情往来一样。如果没有利益交换，人情在哪儿？

"兄弟"的关系无疑具有一种江湖上的道德分量。你可以屈服于"兄弟"的道德压力，但如果你以为对方也会屈服，条件改变了也忘不了你这个"兄弟"，那就太天真了。

非常简单的是，一旦他不需要来自你的认同，他就不需要你这个"兄弟"。如果你的存在对他的利益没什么好处，他也不需要你这个"兄弟"。在这些情况下，你们的"兄弟"关系看上去好像还在，因为维持这种形式上的关系，对他也没什么坏处。但如果你们在身份、地位改变后，恰恰又置身于同一个利益结构，存在着利益冲突，那"兄弟"肯定是做不成了，他绝不会还拿你当"兄弟"看。

当"兄弟"不在时，抱怨没有用，关键是从一开始就要知道结果，知道这一切为何会发生。

"皖北的纯爷们儿"的那位"兄弟"，在一开始需要他不言而喻。大家都是给别人打工，需要抱团。就算他当上了部门主管，"兄弟"之间拉开了身份地位的明显差别，他仍然需要"皖北的纯爷们儿"。这个位子如果还不太稳，他就需要亲信，需要听话和帮他撑场子的人。他固然可以管"皖北的纯爷们儿"，但同时，还有其他不太听话的人可以作为他行使权力的对象，因此"兄弟"关系还可以不被权力支配意义上的上下级关系取代，或完全取代。

但他当上厂长则不一样了。厂长的权力要面对所有的人，而且要树立在所有人面前的权威。如果还和"皖北的纯爷们儿"玩"兄弟"关系，就既不符合他的利益，也不符合他的身份。

这类人一旦混到这个地步，实际上最害怕的，就是"皖北的纯爷们儿"这种人要拿"兄弟"关系来和他交往。那无异于是对他的道德要挟。在心理上，他会敏感地解读为对他厂长权威的否定，是一种对自己地位的威胁。

解释游戏规则，就是要调动对自己最有利的资源

如果一个人在你面前说他是个坏蛋，你可能笑而不语，但如果他非要说做个坏人不仅是迫不得已，而且在道德就是对的，你可能忍不住要批驳几句，对不对？

原因很简单,他定义了一种可怕的价值观,认为这个世界就应该按他的游戏规则来玩,威胁到了你的"自我",你一定要反抗他的这种价值观。

也就是说,他的表演把你从一名观众刺激成了一名演员,你不得不通过表演来定义你的价值观,反抗他对游戏规则的解释。

博弈,就是通过表演来展开对游戏规则解释权的争夺,游戏规则在解释中有利于谁,博弈的格局就向谁倾斜。

解释游戏规则,就是要调动对自己最有利的资源。

假设你参加了一个聚会,你的朋友给你介绍一位官员时,一定会说出他的职务,而不是他的其他社会角色。因为说出这个职务,你的朋友就调动了这个官员背后的资源,即:他掌握某种权力,可能对你有利,也可以对你有害,这是一种游戏规则。这样,你的朋友就有了面子,而那个官员在这个聚会中,就不会被人忽视。这就是有利于你的朋友和官员的游戏规则的解释。

解释游戏规则,有哪些玄机呢?

◎ **通过表演来完成**

前面所说的那个女老师就是这样干的。她以语言、表情、动作等亮明自己的老师身份,让学生进入自己所解释的游戏规则的情境。一旦学生进入这种情境,就屈服于有利于老师的游戏规则,情况就会对她有利。

◎ **进行"形象包装"**

一个人的衣着以及所开的车、所住的房子、所消费的场所等,会传达给观众一个他是什么人的信息。当他与别人发生表演关系时,这种包装就告诉了对方他应该受到什么待遇。所以,从心理强大来说,我们有必要在日常生活中培养这种感觉:看到一个西装革履、目光傲慢的人,你应该把他看成是一种很装的造型。注意,只是造型,这种造型的目的在于告诉你,他在社会价值排序上如何(正如你看到一个衣衫破旧的人时,你的经验告诉你他处于什么价值排序一样)。

谁都明白,越是装修豪华的宾馆、饭店、美容院,收费越贵。这不仅仅是成本高的问题,更重要的是它要进行有利于它的游戏规则的解释:它很高贵,是专门为高贵的人打造的。所以，一个人一旦在心理上进入了这个游戏规则解释的情境，挨宰就会觉得无可非议。

◎调动各种象征符号

一个LV包代表有钱，代表身份；标准的北京话代表一种地域身份的优越感；一个人的爸爸是李刚代表权势。当一个人肩挎LV、说着北京话、说他爸是李刚时，就是在表演时调动了对他有利的象征符号。

在电视剧《雪豹》里，那个不懂打仗的张仁杰同志，就非常善于调动有利于自己的象征符号。日本人大兵压境，为了大权独揽，他秘密关押了独立团团长周卫国。遭到其他同志强烈质疑时，他抬高声调："我张仁杰是共产党员！"其实，这一行为和是否共产党员没关系，也不太像是一个共产党员的行为。但是，他在表演时，调动出了这一象征符号，就可以用它的杀伤力让质疑的人闭嘴。

有的象征符号具备杀伤力，因为它背后是强力，是强大的游戏规则。另外，有的象征符号虽然不具强力，但在特定的情境中调动，能轻易地进入人的心理结构，对人进行催眠。在一场老乡聚会中，一个人如果要表演成功，就绝不能讲普通话，而应讲熟练的方言，因为只有方言才能激起强烈的认同。

◎争夺有利的信息和资源

租过房的人大概都知道，房产中介是一个利用房东、租客的信息不对称吃饭的人。假定你到一个新的城市工作，你想找房子，然后找到了一家房产中介。其中一名中介员接待了你，给你介绍房子并带你看楼。这个时候，你和他就进入了一个博弈格局，你和他同时都成了演员和观众。

你对自己的目的非常清楚：花最少的钱租到最好的房子。而中介当然对自己的目的更明确：尽快让你签约房租最贵的房子，或至少是以最快的时间签约你看中的房子。

对此你也明白，你和中介打交道时，你对他的人格并不感兴趣，他对你也如此。你们只是两个角色之间的互动，或者说，两个演员之间的互动。

这意味着，你是通过中介的相貌、语言、表情等传递出来的信息来判断情境对你是否有利；他明白这一点，并且他对你也如此。

但显而易见，情况总体上对你并不利，因为你不一定了解当地，或那个片区的租赁市场的行情，他们对你来说都隐藏在"无知之幕"后面。这个行情就构成了中介和你博弈时，随时可以拿出来压你的一个情境。中介一定要表演出这一点来，即你对租赁市场不了解，并且说房子很抢手，当然，他会包你满意，虽然价格贵点，但你租的话一定值得。

那么，你该怎么做？只能和他争夺对信息的解释，装出了解行情的样子。

另外，有一件事情是不能忘记的，即除了你和中介，还有房东，这是一个三方博弈格局。从一开始，博弈对你是不利的，因为房东和中介在某种程度上构成了一个利益同盟。

但你可能也知道，房东和你一样，其实在信息上都处于弱势。尤为重要的是，中介的利益是独立于你和房东的利益的，为了保证他的利益，他既可以通过损害你的利益，也可以通过损害房东的利益来实现（在这里，我把不能谋取预期的利益最大化叫做"损害"）。也就是说，他可以和房东构成利益同盟来让你签约，同时也可以和你构成利益同盟来让房东签约。

你所需要做的，除了摧毁中介的信息优势，还可以定义有利于你同时也有利于中介的情境，即在真的看中了房子后，暗示在什么价格上你可以被搞定，要求中介在价格上搞定房东。中介基于自己的利益，当然愿意这么做。

通过以上例子，我们可以看到，涉及对游戏规则的解释时，为了使博弈格局有利于自己，一个人有必要注意以下内容：

A.最基本的意识。你和一个人互动时，你应该从你和他的角色关系上判断出：你对他有什么样的期望，而他对你又有什么样的期望？即，你可以从他身上得到什么，而他又想从你身上得到什么？

B.因为在一开始，你们之间的角色关系是确定的，假如这样的角色关系不利于你，你如何突破？

C.在你和他一开始并不熟悉的情况下，他想从你身上得到想要的东西，需要借助什么样的表演？什么对他有利？他要怎样解释有利于他的游戏规则，包括一开始就亮出来的东西，以及处于背后却可以有意无意地亮出来的东西？而你如何应对？

D. 他肯定会从你的表情、神态、语言，或许还有职业、性格、地位等来捕捉你的弱点，并加以利用，你是否注意到，并一开始就有意识地控制自己的表演，使你表现出来的这些东西在博弈格局中有利于你？

E. 你是否也会相应地从他的表情、神态、语言、动作等来捕捉他的弱点？

F. 你是否想到，正如你在博弈时有一个承受的底线一样，他在和你博弈时，他的底线是什么？你如何保证在不突破他的底线时，获取你心理或利益上的满足最大化，或使自己心理或利益上的损失降到最低？

如果一个人已不复是当初的角色，那么，继续按那个角色演戏是愚蠢的

多年前，我曾经目睹过一位80后的好学青年，在表演中改变了命运。现在还原一下当时的情境，提炼出一些有用的规则。

我把这位好演员叫做"80后张"。他的师傅，我曾经的同事，我把他叫做"60后李"。

"80后张"当年进入我工作过的单位的时候，和"60后李"一个科室。后者是这个科室里的副主任，由于性格以及其他方面的原因，他一直得不到升迁。可以想象，这样的人会啧有烦言。

你肯定知道，只要"80后张"不笨，他就会明白，他进来只是一个新人，如果没有背景（他除了有一个重点大学文凭外，确实也没有背景，父母是偏远农村的，典型的凤凰男），他的命运一开始就取决于科室里的人，而尤其是科长和带他的师傅"60后李"对他的评价。而在任何一个单位，人们对新入职的员工这一角色都隐含有这样的要求：必须要听话、勤快、努力、对同事尊敬有礼貌。最好，他能把大家不愿干的杂活儿都干了。

老同事对于新员工这种角色的要求，有心理补偿的因素在内，他们也是媳妇熬成婆，所以需要找到点平衡。但最重要的是，他们需要通过这种方式来降服新人，确立自己作为老员工的权威和优势，因为任何一个新人进入一个群体，一开始总带有不确定性，具有一种让人焦虑的威胁，这既是精神上的，也是利益上

的。他们必须把这个新人收拾得服服帖帖，纳入一个可以由他们控制的轨道，按他们的游戏规则来玩。

他们隐含地不会说出这一点：这是新人换取他们认同的必要方式。

在他们对新人有合法伤害权的情况下，新人必须出演一个听话、勤快、努力、对同事尊敬有礼貌的角色。

用屈辱一下自己来换取同事的认同，避免他们的伤害，好像这也很公平。

"80后张"是聪明的。但他比别人更聪明的地方在于，他知道别人会在他面前如何表演，而他又如何配合别人的演出。

他看到"60后李"至少在科室里有两种角色：

一种是"80后李"的师傅，副主任。这决定了"60后李"要在"80后张"面前表演一个有权威的老员工形象。"60后李"最饥渴的，是从"80后张"那儿得到足够的尊重，因为除了收获尊重，他无法从"80后张"那儿得到什么。

一开始，在"60后李"和"80后张"互为演员和观众互动时，"60后李"会演出一副不冷不热，甚至有点儿傲慢的形象。这是在暗示"80后张"，作为一个职场新人，作为一个可以被"60后李"影响命运的人，"80后张"应该主动招呼他，向他表示尊重，给足他面子，这是职场的游戏规则所要求的。

然后，为了体现他是一个权威，"80后张"无论是否有兴趣，也无论是否懂，都必须演出一副虚心好学的样子，问他一些业务上的事情，然后装弱智，听他讲解。卖弄自己在大学里学的知识，以为可以和"60后李"对话，绝对是愚蠢的，因为这等于暗示"60后李"因为年龄的关系，已经在知识上OUT了，而他所拥有的最大资本，恰恰就是经验。

作为公平的交换，只要配合了"60后李"的演出，"80后张"真的可以从"60后李"那儿学得一些东西。但这仍然不够，因为这种交往，仍然仅仅是角色与角色之间的交往。在这种交往中，"60后李"是有所保留的，而且在内心里对"80后张"会有所防御。

这涉及"60后李"的另一个角色：一个懂业务但却得不到升迁的怨天尤人的老职员。

一般来说，这种人会演出一副"众人皆浊我独清"的形象，把自己的命运归结为他人坏而自己好，看不起这样，看不起那样。但他们从内心里知道自己在这个社会中是失败的。这种挫败感让他们急需工作角色以外的认同。换言之，仅仅认同他是一个权威并不够，你还需要认同他的处世风格甚至价值观，当然，这种认同，你只需要装出来即可。

对于"80后张"来说，最能让自己快速在单位立足的办法，除了在装出让"60后李"在自己面前显得多有权威时，还要在工作以外的方面和他套近乎，甚至选择性地谈到一些自己的私人生活，以及请他吃饭什么的。一旦拉近关系，"60后李"发牢骚，立马演出一副赞同的形象。对于新人来说，职场上的老员工远不像初看上去那样铁板一块，事实上，很多人都需要把新人拉到自己身边构成精神或利益上的同盟。"60后李"这种人尤其如此，他已经无法从单位的老员工那儿获得认同了，因为真正决定别人对他尊重的是权力，而不是业务。

"80后张"在演出上完全配合了"60后李"的表演，效果是明显的："60后李"不仅对他高度评价，而且给他透露了单位里的很多信息，非常有助于他看清情况，制定混下去的正确策略。

但是，对于"80后张"来说，这种表演只是权宜之计。一旦站稳脚跟，演出的舞台背景即发生改变，当初的角色也不复存在，这场游戏即宣告结束。再演下去的话是非常危险的，等于宣告自己永远只是一个龙套。

所以，后来我看到，"80后张"在得到领导赏识，准备提拔后，收回了他对"60后李"那种肉麻的尊敬。交往肯定是继续的，但只局限于角色（同事与同事）层面。他要确立自己的存在和价值，只有这样，在利益竞争中才有发言和博弈的资格。而这一点，"60后李"已经是一个绊脚石。

让别人给你一个机会的方法是，你先给别人一个你对他有用的预期

我在前面说过，面试成功是表演的成功，面试失败则是表演的失败。下面我们来分析。

做一个想象力的实验，我们假设"80后张"还未进入工作单位，而是正在找

工作。他大学刚毕业，疯狂地投简历，很幸运，他得到了一家待遇不错的公司的面试通知。

在公司走廊上，"80后张"看到了十几个打扮、神情和自己差不多的人。他们都是竞争者。

在获得面试机会前，"80后张"已经在简历里进行了装饰。在形式上，简历制作得简洁工整，富有个性。内容上，他对自己的能力和优点进行了有限的夸张。一句话，他的简历制作，本身就是在和无数竞争者进行眼球和应聘人员判断力的争夺。他力图让自己的简历引起招聘人员的注意，并说明自己简直就是这家公司所招聘的那个职位的最佳人选。

他的第一步成功了。

最关键的是第二步：面试。

之所以说是最关键的，是因为面试涉及人与人之间的互动，涉及临场反应和发挥，涉及心理上的博弈，面试考的就是一个人对"能力"的表演。道理明摆着，所有竞争者的"能力"只能说是潜力或尚待证明的能力，而且没有一个人对他人形成压倒性优势。另外，用人单位绝不会仅仅因为一个人的简历说自己有能力，就不看他的面试表现。在短短的几分钟、十几分钟里考察的不是一个人的能力，而是能力的预期。

既然如此，"80后张"必须定位好自己的角色，并评估考官对自己的角色有什么样的期待。

他的第一个角色就是"应聘者"，一个找工作的人。这意味着，他的命运掌握在考官手里。这种不对等的博弈格局，要求"80后张"对考官表演出一定的尊重。

这个世界上的人虽然同情弱者，但如果弱者弱到看起来在人格和道德上有问题，他们就绝不会同情，反而是厌恶。一个并不弱的人，实际上骨子里并不喜欢和一个弱者打交道。不幸，人们非常善于找借口来合理化自己的这种行为。一个聪明的应聘者绝不能给考官以任何这样的借口。

所以，"80后张"在表演出一副尊重考官的形象时，也要表现得不卑不亢，显得自己具有独立而健全的人格。这是在承认考官的优势时，让自己显得有些档次，以给他们造成轻微的心理震慑。人都有一种奴性，一旦有什么东西让自己有点儿心理震慑，就会对之产生好感。把握好这个度，实际上是一种心理暗示，假如他们不录取"80后张"，恐怕无法说服自己。

除此之外，"80后张"还有一个角色，那就是一个可以胜任所应聘职位的人，一个可以被假想为能够对公司有所贡献的职员。

第一个角色主要是面试时双方的身份。而第二个角色则是能力，以及考官对"80后张"胜任工作能力的明确预期。

考官对于"80后张"的这个角色的期待也很简单。他们会设想出一些自己认为多么聪明的问题来测试"80后张"的反应，然后判断他的回答是否足以满足录取他的标准。他的回答是否可以强化他们对他胜任那个职位的预期。

这个时候，"80后张"必须要当好一名观众，从话语、表情、考官相互之间的态度等来判断他们分别是什么角色，并配合他们的演出。

假设公司来面试"80后张"的有三个人：管人事的经理、部门主任、副总。这三种角色，都需要一一分析。

上面我们已经说过，考官要显出他们在"80后张"面前的优势地位。人事经理基本上不懂"80后张"所应聘职位的专业领域。所以，他如果不是很傻，不会问"80后张"一些专业领域内的问题（这是部门主任的事情），因为这是他的劣势，假如"80后张"发表了自己的见解，他就只有听的份，这会让他在部门主任和公司副手面前丢脸。他会抓住他的优势，问"80后张"一些关于职业规划或为什么想干这个工作的问题。回答这些问题并不难。但最聪明的做法是显得自己自信而有规划，并暗示人事工作的重要性，满足他的权威欲。

部门主任这一关最关键，也是最难把握的。有两大禁忌，一是假如部门主任能力并不怎么样，"80后张"表现得懂很多东西，对部门主任就会形成威胁，他不会为自己招一个对手。另外，如果"80后张"表现得不行，他也不想让自己的部门里多一个累赘。在他的信息并没有透明的情况下，"80后张"唯一的办法就是小心，不要暴露自己的任何野心，一方面让自己显得可以胜任工作，但同时承认部门主任在职位和专业上的优势地位。

副总这一关看起来最难，但实际上是最好对付的。由于"80后张"既不会对他形成威胁也不会给他带来累赘，所以他实际上需要看到的只是"80后张"这样的一种形象：承认考官的权威性，敏捷、聪明而有想法。

假如在一个三方博弈格局中，你夹在中间成为受气包，那么恭喜，你可以操纵这个博弈格局

在一个三方博弈格局中，假如有一个夹在其中的受气包，他该如何通过表演来获取优势？

有一个网友提供的真实案例：

小李是一家公司的业务员，因为项目上的事情，需要和公司的其他部门以及老板打交道。做市场的应该知道，每个项目的最终交易都不会是顺利的，中间一定会和客户发生一些磕磕碰碰的小事。

这里就有了问题：作为业务员，小李需要在公司与客户之间相互沟通，在一些中立的事情上，为了成交，说服客户做出让步，或者公司做出让步，一般情况下没有问题。但是，如果双方都强硬，小李就头大了。

预设是中立的事情，小李有时候更多地站在客户的角度解决问题，尽量方便客户，因为这些中立的事情就是一些琐事，可能就是公司的其他部门多做一点儿工作，或者老板把面子放低点做下让步，就可以解决问题。但公司的其他部门或者公司老板是不会轻易就点头的。那么，在这种情况下，小李应该怎么做？

对这一博弈格局，可以分析如下：

◎ 小李和客户

小李代表公司，但是，客户在和小李博弈时，并不仅仅是和代表了公司的小李博弈，同时还和作为个体（只代表自己）的小李博弈。因此，客户从自身的利益最大化来讲一定要表现得强硬一些。这种强硬有两层意思：一是建立一个包括心理防御在内的防御，增强谈判筹码；二是让作为个体的小李在博弈中处于下风，从而去说服公司让步。

◎小李和公司

公司不直接与客户博弈，而是通过小李。因此，和客户是通过与小李的博弈来达到与公司的博弈一样，公司也是通过与小李的博弈来达到与客户博弈的目的，这就意味着公司与小李之间也存在博弈。公司要在小李面前表现强硬，使小李处于下风，从而让小李去劝说客户让步。

可以看到，小李具有这样的劣势：在以自己为中介的三方博弈格局中，自己两头受压。

但小李也具有巨大的优势，那就是公司和客户之间没有直接的信息沟通，因此他可以操纵这个博弈格局。

具体来讲小李该怎么做？分析清楚了以上的博弈关系后，自然很清楚：在双方的强硬立场上，小李有必要把自己这一中介抽掉，即要分别在客户和公司那儿传递这样的信息：这是你们在直接博弈，不是和我博弈；我不是和你们博弈的主体。这一招只要成功，就会挫败客户希望通过小李去压服公司让步和公司希望通过小李压服客户让步的目的。

同时，利用自己所掌握的信息优势，小李在抽掉自己这一中介身份后，与公司与客户博弈时，要建立一个个人身份，即替客户和公司着想的身份。比如可以通过情感联络或心理博弈让客户感觉到，作为个人其实想帮客户做成这笔生意，因为这对客户很有好处。这个时候，要让客户感觉到不是小李在和他博弈，而是他和小李一起和公司博弈。对公司同样如此，只是具体方法不一样。

4. 装的背后就是虚弱

导读：权力者最恨的就是一个人直接挑战他的权威，因为你挑战的并不只是他的身份和冒犯他的"尊严"，而是在心理上，把他置入灾难性的对世界无控制力的处境之中。假如他有权力可以管着你,连你都控制不了,他还能控制一个无边无际,充斥着危险的世界吗?

本来只是用来让人装的东西变成了高档的礼仪,这就是"文明"的真相

江苏卫视火爆节目《非诚勿扰》主持人孟非曾经半开玩笑地说过这样一件事:他关门时,喜欢有规律地连敲三下,以在心理上确定"门关紧了"。

孟非说的是一种强迫症的症状。假如一个人有强迫症,那么,他经常会玩这样的动作:出门前,用手摸或敲一下门,有规律地重复着既定的节奏,三下或五下,每次都是这个数字,不允许有任何例外,假如他某次敲的是两下或四下,他就会惶惶不安,这就是仪式。神经症是个人的宗教,通过这个仪式,一个人在心理上就获得了一种秩序的保护,恐惧感暂时就被压抑下去了。

一个有强迫症的人绝对不允许自己破坏这个仪式。假如它被破坏,他的心理结构就遭到了瓦解。

连敲几下门这类仪式之所以那么有魅力,秘密是,它对一个有恐惧感的人来说,构成了一种自我治疗的方式!假如我们的心理结构被伤害,活在恐惧之中,那么,我们就是通过对一套仪式的依赖,来逃避那个伤害我们的心理结构的东西。因为,有了这个仪式,我们就只需要害怕没有规律地完成它而已,而不再需要直面那个伤害我们的东西!

权力也需要一个仪式的庇护。装神弄鬼是它的本性。人是一种并不完全把命运解释为现实生活中一系列博弈结果的动物,因为这需要自己为自己的无能承担责任。把权力还原成完全世俗的东西,人们无法真正说服自己去对它进行服从。也就是说,没有魅惑色彩的东西,人们在心理上从来就不会对它真正敬畏。

因此,维持权力的一个秘诀就是有一个仪式让权力者表演,同时把这套仪式的氛围植入观众的心理结构。

我们现在看帝王电视剧经常看到,一开会,大臣都会在金銮殿下跪成黑压压一片,像排练好似的同时三呼"万岁",进行舞蹈朝拜。这个金銮殿就是一个表演皇帝威武的舞台。背景是非常讲究的，比如柱子必须雕龙，两旁要站着侍卫和太监、宫女。而皇帝的座位必须比大臣朝拜的地方高，这样他才能俯视群臣，既突出他的威严，又能让他对大臣有一种控制感。

什么时候这样的舞台破败不堪，那就意味着皇帝的权力已被蛀空。比如，在电视剧《三国》中，曹操在一座残破不堪的宫殿里拜见汉献帝时，那种凄凉的场景，早就让皇家威严消失殆尽，没有了皇帝的气场，实际权力他已不掌握，他只是一个可由人操纵的玩偶。

作为汉献帝的祖宗，刘邦在革命成功后，由于本来就是一个流氓，一下子还没有打造皇家权力的威武的思想觉悟。而他那帮兄弟，和他一样也多数是粗野无礼之徒，在开会的时候叫骂连天，很不成体统。一下子，邦哥居然没有享受到当皇帝的快感。

有一个叫叔孙通的人就对他说，我有一个办法，可以让你感觉当皇帝很好玩儿。邦哥说，真的吗？叔孙通说，我玩给你看，好不好玩儿到时你再说。刘邦干了。

叔孙通玩的就是"制礼"，把原来的"周礼"和秦朝玩的那一套统统搬出来，有所创新，在开会的时候，皇帝和大臣该穿什么衣服，该挂什么表情，该坐或站在哪儿，该玩什么动作，该呼什么口号，一遍一遍地演练。一段时间后，搞定了。刘邦一玩，哇，真的好HIGN哦。这下终于体会到当皇帝的滋味了！

而那些大臣也觉得，哇，这样玩，大家不再是山野村夫、流氓无赖了，我们已经进化成汉朝里最高档的人！

"礼仪"真有那么厉害吗？有！

孔子把"礼"看成是文明的标志，所以对"周礼"夸赞有加，认为它厉害得不得了，因为这是对人的野蛮本性的驯化，仅仅这一点，中原"文明人"就可以傲视周边蛮夷。

但把这个观点往前推进一步，那就意味着，"礼"不仅可以把人驯化得"文明"，也可以把人驯化成权力的奴隶，因为人一旦陷入剧场情境中参与表演，在心理上就好控制了，他真的觉得这是一件挺好玩儿的事情，而且玩着玩着就当真的了。

权力需要一个秩序来维护自己。如果人的行为不被纳入这个秩序，不被"礼"所规驯，那么权力是危险的。

原因是，权力的冲动并不是来自于强大，而恰恰是来自于虚弱。正因为权力者无法依赖"自我"的力量来面对这个无序、陌生而危险的世界，他才需要把让人恐惧的力量填充入他的"自我"结构。

一个追求权力的人，同时有三种永恒的渴望：

第一重渴望，他一定要通过特定的仪式确认自己权力的存在和符合他的身份的权威；

第二重渴望，他一定要把权力注入自己的人格，改变自己的性格；

第三重渴望，他一定要感觉到他对这个世界有控制感。

先说第一重渴望。无论是古代的皇帝登基大典、加冕仪式，还是现代的总统就职典礼；无论是任命谁是将军，谁是市长；无论是提拔谁当科长，谁做主任，权力的授予都有一定的仪式。像皇帝的登基大典，就极具表演性，一定要以一个建造、装修得威武而古色古香的地方作为舞台背景，下面要黑压压地跪着一群人，还要以一定数量的侍从、祭司陪衬。所有人穿的衣服都有一定的讲究，哪些人该是什么颜色，该是什么款式，要与他的身份相符。仪式开始时，要有奏乐表演，要有一个人主持仪式，拉长声调宣布大典开始。

即使是现代社会的一个小科长，也要有象征仪式表明他获得了这样的权力。即使没有开会宣布，最起码也要有文件通报，像皇帝登基，要把他的权力昭告天下一样，制度也懂得要把这个科长的权力昭告他所在的组织结构。

仪式进行到这里，权力的第一重渴望完成了一半，观众在权力授予的仪式中看到了他获得权力的表演。剩下的一半是，观众是否承认他这一权力的权威。

叔孙通给刘邦制礼，以"礼仪"对一帮莽夫进行了驯化，完美地解决了这一问题。无论是古代还是现代的权力者，当然也会如法炮制。只不过，玩得是否高级，是根据权力大小来设定的。体现权力者权威的仪式有些是制度的规定，有些是权力者的个人创意。

在古代，官员要坐轿，权力级别越高，抬轿的人越多。每当他们在街头上晃过，前面必须有人狐假虎威地吆喝，鸣锣开道，构成一个特别的仪式。在现代，鸟枪换炮了，要体现官员的权力，他们的身份派头，当然是制度配给相应的小车、保姆、房子。要有接连不断的会议，在会议里他们要发表讲话，同时，还要有视察、调研什么的，以这类连续性的仪式来体现他们作为权力者的权威。当然，布景是必需的。他们所在的办公室，必定是所在单位装修豪华的，而且在设置上要让人进去有一种震慑感，在门边也要标上职务的相应提示。

第二重渴望。一个对权力迷狂的人，内心里虚弱不堪，无论他握有多大的权力，只要这个权力不注入他的人格，改变他的性格，他在这个世界仍然没有力量感，因为权力仅仅是工具。一个人身上有了一把枪，固然胆子大了点，但他的恐惧还是没有得到消除。所以，权力者一旦获得权力，就会迅速而彻底地抛弃他的自我，以及以往和他的自我有所联系的东西！

当两个人原来是平等的同事，其中一个升官后，往往他们的关系就无法维持，而升官的同事则变成了另一个人。没有升官的人或许感到不解，但其实很简单，他必须根据新的身份来思考和行动。他要在语调上、行为上对更高的权力者，以及权力系统的既定模式进行模仿。他装的目的，就是要让自己像一个零件一样，融入权力这架机器里，最终把自己变成权力本身。

第三重渴望。如果在一个人的内心里，世界是无序的，充满了偶然性和不确定性，那他握有再大的权力也没用，世界轻易就可以在心理上摧毁他（这一点，下一章有详细分析）。所以权力必须在社会生活中建立一个秩序，驯服偶然性，以便让权力者感觉，在秩序可以控制的范围之内，他是安全的，他可以主宰他权力所及的环境。

这一对世界的控制感，通过权力者与他人的互动来实现。权力者最恨的就是一个人直接挑战他的权威，因为你挑战的并不只是他的身份和冒犯他的"尊严"，而是在心理上，把他置入灾难性的对世界无控制力的处境之中。假如他有权力可以管着你，却连你都控制不了，他还能控制一个无边无际、充斥着危险的世界吗？

所以，在他与人互动时，一定要在这样的仪式下进行表演：别人对他尊敬，献上他需要的东西，他回报以友好或傲慢；或者，在既定的安排之下，他主动上去和一个完全弱势的人说话，表示关心，而后者最好要受宠若惊，表情惶恐。注意，一个官员受贿为人办事，绝不仅仅是因为贪欲，他同时还受到对世界进行控制这种隐秘心理的驱动！为了确定在他的权力之下，他对这个世界具有主宰能力，他需要对很多制度上不允许他干的事情进行尝试！

假如把礼仪的装饰功能推广到整个社会生活，一个惊天秘密就暴露出来。

在分析权力借助礼仪进行表演时我已经暗示，礼仪完全就是一套用来忽悠人的表演程序，它并不代表一套价值。它完全是工具性的，目的是对权力者进行身份识别，给他们进行造魅。

但是，假如我们把目光放到社会生活，我们就会痛苦地发现，礼仪已经成为一套价值，一个人是否在社会互动中遵循特定的仪式进行表演，是否做出一些规定的行为，已经成为有无"礼貌"的标准。在表演时具有某些礼仪特点的人，被视为"文明"、高档而有修养，而没有这些礼仪特点的人，则被视为野蛮、低档和素质低。

借助于装饰味十足的礼仪，像穿着名牌服装来区别于穷人一样，上流社会不仅轻易地建立了与下层社会的隔离，从而在身份识别上使自己的优越感得到最大限度的满足，而且完成了一种价值歧视。在权力、金钱等方面他们建构了与穷人的等级，从而可以压迫、掠夺穷人后，借助于礼仪，在尊严上他们也建构起了与穷人的等级。礼仪成为他们羞辱穷人的一个道具。

我们经过观察可以发现，一个官员、富人绝对不会在大庭广众之下奔跑，一个贵妇在和别人说话时，也不会像村姑一样挤眉弄眼唾沫横飞，他们不可能穿西裤时卷起裤脚，他们更不可能穿着脏兮兮的衣服在大街上行走。

中产和上流社会的家庭，吃饭用餐时，对卫生、上桌等都有讲究，形成一套仪式。而下层社会的就餐则完全随意，在农村，夹了菜后不仅小孩儿，大人都可以拿起碗到处跑。当下层社会的孩子这种就餐风格恰巧被上流社会的人看到时，他们鼻孔里就会"哼"一声：没教养。

中产、上流社会和动物（是阿猫、阿狗之类而绝不是鸡鸭之类）的亲密关系一直是一种时尚。那些很中看但从来不中用的动物带给他们的美好感觉，是很多人无法理解的，比如他们可以呼唤这些阿猫、阿狗为"儿子"。而下层社会，养动物肯定是要养具有实用性的，能耕田、能看家，还可以杀来吃的，对于阿猫、阿猫并不会表现出那么夸张的态度。于是，当中产、上流社会的人看到下层社会的人杀掉猫和狗来吃时，他们就会流下眼泪，愤怒地声讨下层社会的人"残忍"。

因为礼仪的区别，下层社会真的就在价值上低档吗？

错了！上流社会是有闲阶层，衣食无忧，不需要进行生产劳动，空闲时间一大把。那他们不可能什么都不干吧？于是可以弄出一些精致的玩意儿来消遣，一方面找到乐子，另一方面成为他们的身份标识，以此和下层社会的人相区别。由此，一系列烦琐的仪式被发明出来，用以点缀他们的生活，让他们感觉到自己很有品位。

而下层社会根本不可能过上这种生活方式。他们一天到晚要为三餐奔忙，没有时间，也没有心情玩闲情逸致。在吃饭时玩那些烦琐仪式，对于他们来说完全多余。他们没有钱用衣服来精心包装自身。他们不可能去养宠物狗，而只能养看家狗。他们不可能对阿猫、阿狗表示"爱心"。一句话，因为他们要为生活而挣扎，他们不可能玩上流社会的那一套。

但是，上流社会那一套由于以"礼仪"的面目出现，而且他们社会价值排序很高，就不再仅仅是一种生活方式，而是成为一种价值准则。借助于他们在一个社会中的强势地位，以及下层社会对价值排序的屈从，礼仪轻易地转化为一种美学和道德标准，用来建构上流社会和下层社会的身份区别，并维持一种尊卑有别的价值秩序。

这就是"文明"的真相。

驱散装的剧场气氛，你就能看清一切

古人说，天当被，地当床。在困苦之中，也装一把，想象着有无数人在看着自己，确实也洒脱、浪漫。

如果不装，不把自己流落荒野这一情景营造成一个以天、地作为舞台背景的剧场，把自己连一个住的地方都没有的处境造魅成一场在天地之间的浪漫演出，那就一点儿都不好玩儿了。

在媒体的描述中，睡在立交桥洞里冻得瑟瑟发抖的无家可归者就很不好玩儿——至少在我们看来，他们一点儿也不浪漫。

就心理强大来说，我们面临的最大一个问题，就是在他人一上台，调动各种资源、各种象征符号表演，解释最有利于他的游戏规则时，立马就被一种剧场心

理攫住。

这是灾难性的，你在心理上进入了一个剧场，但主角并不是你。

前面说过，装的本质是虚弱。如果能够足够冷静，在我们被置入一个舞台设施时，绕过它的前台设置，从后面和高处看一下，这一装的情境在心理上就被我们超脱。

想象一下，假设在一块平地上有人搭了一个大的台子，有背景设施，上面有人在慷慨激昂地发表演讲，面前有观众在津津有味地看着，如果你也是观众的一员，在心理上就会浸入演讲的情境中，视表演者的演讲内容，你或感觉到激动，或感觉到愤怒，或感觉到未来的无穷希望……总之，你产生了剧场心理。但是，假设你身处高处，在一边静静地看着这一幕：一帮人正坐在舞台设施前听一个人演讲，演讲者有什么样的表情和肢体动作，下面的观众随之便有特定的反应——你就会觉得有点儿荒谬可笑。你会感觉到，这是一套把戏。

同理，如果你能够在一开始就明白，一个人全身名牌，其实就是一种表演的装备；一家酒店装修得富丽堂皇，就是在进行一种舞台设施的布置，你就不会在心理上被这些人、这些舞台设施震慑住。

在智力结构上你凌驾于装饰的一切之上，看穿它们的虚弱，你就不会自卑。

很多年以前，我曾经有一次思考装饰的经历。某一天，由于给老师干活儿，他请我和其他几个同学去一家豪华酒店里吃了一顿饭。两天后，我坐公交车从一个城市的郊区到市里，突然想到了这样一个人们不视为问题的问题：为什么人们会认为一座房子是豪华的或寒酸的，它们不就是些建筑结构、颜色、材料、形形色色的装置、摆设的区别吗？而这些东西的不同，为什么就能让一座房子显得有气势，对人有心理上的震慑，而另一座却没有？

看着窗外的农地，我突然顿悟：那些看起来豪华高档的房子，其材料不最终都是来自于那些被视为低贱的泥土吗？它们不就是那些被视为低贱的农民工建造和装修出来的吗？

驱散装的剧场气氛，把一栋建筑、把一个人区分为高档低档，实在有些滑稽。

问题的本质是，这类装完全建立在脆弱之上。

当我想到城市只是在一片野地里弄出来的庞大的钢筋水泥丛林，水泥地面、草坪这些装饰下面就是泥土时，我差点儿笑了。一个区别于与泥土联系在一起的农村的所谓高档生活区，不过是人类对地球的鼓捣，但人们却都习惯了装模作样。换言之，人类对地球的鼓捣就像一个小孩儿玩积木游戏。但只要地球稍一发怒，来场地震，这些高档的建筑都不堪一击！

所有那些平时让我们显得虚弱、自卑的人和物，其实并没有什么强大的。真正强大的，是人的理性思维能力。如果我们看穿了一种东西的本质，并且，引发或带动了情绪，使情绪携带着我们的认知进入了心理结构，那么，就能促进心理结构的改变，我们就可以在心理上变得强大。

头脑有什么样的认识，心有什么样的状态，我们就真正得到了改变。

以我上面的经历为例，我们分析一下，如何做到这一点，这里面有什么样的心理机制：

（1）当我认识到城市和乡村仅仅是人类鼓捣地球的不同结果，在这一状态中，我仅仅具有认知优势，而没有心理优势，也就是说，我的心理结构还被限定于那个关于高档低档之别的社会价值排序里；

（2）当我笑时，发生了什么？这意味着我感觉到了人类装饰的荒谬和虚弱。这个时候，我的情绪已经被引发；

（3）当我集中精力保持思考，有恍然大悟之感，同时情绪也继续保持时，情绪就开始携带我的领悟，渗进我的心理结构的表层；

（4）领悟越深刻，引发的情绪越剧烈，渗进心理结构的能量就越大，它就越能真正改变我！

（5）假如我的心理结构得到了改变，那么，头脑的优势就变成了心理的优势，头脑的强大就意味着心理的强大！

只有思考引发了心的体验，我们才算是真正理解了某个问题。无论是就看穿装而言，还是在其他的事情上，我们要得到改变，就必须把对问题的领悟转变为心的体验。

第九章

对抗不确定性，重建我们与世界的关系

导读： 在这个时代，对我们来说最困难的，就是一直坚持做一件事情。原因有两点：一是一个人坚持做一样事情，在社会浮躁、变化很快的情况下，有和社会"脱节"的心理后果，这是很多人恐惧的；二是做一件事情能否成功，或能否取得标志着成功的利益，在风险和变数很多的情况下，很多人已经失去了心理预期。我们被抛入了一个充满变化的世界，只能被社会的潮流裹挟而走。

1. 人最害怕的并不是将来要发生什么，而是不知道要发生什么

导读：一个铁的心理法则是：如果一个人知道未来要发生什么，他还可以把握，可以控制，可以应对。但是，如果他不知道，对可能要发生什么没有一个预先的心理防护，他就只能被焦虑淹没。

无法确定一个敌人的存在，比存在一个确定的敌人更可怕

1927年，精神分析的祖宗弗洛伊德迈向了生命的暮年。他写了一本书，说宗教是一种幻觉，然后送了一本给法国作家、1915年诺贝尔文学奖获得者罗曼·罗兰。

要交代一下，此罗兰不是那个喊"自由，自由，多少罪恶假汝之名以行！"的罗兰夫人。那个罗兰夫人是在1793年法国大革命时期喊出那句著名的口号，并被处死的。她之所以叫罗兰，是因为她的老公姓罗兰。

罗曼·罗兰是上帝的粉丝，感觉非常不爽，于是便写了一封信给弗洛伊德，说宗教的感觉并不是幻觉，它有如"大海般的浩淼"，暗示弗洛伊德理解不了就不要乱说。

弗洛伊德看了信后哈哈狂笑。两年后，在一本新书里，他说宗教信徒都是些在心理上还没长大的小屁孩儿，他们需要一个上帝，就像小屁孩儿需要一个父亲一样。

在世界思想史上，有几个打击宗教最厉害的人：马克思，德国哲学家费尔巴哈，英国哲学家罗素和弗洛伊德。但前面三人打击宗教是从哲学和政治的角度，不像弗洛伊德，是从心理动机下手。

我个人不想对宗教做出评价，有信仰的人始终是幸福的。需要指出的是，从

心理分析的角度，弗洛伊德说对了一点：如果没有一个上帝，很多人将无法独自生活。

不要以为只有基督教、伊斯兰教、佛教、道教等才叫宗教，民族主义运动、时尚购物、娱乐、追逐金钱、自恋、爱情等，都具有宗教的心理功能。正如弗洛姆所说，一个人的上帝不一定是那些抽象的人格神或非人格神，也可以是一尊雕像、一个明星、一堆金钱、一幅画像。

人需要一个上帝，有时候也非常需要一个敌人。如果说人对上帝有一种"先验渴望"，那么对敌人同样如此。在这个世界上就有那么一个国家，从诞生的第一天起，一直到现在都需要一个敌人。没有一个敌人，或者无法确定敌人在哪里，它就会陷入神经性紊乱，不知道自己是谁。

这个国家是美国。

从建国开始，美国的敌人就没有断过。开始是英国，后来是德国，再后来是苏联，现在则是朝鲜。找不到对手，美国就会拔剑四顾心茫然，找不着北。

我估计除了那些喜欢喊"自由"的口号，骨子里却深得红卫兵真传的"一夜美国人"之外，大多数人理解这一点费不了几个脑细胞：当你有一个对手时，你想到的就是如何打造自己的实力把他打趴下，如果没有对手存在，你的力往哪儿发？

对于美国来说，一旦失去敌人这个目标，就会同时陷入两种焦虑：

（1）没有了攻击和防御的对象，那就意味着自己在明处，彻底暴露在一个躲在黑暗之中的敌人的面前，而且根本无从防御。

"9·11"之后的一段时间，恐怖主义为什么那么让美国人害怕？就是你根本不知道恐怖分子在哪儿，他又在何时何地搞恐怖，而这样一来，在心理上就没有一个地方是安全的。

（2）美国打造自己的实力，本来就有一个预设，那就是为了战胜敌人，失去了敌人，一拳打出去就是虚空。如果要从别人眼中才能知道自己是谁，又该怎么做，那么，只要别人不存在，自己就会被虚无包围。孤独求败是美国无法承受的生命之轻。

对于美国来说，无法确定一个敌人的存在，比存在一个确定的敌人更可怕！

一个人躲在暗处，就是利用不确定性的杀伤性武器对付别人

考察我们的精神是否正常有一个方法，就是看他人的痛苦能否引发我们的痛苦感受。因为，一个人的痛苦就逻辑而言往往说明了我们在"存在"和社会上的处境，他的命运代表了我们的普遍命运，只不过，他比较倒霉，属于大家的命运集中地体现在他身上而已。

如果我们在他人的痛苦面前完全无动于衷，那就证明，我们和自己的人性，和我们的存在，都割断了联系。

所以，下面这个真实的故事，其实是所有人的故事。不同的是，我们的故事是另外的版本。

有一个电话业务员，被一种他叫做"拖延症"的奇怪的东西折磨了三十年，人不像人，鬼不像鬼。

他的症状是：做什么事情，只要不是让人感觉到享受的事情，总是一拖再拖，总想等到一个时间点再做。在这个时间点之前，心里非常轻松，而且相信到了那个时间点后就会去做，并会做得很好。但离那个时间点越近，他就越焦虑……最后，当那个时间点终于到来时，他马上又会再找出一个理由把这个时间点推后。然后，在一种极为沮丧但又再次轻松的复杂情绪中，他再重复这个拖延的过程。

另外，他可以用极大的毅力去做一些准备工作，满怀激情与希望，可一旦要实际去操作，就会感到非常焦虑。

作为一个主要通过电话和客户联系的业务员，这种"拖延症"让他吃尽苦头。在向我描述这一"症状"时，他说并不害怕客户，客户不可能通过电话掐死他，但就是拿不起电话。他做了大量的准备工作，看了很多电话业务技巧方面的书，但总是无法战胜自己。

他眼睁睁地看着这个"拖延症"把自己拖入地狱。他认为，如果没有这个病，凭他的智商，应该会比现在的境况好上不止十倍。

在解决办法上，他曾经祈求神佛给他力量，但没有一点儿用。他沮丧地承认，神佛似乎只帮助那些行动力强、意志坚定的人，他则是它们抛弃不管的垃圾。

上帝只救自救的人。我点上一支烟，在烟雾缭绕中，我看到了他对未来不知道要发生什么的巨大恐惧。

他设置一个时间点,就是把自己和这个时间点之后的未来隔绝起来,在心理上获得保护。在这个时间点到来之前,他是安全的。而当它真的到来了,他的恐惧感又促使他设置一个新的时间点,从而又用它来维持自己的安全感。

问题的要害并不在于他害怕未来发生的是什么,而是不知道会发生什么。假如知道了时间点过后是什么样的灾难性事件,也就是说,如果他确定了将有什么事情发生,并且告诉自己可以承受,"拖延症"也就消除了。

一个铁的心理法则是:如果一个人知道未来要发生什么,他还可以把握,可以控制,可以应对。但是,如果他不知道,对可能要发生什么没有一个预先的心理防护,他就只能被焦虑淹没。

电视剧《亮剑》里,李云龙之所以打仗那么厉害,最重要的原因就是利用了不确定性,使之成为一把砍向敌人的武器。他并不按常理出牌,以致敌人对他要干什么无从预测,无从应对。

电影电视里经常有这样的镜头:A是一个警察,B是一个黑社会老大,A的兄弟被B杀了,追捕B到了一个废弃的厂房里。B躲在暗处,A在明处拿着枪东指西指,仔细搜索着B。B奸笑两下,只是在一边挑逗A,就是不敢像个男人一样光明正大地对决。这把A激得狂怒不止,声嘶力竭地喊:"你TM给我出来!"

我敢保证,即使B没有杀A的兄弟,在那个时候,A把B撕成碎片的心都有。躲在暗处挑逗和威胁一个人,这是一种无与伦比的心理折磨,比杀了一个人还要难受,因为这把他置于羞辱和不确定性的巨大威胁之中。有一个可以确认的对象,一个人就可以做出攻击的反应,但是,假如这个对象消失,无从捕捉,他对世界做出反应的那个神经中枢就陷于瘫痪了。而狂怒,就是在抗拒这一神经中枢瘫痪的过程,是一个人本能的心理保护。

知识的一个重要功能,就是用来驯服不确定性

不确定性这个可怕的幽灵,在人类还住在原始草棚的时候就被捕捉到了。它主要表现为自然的喜怒无常，经常以火山、地震、打雷、下雨这类艺术表现手法吓唬人类。

为了逃避不确定性，人类想出了一个法子，敬畏它，贿赂它，从而在心理上安慰自己，确信自然的那帮神灵鬼怪好歹会看在自己孝敬了它们的面上，不加害自己。于是，在人类历史上，第一次出现了宗教、知识这样的东西，出现了现代知识分子的祖宗—巫师。

巫师是干什么吃的？就是利用他的那套"知识"来沟通人和神灵鬼怪，在人和外部世界之间建立起一个确定的关系和结构。知识的本质是什么？就是用来驯服不确定性。只要你对某一样东西具有知识，不管你是否真正搞懂了它，但至少在你的精神结构深处不再是混沌一片，而在心理上，你已经可以对它有所把握，有所应对，有所防御！

所以，罗素说，西方人在处理不确定性时采取了三种方法：神学、科学和哲学。

神学从来不会谦虚，所以上帝被设定为全知全能全善，只要一个人得到上帝的爱，对付不确定性似乎小菜一碟；哲学呢，主要是澄清思想和逻辑混乱，在最基础和最终极上探究世界的真相，号称是人类智慧的最高殿堂，一般人不喜欢玩，也玩不了；比之它们，科学好像很牛×，因为它看到了支配自然的很多规律，而且会产生巨大的物质力量。所以，阿基米德才会那么自信，说只要别人给他一个支点，他就可以撬动地球。

但在近代以前，科学还很弱，驯服不确定性的神圣伟业，主要还是宗教和哲学在干。

可是自从出现一个牛顿，从一个苹果的下落运动中看到了万有引力，进而又用经典力学理论建造了一座近代科学的大厦，情况就不一样了。人民群众狂热了，因为他们居然发现，科学的很多理论，居然可以造出蒸汽机、电灯、照相机、汽车、飞机这些此前永远无法想象的神奇玩意儿。

而科学家们也狂热了，科学对工业革命、社会进步的巨大推动让他们觉得，这个世界根本就没有什么不确定性，一切都在科学规律和原理的掌控之中，人类唯一要做的事情只是去认识这些规律，掌握这些原理。他们鼓吹，这个世界其实就是一个密密麻麻的因果关系网络编织出来的复杂结构，只要在这个结构里确定了某一点，用因果关系一推，另一点就可以得到确定。法国科学家拉普拉斯就曾经夸下海口，山寨了一把阿基米德，说只要给他一组科学定律，他就可以知道宇宙在某一时刻的状态。

科学好像变得比上帝还要伟大，变成裁决一切的标准，就像古希腊神话中的那张"普罗克鲁斯特斯之床"。在这张标准床上，你长得比较长？不好意思，超过了床的长度，得把脚砍掉。长得比较短？同样SORRY，得把身体拉长一些。对于科学来说，巫术、民间信仰、气功、养生之类统统是迷信，非常愚昧的东西，因为它们没有"科学依据"。现在，就连保障了中国人健康几千年的中医，在伟大的打假斗士方舟子同志看来，那也是伪科学，因为它不符合西医的那种"科学标准"。

在科学的狂热中，连犹太三巨头之一、科学巨人爱因斯坦也未能免俗。他有一句名言："上帝不玩骰子。"意思是，这个世界是确定的。

但是，爱因斯坦话刚刚说完，丹麦物理学家玻尔就冷嘲热讽说这纯粹是扯淡，很多东西不过是概率而已。玻尔同一个战壕的战友，同是哥本哈根学派的物理学家海森堡更是玩了一个"测不准原理"，把经典物理学的那座大厦给撼动了。

"测不准原理"说的是，当我们要观察一个微观现象下的东西时，我们要借助于仪器。可是，仪器和我们要观察的东西会发生相互作用，从而改变那个东西的状态；那么，我们看到的也就不是那个东西，而是我们的仪器和那个东西相互作用后的新东西。推下来，在现实世界，我们的活动状态，会改变我们要去观察的东西的状态。比如，十年后的你，再看一眼你十年前看到的东西，结果绝对不一样。就是人与人之间都是如此，当你无意识地给了别人一个伪善的表情，就已经改变了他心里对你的态度，你还想他对你很真诚？

真理是需要恶狠狠地说出来的：在本质上，我们的一生几乎被不确定性所包围。很多东西之所以让人感觉是确定的，那不过是因为我们在精神结构上、心理结构上为自己穿了上防御不确定性的衣服！

有了防御最多是恐惧，而没有防御，则是比恐惧更可怕的焦虑

前面已经说过，不确定性对于我们来说是一个巨大的心理威胁。但我们当然不会乖乖就范，坐以待毙。

现在让我们先思考一个问题，当我们在黑暗之中看到一个恐怖的黑影时，为什么第一感觉就是它是"鬼"？

你可能认为，那是因为我们有一个"鬼"的观念，一闪而过的恐怖黑影有点儿像鬼。我要说，这么回答在逻辑上错了！我们更有"人"的观念，为什么不把这个黑影感知为一个人？问题的实质不是在描述一种与某种观念对应的心理感觉，而是要对某种心理倾向的原因做出解释。

让我们再想一个问题：从古至今，人们遇到某种他们无法解释的神秘现象时，总是本能地将它认为是神仙或者魔鬼所为，总之是一种神力或魔力，为什么？

这两个问题一结合，这样一个惊天秘密就昭然若揭：原来，我们在这个世界上生活，先验地具有一个"自我—对象"的精神结构，我们一定要把"自我"之外，而对"自我"有影响的东西瞬间纳入到结构之内，变成确定的一个对象—无论这个对象是人还是鬼！

在这里我简单地讲一下"自我—对象"的精神结构是什么意思。精神结构说穿了就是心理上、智力上沉淀到了心灵深处的N多内容，它是一个黑暗的容器，储存有我们心中最隐秘的指令。当它要驱动我们这架机器时，就通过心理和大脑、动作反映出来。而"自我—对象"这样的一个结构，其实就是在确立我们和外部世界的关系时，加上了一个方向。这个方向或者是单纯由我们指向外部世界，或者单纯由外部世界指向我们，或者这种指向是相互的。

"自我—世界"这样一个结构性关系在哲学上叫作"主体—客体"结构性关系，看起来高深莫测，其实没有必要紧张。

在这里，我们看到，当力是由人指向外部世界时，他就有力量感，因为这个时候他是主体；而当力是由外部世界指向他时，他在心理上就会受到威胁，因为这个时候他是客体。前面我们已经讲过，力的方向决定了心理的优势和劣势，而无论力是由我们指向外部世界，还是外部世界指向我们，让我们的心理不崩盘、行动成为可能的前提是，我们得确定一个对象！

所以，当有一个恐怖黑影在我们面前出现时，因为具有威胁性，我们在心理上就必须瞬间把它反应、认定为"鬼"。只有确定了这一点，我们在心理上才能够防御,如果不知道它是什么,防御防线就彻底崩溃。有了防御最多是恐惧,而没有防御,则是比恐惧更可怕的焦虑。

想想,当你在大街上走着时,突然有人在背后猛拍了一下你的肩膀,你的第一反应是不是马上转过头去,做好了攻击对方的姿态,直到发现对方是熟人才放松下来?用本能来解释你的这一反应太笼统,准确的说法是,你的"自我—世界"的精神结构被激活了,外界只要冲撞你的"自我",你就会自动地把它反应为一个可以防御和进攻的对象。所以,当你心情处于郁闷、恐惧之中,有时候来不及反应,"自我—世界"的精神结构有点儿迟钝麻木时,别人猛拍一下你的肩膀,你就会有一种瞬间被恐惧吞没的感觉!

当我们说"自我"的时候,那就意味着必有一个"他者"。就是说,只要我们认为,或感觉到"自我"的存在,也就预设或承诺了"他者"的存在。在这个世界上,仅仅就逻辑上说,很多东西是成双成对的,像真与假、善与恶、对与错、好与坏、大与小,都是这样。你取消其中的一样,另一样就消失了。

人为什么要有一个"自我—对象"的精神结构呢?问这个问题相当于问:狗为什么要有脊梁骨?打断了脊梁骨,狗就瘫了。类似地,瓦解了这个"自我—对象"精神结构,人就退回到了动物状态。它是人在这个世界上生存的先天性配置。

按《圣经》的说法,人有一个"我"的意识,能够识别善恶,偷吃了禁果,那就被逐出了伊甸园。这是非常形象而深刻的隐喻。什么意思?就是说,人原本和世界是完全融合在一起的,他是世界的一部分,没有"我"和"对象"之分,其乐融融,但是,人一旦有一个"我"的意识,那就从世界中分裂了出来,世界成了他的观察、认知、欲望的"对象",这样,也就产生了知识。他和世界之间就有了一个"自我—对象"的结构,也就是"主体—客体"结构。

不跳出庐山,是看不见庐山的真面目的。"自我—对象",或者说"主体—客体"结构不发达是中国传统文化的一个特征。在古代,我们老爱讲什么天人合一,把人和自然一锅煮,没有为科技的发达、对世界的探索准备思维工具和精神特征,导致近代吃尽苦头。其实,如果人和世界的关系还那么暧昧不清,不用一个"主体—客体"结构在认知上拉开距离,说不定我们都还在树上,哪会有什么电脑、汽车?

现在已经明白了，"自我—对象"的精神结构就是老天为让我们防御不确定性的威胁而精心打造的一件防弹衣。问题在于，从外部世界射向我们"自我"的子弹太多了，而世界本身也变动不居，充满不确定性，它最多也就相当于黄蓉的那件软猬甲。特别是，我们对很多东西都很无知，对于"未来"更是没有一个确定性的把握。所以，假如子弹是从这些地方射来的，就可以轻易地越过我们智力结构的防御阵地，直捣心理结构，我们将成为焦虑的猎物。

以做出一个选择为例。假如有一位年轻而有点儿姿色，但出身于农村的女子Q，同时认识了两个男人，一个是J，富二代，花心，对她不冷不热，在和她交往时，他同时也和别的女人交往；另一个是K，穷二代，普通打工仔，长得较帅，在和她交往时，没有和别的女人交往。假定如果Q选择他们的话，J和K都会做Q的男朋友，甚至会和她结婚。请问Q应该选择谁？

尽管Q比较拜金，但除非她完全没有大脑，否则不可能不出现选择的焦虑。如果选择J，她当然会感觉到可以改变命运，这是很多灰姑娘所向往的。但问题是，这个选择充满了风险，因为非常有可能，J在和她玩一段时间之后，就会把她给甩了，她的家庭和J根本不门当户对，这样，她的资本会遭到一定的损耗。即使她和J结婚，也存在着J在以后出现婚外情的可能，这样的婚姻所带来的痛苦，显然是无法用金钱来补偿的，而到那时，她容貌的资本已经损耗殆尽了。

选择K呢？同样充满了风险。K可能只是无聊或暂时找不到多金的女人时和她玩玩。就算结婚，也不排除她会和K贫穷一生，并且K还不懂得疼爱她，而在外面吃喝嫖赌的可能。

换言之，无论Q选择谁，未来都充满变数和风险，她无法预先确定选择谁是对的。这种选择更像是一场赌博，而一旦把自己押上去，往往就输不起，搞不好血本无归。

事实上，现代社会就是一个风险社会，每一个人的选择都会直接或间接地影响到别人的选择和选择的后果。所以，不仅买彩票、炒股等是经典的赌博，爱情婚姻、生意买卖、人际博弈、交朋结友，都是赌博。

只要"现在"能够给我们安全感,我们就害怕未来

只要"现在"没有让我们感觉自己一败涂地,我们就不总是有勇气去拥抱未来可能发生的任何事情。对于充满了不确定性的未来的害怕,源于我们对"现在"的眷恋。

有个网友告诉我,他有一种"对成功的恐惧"。让我们洗耳恭听:

我总是在一件事情快要成功时,内心就会产生一种情绪和理由让自己放弃,或者亲手把已经做出的成绩搞砸,然后"理所当然"地放弃。

我发现自己对成功之后随之而来的压力和责任感到恐惧!

举三个例子来说明:

(1)最近我打算做一个成人教育演说家培训,自己先去做了一天市场调查,结果还不错,第二天我再去做市场调查时,自己突然有了一种恐惧感,不敢再去调研,内心有一种情绪在让自己放弃。

当我调研结果不错时,大脑里就开始产生这些想法:如果调研反映不错,我就需要去找合作伙伴,我从来没找人谈判合作过,如果我表现不好,被对方取笑怎么办?即使合作伙伴谈成了,如果我课程内容没研发好,被客户取笑怎么办?被合作者取笑怎么办?如果因为我没做好,合作者跟着我受损失怎么办?这些想法从我大脑里跳出来,阻止我继续调研下去。

(2)这种行为也表现在追女朋友上,每次当双方发展得顺风顺水,快到进行质的变化时,就会不自觉地给自己找理由减少和对方的联系,比如"今天很忙,明天再联系她"之类,一拖就拖一两个月,然后对自己说:"都这么长时间没联系了,没有可能了,算了!"

或者,快到进行质的变化时,自己的自信就开始动摇,原先那种果断、自信、幽默、主导一切的气势就会消失,开始变得缩手缩脚、瞻前顾后,让对方原先跟自己在一起的那种安全感消失……

我们一眼就可以判断,同时存在两个因素,一是他之所以对"成功"这样恐

惧，是因为根本无法确定可以把握到的"成功"会给他带来什么。他抗拒成功，其实就是要保有他在内心里根本不想改变的"现在"。比之"成功"后自己不知会变成什么样，"现在"在心理上是最安全的；二是他实际上对"成功"并没有真正的自信，对事情万一搞砸没有一个心理准备。

另外，不排除还有一个很重要的原因，就是他并没有真正想清楚，他要做的那件事情是不是他想要的。如果他尚存犹豫，在他快要做成时，内心里的声音就会阻止他，使他恐惧于"成功"的到来，从而找各种理由放弃。

无论我们得到还是失去什么东西，一堆钱，一个工作机会，都是"现在"的产物。于是，因为利益和现实的社会结构是同构的，我们的心理结构就会和现实的社会结构同构，"现在"就不仅仅是我们生活的外部环境，而是变成了我们心理的一部分，它的秩序构成了我们的心理秩序。所以，如果一个人认为他的"自我"已经无法挽救，从而要埋葬这个"自我"，他就会砸烂"现在"；而如果他无限眷恋他的这个"自我"，砸烂了"现在"，他的心理结构就会崩盘。

年轻人为何乐于"反叛"，就是因为他们的"自我"并没有和"现在"完全同构，没有完全捆绑在一起。相反，他们一直感觉到"现在"的压迫和束缚，所以不仅砸烂它毫不痛惜，而且会感觉到"自我"的力量；而中老年人的心理结构（及利益结构）已经与"现在"嵌在一起，砸烂现在，无异于砸烂他们在心理上拥有的一切。

一个人成为宗教极端分子和意识形态的暴徒，秘密并不在于他所信仰的宗教和意识形态鼓吹暴力，而在于他在寻求信仰的庇护时，彻底埋葬了那个破败不堪的"自我"。做一个宗教和意识形态的温和者，他就总会和"过去"有所联系，从而总会认出过去那个必须遗忘的自己。这一灾难性的联系使他很难在心理上确信自己已经重生。

而且，对于他来说，未来的不确定性从来不构成一个问题。宗教和意识形态教义早已为他描画好了犹如天堂般的图景，他需要的只是聆听上帝和真理的声音，并完全投身进去。我在前面已经说过，这类人在心理上强大无比，他在那一刻灵魂附体，不会出现对"未来"的任何担忧和焦虑。

没有谁比这类人更生活在"未来"。由于要断绝"自我"与"现在"的任何联系，对于他们来说，完全只存在于想象中的"未来"反而比"现在"更为真实。

与之相比，一个金钱和"成功"的信徒，哪怕对未来也怀着无限的热望，但却总是难免受到不确定性的袭击。金钱和"成功"的教义只会引诱和许诺，却无法言之凿凿地以真理的名义给他提供一个确定的未来。他无论想获得金钱，还是想获得权力、地位上的"成功"，都只是在进一步包装自己，并没有在心理上和"现在"断绝关系。

　　一个虽然贫穷但已经认命的人，不会对未来产生任何希望，他的心理结构已经和既定的社会现状牢牢地嵌在一起，对现状的任何改变都可能让他在心理上风雨飘摇。同样，从社会中牟取了巨大利益的富人也害怕任何改变，因为他的利益和既定的社会政治经济秩序紧紧地捆绑在一起，而他的"自我"恰恰又是他的地位、身份等东西打造的，触动现状等于要了他的命。

　　有很多人生活在"过去"，那是因为对于他来说，"现在"是一个不堪忍受的心灵地狱，而未来的不确定性更像是在前进之路上埋下了无数的陷阱。和它们相比，过去已经得到了确定，而且，时间的距离给它披上了一层美和温情的面纱，生活在"过去"，他在心理上就没有任何威胁。生活在"过去"的本质，就是在心理上把"过去"置换为"现在"。

　　大多数人永远在"过去""现在"和"未来"这个时间的连续性中摇摆。一个无法彻底砸烂和抛弃"现在"的人，在心理上随时都向"未来"打开，从而，随时都把自己置于不确定性的威胁之下。

一个人越是不敢面对自己，他就越会去"关心"别人

　　不确定性对我们的威胁在生活中有诸多表现，比如，做事犹豫不决、焦虑、患得患失、软弱无力、恐惧、茫然无措、空虚无聊、懦弱、随波逐流，感觉在社会大潮的裹挟中，身不由己地跟着走。这些都是心理弱小的表现。它们表明，在"自我—对象"这一精神结构中，我们的"自我"或者无法确定一个对象，或者在这个对象面前非常无力。

　　不过，在讲如何对付不确定性的威胁之前，我们要先深层次地剖析人类的

一个悲哀现象：为什么小人总是能成功地对君子下手？为什么一个好人总是很受伤？像德国哲学家康德所说的，为什么有德的人未必幸福，而享福者实多恶徒？假如我们不想在人性和道德的层面杀死自己，那在这个险恶的世界上，又如何保护自己？

法国思想家帕斯卡说过一句好像很绕口令的话："社会的疯狂竟然如此不可避免，以致一个不疯的人不得不以疯狂的形式来证明自己并没有发疯。"什么意思？翻译一下就是：虽然从逻辑上讲，几亿人在精神上有病，也不因为人多，就可以把这种有病说成是正常。但是在社会的意义上，还真是有理就在人多，有理就在声高。大多数人如果有病的话，他们一定会认为恰恰是少数头脑正常的人不正常。所以，为了证明自己是正常的，一个人就只有和大多数人不一样：好，有病你们说是正常，正常你们说是有病，那我就干脆看起来像个疯子，和你们区别开来！

这听起来像是文人似的赌气。所以弗洛姆赶紧接着说，精神病人其实恰恰是最健康的人，因为他们并没出卖自我，只不过要抵抗的现实太强大，他们在捍卫自我的斗争中失败了，后果就是精神病。而所谓的那些"正常人"，恰恰是病得最严重的人，他们的"正常"，也不过是能够按扮演的社会角色的剧本演出罢了，但假如能够有一个X光透视他们内心的话，他们一定是个食人部落的野蛮人。

不错，有很多人身体是活在"文明"的现代社会，但在心灵上，他们仍然没有进化。不要以为很多人能够用"文明"的那些礼仪包装自己，他就真成文明人了。在德国人那儿，"文明"其实是一个贬义词，泛指那些虚伪、矫饰的装点、玩法。中国人曾经对一样东西很熟悉："文明棍"（手杖，旧时西方的绅士平时喜欢拿一根精致的手杖以示风度和身份，与他们笔挺的身姿和礼服相应，成为西方绅士的招牌形象。——编者注）。

要把这一点挑明了，临床上的神经症患者，其实大多数是些内心中对别人没有攻击性的人，比如，像有抑郁症、焦虑症、强迫症的人，就干不出有事没事都伤害别人的行为。央视著名主持人崔永元曾经承认自己有抑郁症，这人就没有攻击性。

而比之神经症患者，很多所谓的"正常"人，内心就很阴暗，或多或少对别人都有攻击性，一些人甚至是彻头彻尾的人渣。长舌妇们为什么喜欢嚼舌头？

就是她们感知到自我无足轻重，只有通过说别人才能逃避那个无价值的自我。一个人越是不敢面对自己，他就越会去"关心"别人。他被自己或他人败坏得越严重，对外就越具有攻击性。

和对外是否具有攻击性对应，一个不肯出卖自我的人，在外界的压力下容易得临床上的神经症，甚至精神病，而一个喜欢出卖自我的人却更多的只是心理变态和人格障碍。告密暗算、杀人放火，像这类事情，一般都是心理变态者和人格障碍患者干的，而这些人在社会而不是精神的意义上，看上去好像都挺正常！

为什么好人得神经症，而坏人心理变态呢？

要揭秘这一点，我们就必须知道神经症的本质是什么。它就是人的内心冲突。换言之，就是两个"自我"在打架，一个是理性层面、现实层面的那个"自我"，一个是人性、道德层面的那个"自我"。人性、道德层面的"自我"要干的事情就是，监督、审判并惩罚理性层面、现实层面的"自我"，不让它蠢蠢欲动去干坏事，甚至干坏事的念头都不能有。

假设有两个人A和B，前者是一个在道德上有原则的人，而后者唯一的原则就是利益，一起到了一家公司。大家知道，江湖险恶，只傻傻地干好活是不行的，一个人要上位，很多时候还要学会察言观色、主动献媚、加入一个圈子，甚至暗算别人。

对于A和B来说，他们理性层面、现实层面的"自我"面临的处境是一样的，都要正视现实。但是，如果为了上位，要A像一条狗那样去演戏，向领导主动献媚，甚至去暗算别人，他会觉得这违背了他的为人准则，这种事情绝对做不出来。我们可以说，这个时候，是他人性层面、道德层面的"自我"阻止了他那样做。如果他非做不可，就会遭到人性层面、道德层面的"自我"的惩罚，内心里会有一种声音告诉他，这是在出卖自我！而如果他要拿自我去交换利益，无论获利多少，都不能挽救自己人生的失败。内心冲突越严重，人性层面、道德层面的"自我"对他的惩罚就越严厉。

看到没有？一个有道德原则的人，内心冲突很剧烈时，他对自己的惩罚就越重。也就是说，当一件事情让他出现生命的挫折时，他攻击的对象是自己！在心理上，其结果就是他不能将那些导致自己得"病"的东西，通过攻击性的语言和行为发泄出去，从而越积越多，导致了神经症。这就是为什么越是善良的人，在某些事情中越不会怪别人，而是斥责、痛恨自己的原因！

但对于没有道德原则的B来说，情况就完全不一样了。他从一开始就已经杀死了人性和道德。在干这些事情时，他并没有内心冲突，出卖自己时毫无心理障碍。

他不能逃避的，只是被杀死的人性仍然在内心深处复活，并且严厉谴责他。按照存在的规定性，一个人是不能这样干的，所以，他会产生自我憎恨，恨自己居然把自己弄成了这样。可是，这种自我憎恨不能让自己感觉到。那怎么办？恨别人！所以，这类人只是心理变态，而不是得神经症！

对于一个善良的人来说，攻击别人是一种罪过；但对于一个没有道德感的人来说，攻击别人不仅是一种乐趣，而且是一种自我救赎的方式。前者来到这个世界上，好像是时时用道德来监督自己；而后者在这个世界上，似乎就是为了攻击别人而来。

问题是，一个有道德感的人、一个喜欢攻击别人的心理阴暗者，和不确定性这样的东西怎么扯得到一起呢？

有道德意味着什么？意味着他谨守社会的道德规范，并用它来约束自己。也就是说，只要你确定了一种道德规范，比如应讲诚信，那么，你在和一个讲诚信的人交往时，基本上就确定了他的行为，他只要向你借钱，那么，还钱是肯定的。但是，如果一个人没有道德，那还钱不还钱就不是一件确定的事情了，他的行为，已经超出了诚信这个道德规范的控制范围。

虽然这已经不是多"子曰"几下就能忽悠人的年代了，但有一句"孟子曰"还是挺有道理的，可以搬出来用用：没有道德，人就"异于禽兽者几希"。问题只在于，在遵守道德规范时，一定要注意它在心理上的深远后果，那就是会让你在和别人相处时，一定程度上解除了心理防御的武装，暴露在他人的火力之下。好人吃亏，就吃亏在这点上！

比如信任。请想一下，当你信任一个人的时候，这对于你的心理状态来说意味着什么？意味着你的心理结构对于他是开放的，你的自我暴露在他的面前。

当我们对一个人主动表示好感，但他却冷漠地对待我们时，我们为什么会恼羞成怒？或者，为什么当我们对一个人寄予希望，而他却让我们失望时，我们为什么有点儿恨他？这类心理现象，根本就不是一句别人不给我们面子就可以得到解释的。我们单方面地对一个人投入好感，投入希望，意味着我们已经主动地和他建立了一种不对等的互动关系，我们暴露了真实的自己，而他的自我却完全是隐藏的，因为这种自我暴露，我们处于心理的劣势。所以，我们迫切希望他也能投桃报李，回以好感，满足我们的希望，如不能做到，至少要表示抱歉之类，从而平衡不对等的互动关系。一旦不是这样，我们就会感觉到一种羞辱、发怒和恨，就是以对他进行攻击的方式，来对我们居然愚蠢地暴露自我，主动和他建立一种不对等的互动关系进行强烈的反弹。而恨他，实际上就是在恨我们自己。

所以，当一个人向你表示好感时，虽然不需要表现得受宠若惊，但回以谢意和友好是必要的。而当你的亲人、你的领导、你的朋友对你有所希望的时候，那就要争取不让他们失望，即使你无法做到，也要显得你很在乎他们的希望，并已为此而努力。

有道德感的人不仅在和他人相处时容易成为他人的靶子，他对外界还缺少进攻性。这两个弱点使他更多的是一个受伤害的人，而不是一个伤害别人的人。

那么，一个讲道德的人，在一个无德之徒面前是不是应该举手投降了？不，我们并不需要在人性和道德上把自己也杀死，才能保护自己。无德之徒对于我们的优势只是，他做事没有心理障碍，没有底线，而我们却有道德压力，有着原则。通过道德规范，给定一个事情发生，他可以预测和确定我们出什么牌，而我们无法玩这一手，导致在博弈时他在暗处，而我们在明处。所以，问题的关键是，我们必须驯服不确定性。

（1）要保持一个心理的定力。我们在遵守一种道德规范时，总希望对方也遵守，比如，我们讲诚信，总希望对方也讲诚信。我要说，这样做只是在给自己设套，相当于预设了自己可能被伤害的结果，因为对方不讲诚信的可能性根本无法排除，而我们对这种可能性并没有心理上的防御。在这种情况下，我们的受伤其实有一半是自己干的。所以，必须转变观念。讲道德从内心里来说并不是为了得到什么，而是为了人格的完善。它的价值在于我们的行为，而不是行为的结果。

还记得前面我们所说的在街头丢一块钱给乞丐的例子吗？如果丢一块钱下去，只是为了让你感觉到自己是一个有同情心的人，而不是关心乞丐是不是在行骗，你就驯服了不确定性对你情绪的掠动。

（2）在智力结构上一定要超脱人际或道德情境。是我们的内心和行为在遵守道德规范，而不是大脑在遵守！所以，在和别人的博弈中，一定不要被情境淹没，无论别人是否可以把你当成客体，你都要保持敏锐的头脑，把他当成一个客体来分析和预测，正如一个遵守道德规范的人在出牌时可以预测一样，一个道德上的白痴或无赖，他的行为也是有迹可循的。你可以判断他是一个什么人，从他的言行中预测他的行为，并判断哪些是他要做的，哪些可能是假象。做到这一点，不确定性就不可能成为他杀伤你的武器。

2. 越是变化的社会越能制造不确定性，对人的打击也越致命

导读：只要你的心理结构和社会结构嵌在一起，社会结构一动，你的心理就会跟着动——社会结构无序化、混乱，充满不确定性，你的心理结构就同样无序、混乱、风雨飘摇。

一个社会变化越快，人与人之间越不信任，秩序越发混乱，不确定性对人的打击就越致命。

很不幸，我们处于这样一个时代。每个人在心理上都朝不保夕，穷人、中产、富人都不知道未来。

精神分析学家弗兰克尔曾经说过一句非常经典的话：心理事件不过是社会事件的心理层面，而社会事件不过是心理事件的社会层面。社会上有什么风吹草动，都会引起一个人的心理变化；而一大堆人心里面想什么，都会表现出来形成社会现象。比如，很多人在鄙视穷人，于是大家在心里面都觉得钱是个好东西；而大家在心里面觉得钱是个好东西，又会形成社会上的拜金现象。

所以，正如前面我提过的，只要你的心理结构和社会结构嵌在一起，社会结构一动，你的心理就会跟着动—社会结构无序化、混乱，充满不确定性，你的心理结构就同样无序、混乱、风雨飘摇。

千万别忘了，我们今天所生活的社会充满了风险。这个风险重重的社会中，有两个关键的字眼：现代性、转型。

对于社会学家来说，"现代性"是用来理解"社会"到底是个什么东西的普通名词。把一个社会搭建起来，需要些什么？肯定需要制度、秩序、思维、观念这些东西。这些东西一变，社会也就变了。这正像一个人一样，他如果也学迈克尔·杰克逊，皮肤一漂，发式一变，看上去人就变了，就不太像同一个人。不过，有了这些东西也还不够，一个人还需要有灵魂和个性，否则无论变还是不变，他也只是一堆肉体组织而已！"现代性"就是现代社会的灵魂，就是让现代社会具有某种制度形态、秩序、思维和观念的核心逻辑。

破译一下这个逻辑，三个词语：否定、变化、求新—总结成一个字，就是"变"。

否定什么？第一个意思当然是否定传统，"现代社会"本来就是相对于传统社会来说的。在传统社会，很多老祖宗传下来的东西是金科玉律，是不允许质疑的，服从就是美德，不服从就是罪恶。因为对和错，都不是交给人的理性说了算，而是由传统说了算。但"现代性"一来，就发现不对劲，就像鲁老前辈笔下的狂人所质问的："从来如此，便对么？"这样一来，就把传统的很多东西给否定掉了。在新文化运动时期，知识分子们发现孔孟之道不对劲，干脆一把火把"孔家店"给烧了。"文革"时，革命战将们发现土地庙也不对劲，同样把它砸了。

第二个意思，在否定传统之后就进一步了，那就是否定已经存在的东西，否定"昨天"。传统在时间上当然是"昨天"，可是，对于现代社会的人们来说，今天的东西也很快就会过去，在心理上也很快就成为"昨天"。于是，只要是过去的东西，对于我们来说在心理上就没有了意义，要赶快把它遗忘和否定掉，因为，生活在"昨天"，有让人不能跟上社会步伐，被遗忘和抛弃的危险，这样我们将无法体验到自己的存在和存在的价值。

这个"否定"的逻辑非常强大，带来了变化和求新的上瘾。你好不容易看中了一件衣服，穿出来的时候还颇为自信，但过不了多久，你很快就会有焦虑，是不是OUT了？因为市场马上就会推出最新的款式，新款和旧款的时间差越来越短。社会上很多东西，总是在不停地变化和求新，导致你在心理上也如此。"现代性"，就是让你对"变"上瘾，而且是越来越上瘾！

在不停的变化之下，没有一样东西能获得确定性，就算你获得了确定的感觉，在外在变化之下，这种感觉也会马上消失。伟大的无产阶级革命家、哲学家、经济学家马克思在评价"现代性"逻辑对"过去"的否定、拆解时就说："一切坚固的东西都烟消云散了。"

不过，上面我们已经说过，现代社会是有风险的，它变得太快，像科技这类东西，好像什么神奇玩意儿都可以弄出来，但它并不是没有后果，像"非典""禽流感""垃圾围城""核泄漏"之类，都是"现代性"的产物。从逻辑上，你根本无法消除这类东西，因为你消除这类风险的手段就是"现代性"的思维和技术手段。也就是说，你用来解决问题的手段，恰恰就是造成问题的根源。这是社会生活的风险，可称之为外在风险。

还有一种内在风险，就是心理风险。现代社会为什么会出现那么多的精神问题？有心理和精神疾病的人为什么如此之多？就是变化太快，竞争太大，压力太大，背离了人的心理规律。人在心理上当然能够"适应"这样的社会情境，但不好意思，代价是出现神经症、人格障碍、心理变态甚至精神病。天下没有免费的午餐，任何一个社会的运行，都是要支付成本的，心理和精神疾病，就是当代人为这样一个社会付出的成本。

所以，尽管"现代性"在不停地否定"过去"，它并没有为"未来"确定一幅清晰的图景，未来到底是什么样，是恐怖的地狱，还是一个极乐的世界？根本就不清楚，因为它所积累的风险，会参与到对"未来"的构造中。而同时，人造出了很多技术，他生活在一个被他的活动所改变了的世界；反过来，这些技术、这个世界也会改变人，而人最终会被它们塑造成什么样，人永远不会知道。这就是现代社会的特征。而与此相应，人的心理特征是：没有稳定感、确定性，对未来热切盼望，却又心里没底，隐隐有着担忧。

在"传统社会"里生活的古人，社会和心理都有什么样的特征呢？曾经有个老家是农村的朋友对我说,在大城市里工作和生活,压力非常大,人也非常累,很想跑到偏僻安静的地方住一辈子算了。我和他打赌,他最多待一个星期,很快又会滚回城市,因为熟悉了城市生活,农村的那种生活已经和他的心理结构对不上号了,哪怕他从小就是在农村长大的。

果然,一个多星期后,他回来了,说刚回去一两天,感觉非常好,空气新鲜,人与人之间很厚道,全身放松,但第三天开始,他就隐隐有一种焦虑,感觉自己就像和这个社会隔绝了一样,社会时尚和社会进步的大潮在滚滚向前,他只能眼睁睁地看着自己被抛弃和遗忘。这种感觉越来越强烈,于是,他像逃离地狱一样地逃离家乡。

出生于农村、70后以上的人绝对都有这样的体验,在农村,感觉一天非常的漫长,而在城市,时间的流逝却非常快。这种对时间的心理感觉,相当于传统社会和现代社会。它们的区别在于,在不同的社会,人们与世界联系的方式并不一样。

在传统社会,一个人是家族、共同体的一部分,在心理上并不是独立的个体,有一个很少变化的秩序把他牢牢吸住。他和这样的一个秩序在心理上是同构的,生活的秩序不变,他的心理结构就很稳定。他因心理上附着在一个确定性的秩序中而获得了安全感。

但"现代性"对传统社会的那些秩序进行了无情的摧毁。人被从一个他曾经附着的确定性秩序中,和一个他是其中一部分的共同体中剥离出来,抛入到一个陌生而危险的世界。他不再是共同体的一部分,而是变成了像孤魂野鬼一样的社会原子。

在中国,这种剥离有两个阶段:

第一个阶段从五四运动算起,特征是家族和村社共同体慢慢瓦解,一个人好像获得了独立性,不再是它们的一部分了。

第二个阶段从1978年改革开放算起,"单位"不再给人提供全方面的庇护,他的很多需求都要到市场上去解决,人从一个"单位人"变成了社会上的原子。另外,政治、经济、文化、道德等都在进行改变,它们一起被通称为中国的"社会结构转型",就是从传统社会向西方那种版本的现代社会转型。

3. 要对抗不确定性，我们必须重建心灵的秩序，重建我们与世界的关系

导读：对于有洁癖和过分讲究秩序的人，他这么做并不是为了卫生和整齐，而是为了消除焦虑、消除恐惧。外面的世界给他造成威胁，他无法控制，于是便通过一种替代性的方案来挽救自己风雨飘摇的自我。毕竟，在家里，在他的小世界，他还是可以通过由自己打造一个秩序，来获得一种确定性，一种对生活的控制感。

生活在这样一个时代，我们在以下三种情况会与不确定性相遇：

◎**我们干了一件可以影响我们的利益甚至命运的事情，但结果未知时**

请想一下，假如你参加了高考，或参加了公务员考试，在还未录取时，除非你考得太差，或是确信自己考得太好，否则是不是感觉自己被绑到了希望和无望的大火上烧烤？

从内心来讲，在走出考场后，你最希望的就是自己能范进中举。因此，你会暗示自己借助此次考试而一举改变命运。但不幸的是，你并不知道结果，而结果有摧毁你这一希望的可能。这就给你带来了焦虑。

在这种情况下，你要寻求心理保护，告诉自己不要去想结果。如果焦虑很严重，以致对你来说已经是一种残酷的心理折磨，那么，为了维护心理的生存，你就有可能干脆预想自己考得很差，从而确定一个结果，消除不确定性对你的威胁。

这样，一个奇怪的现象就产生了：你本来希望自己考得好的，但在焦虑的驱使下，干脆把它想到最坏，因为这样你可以在心里告诉自己不需要再去想，你可

以解脱了。

◎在做出重要的人生选择时

在存在主义哲学大佬萨特眼中，人有一种"无用的激情"，对人类的希望越大，恐怕失望越多。不过，作为人道主义者，他还是一再提醒，人们一定要意识到这一点：他们没有不自由的自由。这意思是，你铁定是自由的，因为你有自由意志。这么说吧，就算你想把自己变成一个奴隶，那也说明了你有变成奴隶的自由。而且，生活随时都在向你展示多种可能性，有接二连三的选择在等着你，除非你从一出生开始就完全像一架机器一样，有一个神秘的东西在控制你，叫你走就走、停就停，否则你还是有自由，因为你一直在做选择。

从存在上讲是这样的。人这个物种不像动物，他走的不是"专门化"的道路。我们知道，每一种动物都有一种器官非常厉害，比如狗的嗅觉、狼的牙齿、兔子的腿，这种"专门化"使动物能自动适应外部特殊的环境，它嵌在自然的链条中，没有什么不确定性，就像一个开关控制一盏灯一样。

人在这些器官上都干不过动物，他厉害的地方是大脑、是意识。但上帝是公平的，好处哪能都让人给占了。人要为他的"非专门化"付出代价，代价之一，就是他在心理上要感受世界的不确定性，一定要做出诸多选择。

就算是在被迫的情况下，人都有选择的问题，都有选择生和死、吃饭和吃屎的自由。在日常生活中，我们面临的选择就更为普遍，小到穿哪一件衣服，大到在两个各有优劣的工作机会面前，选择哪个工作机会。以后者来说，这种情况让我们非常痛苦，因为在两个工作机会不是那么高下立判的情况下，选择哪一个都有风险，它们到底能给你带来什么，你又会碰到什么麻烦，这一切都是未知的。

◎在社会大潮中随波逐流，感觉无力把握自己的命运

在这个时代，对我们来说，最困难的就是一直坚持做一件事情。原因有两点：一是一个人坚持做一样事情，在社会浮躁、变化很快的情况下，有和社会"脱节"的心理后果，这是很多人恐惧的；二是做一件事情能否成功，或能否取得标志着成功的利益，在风险和变数很多的情况下，很多人已经失去了心理预期。我们被抛入了一个充满变数的世界，只能被社会的潮流裹挟而走。

如何对抗不确定性对我们的威胁呢？

在前面我们讲过，在人与外部世界"自我—对象"或"主体—客体"这一方向性结构中，只要力是由外部世界指向我们软弱无力的"自我"，只要外部世界显得神秘陌生，无从预知，或变得太快，无从把握，不确定性就吃定了我们。要对抗不确定性，我们必须重建心灵的秩序，重建我们与世界的关系。

我们看一下，人们为对抗不确定性都采用了哪些方法。

最常见的一种方法就是攫取权力。在现有的利益分配规则下，权力除了可以带来物质利益之外，还可以给人一种控制他人和局势的快感，这种对人和物的控制，能让权力者产生一种他可以控制这个世界的幻觉。而一个人一旦感觉到他可以控制他的心理情境所置身的那个世界，就获得了一个秩序，他就感觉他能主宰和自己有关的一切，不确定性给他的威胁就消失了。

我无意评价很多人攫取权力的伟大抱负。但必须说，这种对付不确定性的策略在逻辑上是自毁的，而且会有可怕的心理后果，所以，要注意，心态要放好。一个人的权力从来不是独立的，而是深嵌在组织或整个社会的系统里面，他能控制别人同时也就意味着他会被别人控制。处长在他的地盘确实可以威风八面，什么都能摆平，那个秩序由他控制，但是，按照这种逻辑，在厅长以上的官面前，他又把自己投入到了不确定性之中，因为他控制不了什么东西，相反，只能被人控制，他的权力取决于上级的评价，而这是他无法准确把握的。另外，一个人如果要以权力来确立一个秩序，他就会变成一个施虐狂，因为他只有施虐于他人，在心理上才能体验到自己确立了一个秩序并具有主宰地位。

还有一种常见的方法，就是玩洁癖，非常讲究秩序。比如，一个人在家里，一定要把家里弄得一尘不染，什么东西都要摆放有序，整整齐齐，搞脏了一点儿，搞乱了一点儿，他就非常不舒服。

讲卫生和把东西放整齐当然是很好的习惯，但弄得这么夸张，就已经背离了它的目的，而发展成一种心理问题。准确地说，对于有洁癖和过分讲究秩序的人，他这么做并不是为了卫生和整齐，而是为了消除焦虑、消除恐惧。外面的世界给他造成威胁，他无法控制，于是便通过一种替代性的方案来挽救自己风雨飘摇的自我。毕竟，在家里，在他的小世界，他还是可以通过由自己打造一个秩序，来获得一种确定性，一种对生活的控制感的。

这种对抗不确定性的策略当然也不太成功。道理很简单，它是一种逃避，一种鸵鸟战术，一走出家门，这一招就不灵了。

另外，前面已经说过，知识是用来驯服不确定性的，很多人也这样干。在对抗不确定性的战斗中，这是最不坏的一种武器了，因为一个人了解得越多，他对未来的判断就越可靠。但奇怪的是，很多有知识的人，为什么在变化和混乱面前仍然空虚迷茫、惊慌失措呢？

原因有三：

A.他所掌握的那些知识，只是"现在是个什么样子"及"未来可能是什么样子"意义上的，没有涉及"是什么让它是现在这个样子，而又会变成什么样子"这个层面，说穿了仅仅是对世界表层的一种浅显描述，不是对世界本质的深层探究。而世界是变化的，所以情况一变，他的知识就不管用，用知识建立起来的心理秩序就瞬间瓦解。

对未来的预测仅仅是预测，仍然是从外部猜想这个世界的趋势。我们不可能靠预测把确定性嵌入我们的心理结构。

一个人如果希望用知识来摆平不确定性，只有一条路，就是进行哲学思考。

B.现代社会和古代极不一样，古代人的生活范围很小，世界基本没变，他的经验和知识都是鲜活的，他面对的是一个具体的世界。他知道什么，不仅仅是头脑知道，而且可以用心去感受。但现在完全不是这么回事了，现在的世界对于人来说很抽象，很碎片化，人以知识去和这样的一个世界进行联系，那只是头脑的联系，在心理上，他不像古代人那样，和世界牢固地结合在一起。

C.每一个人的知识都是极为有限的，就是"专家"也如此。"专家"除了知道他专业领域的事情，在其他领域基本上也是一个白痴。当然，在现在的中国，"专家"就是"砖家"，他们在一些领域还不如普通人，因为他们连常识都不懂，或者，为了利益，他们装×装得好像连常识都不懂。

正因为一个人不懂很多领域的知识，所以在抽象而充满风险的现代社会，大家成了迷失的羔羊，为了趋利避害，很多人便需要一个"专家"来指导自己的生活事务。也正因为这种情况，很多人在心理上丧失了自己的独立。

组织靠不住，兄弟靠不住，领导靠不住，同事靠不住，专家更靠不住。能够靠得住的只有两样东西：理性和自我的修炼。

关于理性，前面我已经讲了一些，在这里也无法讲得太多，毕竟不是在专门讲哲学。需要强调的是，我们在思考一样东西的时候，最好有点儿逻辑。为什么我们能认识这个世界？是因为这个世界有一种"客观逻辑结构"，它和我们大脑里面的逻辑结构是同构的。你要是看待很多事情时，是尊重逻辑而不是尊重你的情绪的话，你就会有强大的心理力量，因为你触摸的是世界强大的规律，而不是它流逝变化的那些东西。

除了理性，对抗不确定性，我们有一个更重要的方法：静观。

在印度，在喜马拉雅山，灵性大师、宗教隐修者们普遍采用静观的方法来训练自己跳出这个纷扰的世界，让自己变得很警觉，逼近存在的真相。我们还要在这个世界上混，没有必要搞得那么极端和夸张，但借用它的一些原理以及心理学、哲学的一些深刻洞见改变我们自己，还是非常有必要的。

需要澄清的是：我们对抗的不是不确定性本身，也对抗不了，因为它是客观存在的；我们是防止、阻止它在我们的心理结构里产生作用，掠起情绪。根据一种东西如果不在人的心理上存在，就等于不存在这一心理规律，我们可以消除不确定性对我们的威胁。

假如你走在一条小路上，像法国哲学家卢梭那样玩"孤独漫步者的遐思"，抬眼一看，前面有一个人，你是不是只是在感觉他，而不是在思考他？而假如几秒钟后，你开始琢磨他是什么人，为什么出现在这里，你的那种感觉是不是消失了？这意味着什么？意味着这样的一个规律：感觉和思考不能共存！当你在感觉的时候，你的思考即已中止；而当你思考某种东西，你就不再感觉到它。

与此类似，当你静观一种东西，你就会觉知到它；而当你觉知到它，你对它的感觉就会消失。

所以，当不确定性袭击我们时，当空虚迷茫、恐惧焦虑涌上我们心头时，当人生要我们做出艰难的选择时，我们要训练自己静静地看着它们，一方面，看穿它们的各种幻象；另一方面，保持强大的心理定力。

为什么我们会有空虚迷茫、焦虑恐惧这些情绪呢？根据感觉和思考不能共存的原理，原因正如我们在前面章节中所讲的，我们的思考不能瞬间启动，对刺激我们的那些东西，比如不确定性，我们没有觉知，丧失了防御，任由外界刺激进入我们的心理结构。在外界的刺激下，情绪在我们的心理结构中生长，像污水一样，把我们的心理结构弄得混沌不堪。

需要继续阐明的是，情绪是携带着心理能量的。事实上，像我们的欲望、我们的追求、我们的志向等，都携带着一定的心理能量，它们一定要投注到某一点。我们的欲望、追求和志向都投注到外在的世界，但情绪投注的地方，恰恰就是我们的整个身体，它一旦产生，就会携带着心理能量冲撞我们的心理结构、智力结构，以及手、脚等身体器官。

所以，只要你的心理能量不被激起，情绪就会消失。或者，在你被外界刺激有了情绪的情况下，只要你的心理能量能够得到转移，情绪也会消失。在这两种情况下，置于你心理弱小的不确定性都被驯服了。

为什么一个被情绪笼罩的人，在心理结构上处于混乱之中？因为他只是感觉到情绪，却没有思考、觉知到它。但是，只要我们静静地看着它，就可以洞穿它。原因是，当我们静观、思考这些情绪时，我们的心理能量已经转移到了静观、思考上来了，情绪的心理能量被夺走，它就会消失。

我相信你一定还记得中学物理上有一个"能量守恒定律"。我已经说过，我们的欲望、追求、志向等在我们的心理结构中都是一种心理能量，它投注入外部世界。而能量只要被激起，就不会消失，但它可以转移。

灵性大师奥修举过一个例子，大意是假如你是个男人，在一个房间看到有位裸体美女，是不是有性冲动？性是一种巨大的能量。但是，假如你只是静静地看着她，思考她，你还有性冲动吗？没有了！能量都从身体的某个部位，转移到大脑、心理那儿来了。为什么有的男人和女人，觉得彼此在很多方面有共同语言，非常谈得来，却无法产生爱情的火花呢？问题就是，他们彼此的心理能量已经被大脑层面的交谈夺走，在心灵上没有了爱的感觉。

知道了原理后，在技术层面上，我们可以这样来做：

第一步，当不确定性的情境出现时，在内心里告诫自己，一定要冷静。这一步的目的,是提醒自己关闭心理结构的大门,阻止自己体验到那种焦虑恐惧和自我的软弱无力感。

第二步,很不幸,在不确定性的袭击面前,我们在劫难逃,我们不得不体验情绪对我们身体的冲撞。这个时候,马上静观它,不要压抑。

在这一步,一个最常犯的错误就是我们总是会去想后果会是什么,担心这担心那。比如,当对自己的考试没有把握时,就会想象、推理自己会不会考好。错了!一定要斩断情绪的推理、想象之链,因为在结果最终没有确定前,它通向的恰恰是自我折磨。

我们要做的恰恰相反,是追溯情绪的源头,思考为什么我们会有这样的情绪,是什么引起的,这种情绪意味着什么。一旦这样做,一方面,我们的心理能量就得到了转移;另一方面,我们的理性探触到了产生情绪的那些事情上,在心理上远离了它们!

第三步,打破固有的心理模式。第二步很艰难,因为一个人在一开始,很难静下来,你会感觉到头脑混乱,情绪繁杂,焦虑不安,你产生的那个情绪在你的心里到处冲撞。之所以有这种情况,是因为静观的训练,正要打破你以往的心灵秩序和你与世界的联系方式。而要打破它们,在开始的阶段肯定有某种程度的心理紊乱。但只要坚持,慢慢地,一个新的心灵秩序和与世界的联系方式,就会得以重建,使你在心理上变得强大。

第十章

消除死亡恐惧

导读：一个人来到这个世界上，是为了真正在生活中体验到他自己生活的意义。但现实是，很多人根本就没有真正生活过，他所做的一切，要么只是为了生存，或为了做给别人看，生活并不是建立在内心体验和追寻生命的意义上。所以，哲学家的告诫是：用心生活，死亡恐惧就不再成为一个问题。

1. 死亡恐惧的本质是：人害怕失去自己的存在，和拥有的一切

导读：很多贪官为什么贪婪、疯狂？一个很重要的原因就是有末日心态，他不知道自己哪一天就被抓，没有安全感，因此在贪方面根本停不了手。也就是说，不再是金钱对于他来说有什么意义，而是贪婪本身成了他消除恐惧的药方！

一个人怕死到什么程度，他就会非理性到什么程度

如果人不怕死，世界将会怎样？

我们可以想象一下，如果谁都不怕死，那么，这个世界将不会有独裁和专制。因为一个独裁、专制政府再有暴力支撑，想压榨人民也非常困难，每一个人都可以拿起刀枪和它对干，大不了一死。独裁、专制制度得以维持，抓住的就是人民怕死的弱点，如果人民没有了这个弱点，它统治的基础就崩溃了。

如果谁都不怕死，在一个公司里，经理、主管之类就不必受老板的侮辱，普通职员也可以不受经理、主管的折磨，那种一个人有权就可以对另一个人施暴的现象将消失殆尽。同理，城管不会在大街上对小贩拳脚相加，发达地区城中村的"治安"不会随便拦外地打工仔查"暂住证"、罚款。这个世界上，也将不会有"血汗工厂"。

我们还可以无尽地想象下去，悲剧的是，这只是一场春秋大梦。事实的真相是：我们怕死，特别特别地怕死。

前几年的某一天晚上，我接到了一个电话。电话里的人说他整日活得神思恍惚，提心吊胆，每到夜晚来临，或者一个人单独在阴暗的巷道里走着，心里都特别害怕。他感觉似乎有一个幽灵正把自己攫住，随时有把自己从这个世界掠去的危险。他说，他有一种"不存在的恐惧"，害怕不知道在哪个时候，自己就不存在了。

在他说完后，我做出了一个艰难的决定，残忍地告诉他真相：他的恐惧其实是死亡恐惧——以"不存在"来指代"死亡"，说明他不仅恐惧于死亡，而且恐惧于自己的死亡恐惧！

两千多年前，有一个著名的怕死人士，那就是嬴政先生。他是中华怕死协会第一届主席、秦朝有限无责任公司总裁。公元前227年，一个叫荆轲的人，哼着"风萧萧兮易水寒，壮士一去兮不复还"的小调，准备用卑劣的手段，就是"图穷匕见"对嬴总搞刺杀。此举创下了在商业竞争中搞"恐怖主义"的危险先例。但没想到嬴总命大，荆轲没有得逞，自己也挂了。不过，经此一劫，嬴总落下了怕死的心理后遗症。

于是，在公元前220年，也就是兼并掉齐、楚、燕、韩、赵、魏六个公司，垄断了中国大陆市场后，在一个阴冷的夜晚，嬴总想到了一件大事，那就是自己总会死。如果有一天死去，那什么权倾天下，什么山珍海味，什么绝色美女，都是浮云，他必须抗拒死亡。

于是嬴总决定要到各地分公司旅游，饱览祖国的大好河山。以前那些地方是别的公司的地盘，而现在既然被自己兼并，那就要视察一番，表明产权归属。旅游分两个阶段：一个属于炫耀文治武功，到处留下自己"到此一游"的痕迹，比如，跑到泰山上，把自己的丰功伟绩刻在石头上，这属于在心理上不想死；另一个是寻求长生不老药，想变成神仙，属于在生理上不想死。

想想，一个人如果来到世界上，不留下足以让后人记住他存在过的东西，比如一种思想、一座庙、一座桥、一件影响巨大的事，有时候真的是一种悲哀，因为人一死，一切都跟着消失了，就像他从未到这个世界上一样。换言之，一个人如果在他死后就完全消失，等于他从未存在过。而如果他留下了足以标志他存在过的东西，并且这种东西在后人那儿一直存在，参与后来的历史，那就相当于"不朽"。这样，他的生命就得到了延续，他在生理上当然不可避免地要死亡，但在存在的意义上，却相当于不死。

所以，有的人就算不能流芳百世，也要遗臭万年。因为这样，在心理上他就不会感觉到自己的存在会在死后变成一片虚无，被这个世界彻底遗忘。

嬴总一开始正是用这种方式来克服死亡恐惧的。他要让这个世界打上自己的烙印。哪怕他有一天死了，但只要人们看到这些烙印，那就相当于他还存在着。问题是，这个世界本身就是流逝、变化的，真正不朽的只有思想、文学和艺术，物质性的那些东西迟早会湮没。思想家能用这种方式来获得不朽感，而且他有强大的思想力量支撑着他对死亡的坦然，一般人这么干无济于事，还是不能消除他骨子里对死亡的害怕。

旅游了一段时间后，嬴总领悟到了这一点，觉得心理上不死不是那么容易做到的，于是他决定一劳永逸地解决死亡恐惧的问题——追求生理的不死。不死的人，当然就是神仙，而变成神仙，好像可以请神仙来提拔自己一把，次优选择也就是吃些长生不老的药丸之类。于是，嬴总到处问巫求神，大搞封建迷信活动，派方士四处搜索仙丹药丸。

这个时候，一个叫徐福的骗子出现了，嬴总的成仙思想，就是被徐同学洗脑的。假如一个人陷入某种不能得到满足却又极其渴望满足的欲念之中不可自拔，他就为自己的被骗扫清了道路，只要骗子做出可以满足他欲念的样子，他就只能被骗子玩弄于股掌之间。一个人被骗往往是因为他实际上渴望被骗，或预设了被骗的结局。被骗的本质是，一个人把他的希望、判断力都押给了骗子。

嬴总正是把自己的希望和判断力押给了徐福。徐同学也太聪明了，一眼就看到了我们的嬴总对长生不死是多么的渴望。正常点的人都知道这是不可能的，徐同学也明白。但一个人既然连常识都不顾及，那就说明他完全活在自己的内心世界里，已经被心中的欲念吞没，只要给他一点儿希望，他就会像一个溺水的人那样本能地紧抓不放，把你当成大救星。何不利用这种心理弱点，狠赚一笔呢？

于是徐同学向嬴总提出申请，搞点财政拨款让他出海找仙药。这本来就是忽悠，哪儿有什么仙药可以让徐同学找。所以，他虽然成了伟大的航海家，但一次一次地失败。不过徐同学仍然吊着嬴总的胃口，说仙药总会找到，还请继续进行财政支持。弄到最后，为了把戏演得像一点儿，搞得煞有介事，徐同学还要求派五百童男童女随同出海，神秘地消失了。有人说他们跑到了日本，五百童男童女一配对，便有了现在的日本人，而徐同学也成了日本第一任天皇，叫神武天皇什么的。这个，当然只是一个传说，权作意淫之用。

一个人怕死到什么程度，就会非理性到什么程度。他越怕死，在心理上就越弱。固然，仅仅不怕死并不意味着一个人就心理强大，但只有不怕死，在心理上他才真正不可战胜。

就是最疯狂的人，也不敢尝试去体验死亡的滋味

人活在这个世界上，从来就没有平等过，如果有什么可以抹平一切人的差别，那就是死亡，它是绝对的平等主义律令，无论你是总统还是乞丐，老天都一视同仁，没有"特赦"这样的事情发生。存在一个生命，那就逻辑地意味着必死。

看起来死只是一个生物学的事实，但人为什么就那么怕死呢？仅仅是死亡本身并不会产生问题，比如它在动物那儿就不会产生问题。由于只能以本能对外界做出反应，只有死亡的过程让动物产生肉体痛苦，它们没有死亡恐惧。

但对于人来说就不一样了，死亡恐惧是一个心理问题、精神问题，而且是最核心的。并不仅仅是死亡的过程让人恐惧，人们害怕的是死亡本身以及它在生活中的折射。

法国的存在主义作家加缪说真正严肃的哲学问题只有一个，那就是：一个人是不是可以自杀。这种说法属于文人惯有的修辞，是文学上的夸张。准确的说法是，如何对待死亡是最重大的哲学问题、人生问题。

如果说在这个不幸的世界上，大多数人并不是在追求幸福，而只是在想尽办法逃避痛苦，那么，对于几乎所有的人来说，所做的一切，归根结底都是为了在心理上消除死亡恐惧，逃避死亡的结局！

在哲学上有一种要求，就是为了避免鸡同鸭讲，避免不知所云，一个人在某种语境中，用的概念必须有具体的所指，他要澄清他所用的语言，让人明白他说的是什么，而他到底又想说什么。那么，"死亡恐惧"是什么意思呢？

四种意思：

◎害怕死亡的痛苦

人对这个世界上神秘和未知的东西有着本能的好奇，任何东西他都想尝试，哪怕是毒品。但是，就是最疯狂的人，也不敢尝试去体验死亡的滋味，因为它代表了最难忍受的肉体和精神痛苦，而且是不可逆的，一死，就活不过来了。

这种实验是无法做的。

最残酷的行为并不是杀死一个人，而是把他慢慢折磨至死。杀人代表了野蛮，但慢慢折磨一个人到他死去，还代表羞辱。它就是利用人对死亡过程的痛苦体验，来摧毁一个人的尊严，彻底击溃他的心理防线。在古代，专制统治者最喜欢干这种事情，像"剥皮抽筋""凌迟处死"这类酷刑发明了一大堆。一个人要表明他对另一个人的刻骨仇恨，说的话也是："我要把你碎尸万段！"

对于某些人来说，在他感觉到绝望、极度抑郁的那种心理情境中，可能也希望用死来解脱（这和就是想死不同，死只是解脱的一种方式，从逻辑上说还有其他的方式可以让他解脱）。但是，一想到无论是拿刀砍自己，还是跳楼，或者喝毒药，在死的过程中都避免不了痛苦，他对自己就下不了手，因为死亡过程的这种痛苦，比他要解脱的痛苦更可怕，更难忍受！

◎害怕死亡这一最终结局

人生即使没有意义，人还可以通过各种方式赋予它以意义。但死亡却是绝对的无意义，它是对任何意义的一种摧毁，代表了绝对的虚无和沉寂。死亡是对一切可能性的终结，是不可穿透的永恒的黑暗。

人在茫茫宇宙中，只是在一个偶然的时间作为一粒尘埃出现。但无论自身多么渺小，在他看来，他的存在就是一个世界。如果他的存在被死亡抹去，那就抹去了他的一切。在这层意义上，对死亡的恐惧与对世间的无尽眷恋息息相关。当一个人想到，如果他死去，他将彻底与所拥有的财产、所享受的生活、所爱的人、所做的事业、所享受的阳光雨露、所看到的山川河流，这个世上一切美好的东西永远告别时，他会怕得发抖，根本不敢再想下去。

如果一个人在死亡时，能把这一切带走的话，那对于他来说，将是一个多么大的安慰。问题是，这样的美事，连做梦都不可能！

在武侠剧和小说里，一个江湖杀手不能有爱情。因为他只要有爱情，那就表明他对这个世界有着眷恋。而只要对这个世界有眷恋，他就有了弱点，那么，他的死期也就快到了。

◎害怕死亡的不确定性

如果仅仅是害怕死亡的痛苦和死亡本身,那就不是那么可怕了,因为快要死时,一个人害怕一下就完了,平时还是可以当死亡并不存在,可以不让死亡干扰自己的生活。但问题恰恰就在这里,绝大多数人都不知道自己哪个时候会死!最终要死是确定无疑的,但什么时候死,却具有不确定性。死亡像是潜伏在人们身边的猎手,而作为猎物的人们,并不知道什么时候被它宰杀。

这意味着什么?意味着既然什么时候死不知道,那它就有可能随时降临,像幽灵一样突然攫住人们。这样,对死亡的恐惧就变成了对死亡本身和不确定性的双重恐惧。死亡恐惧由此弥漫于一个人的日常生活中,特别是看到很多人在年轻时的意外死亡后,更给一个人以强烈的刺激。

我曾经听很多人感慨,说一个人该玩就玩,该花就花,没必要挣钱了舍不得花,说不定哪天就死了。正是死亡的不确定性有了最可怕的摧毁力,在心理上,它可以挫败一个人的努力和生活意义。

◎害怕失去自己所拥有的一切

死亡是以终结生命的方式抹去一个人的存在。而我们知道,一个人的存在,在他的心理上可以体验为他的存在属性,他的"自我"——他所拥有的财产,他的地位,等等。对死亡的恐惧投射到现实生活中,一个人就非常害怕他被人无视,他所拥有的一切被威胁、瓦解、掠走。

在一个饭局上,我曾经看过一张在贫富悬殊的社会背景中流露出恐惧的脸。那是一个富人的脸,据说他有几亿身家。

饭桌不同于各种纯粹伪装的场合,允许说笑并发表对时局的看法,间或还会引起争论。一帮关心国家大事的人聊着聊着,聊到了腐败、穷人和富人的话题。这时我注意到了他。尽管尽力显得超脱于他的身份,堆着伪善的笑容,但一种恐惧感还是迅速地掠过他的眼神和面部肌肉。这是一种对危险不知何时来临的心理反应。很显然,他非常清楚,一旦"社会"这场游戏重新洗牌,他现在所拥有的一切,就可能一夜之间失去。

很多贪官为什么贪婪、疯狂?一个很重要的原因就是有末日心态,他不知道自己哪一天就被抓,没有安全感,因此在贪方面根本停不了手。也就是说,不再是金钱对于他来说有什么意义，而是贪婪本身成了他消除恐惧的药方！

一些人之所以不怕死，是因为他就是死亡本身

正如不是所有的人都害怕生活一样，也不是所有的人都害怕死亡。

◎宗教极端分子

宗教极端分子在心理上活在他的宗教世界里，这个宗教世界取代了现实的世界。他在心里面完全相信死是他进入天堂的一个入口，而无论是搞恐怖袭击，还是集体自杀，都是他得救并进入天堂之前的必要仪式。

◎冷血杀手

战胜死亡的一个极端方法就是在心理上实现和死亡的亲近。冷血杀手之所以不怕死，是因为就是由他带来死亡，他就是死亡本身。

◎古典哲学家

情感、意见、欲望、价值偏好，所有这些都仅仅是属于人的东西，是人对世界的一种表达，它们既不是来自于这个世界的深处，也没有和支配这个世界运转的客观逻辑结构结合在一起。但理性却嵌入了世界的深处，洞悉了它的秘密。古典哲学家不怕死的一个秘诀是，理性并不仅仅是头脑的功能，而是进入了他的生命深处。这样，他就和一个不变的世界牢固地结合在一起，不会感觉到生命的逝去会导致自己存在的消失！

◎在极端情境中的演出者

在极端情境中，一个人体验到的只是他所扮演的社会角色，而不是真实的自己。一个在战场上冲锋陷阵的军人，已经忘记自己是一个活生生的人，他要做的只是按照对战士这一角色的要求来演出，而不怕死正是剧本的要求之一。

◎被绝望、愤怒等极端情感吞没的人

极端情感有一个致命的心理后果，就是让人对自己所处的状态无法忍受，忘掉自己，只看到它们巨大的心理能量所指向的目标。人在被绝望、愤怒等极端情感吞没时之所以不怕死，是因为在那个时候他已经不再是一个人，而是一种能量！

谁能够设计出一套信仰体系来解决生和死的问题，谁就抓住了人类的心

人类的行为和偏好千奇百怪，让兽类望尘莫及。但根本来说，他只比兽类要多解决一个问题，那就是如何忘记有死这回事。

只要生存问题能够得到解决，如何忘记或不害怕死的问题，就提上了人类的议事日程。

从根本上讲，生产劳动、商业贸易、发明创造这类东西，直接和间接的目的是为了让人（或一部分人）生存和生存得更好。而唱歌跳舞、斗鸡玩狗、求神拜佛、研究哲学，归根结底是为了让生存获得一层意义，人类就是用这层意义来包装他的生活，逃避死亡的命运。

为什么几乎每个民族，都有一套和鬼神沟通的文化、宗教信仰体系呢？这当然不是人吃饱了撑的，人要解决死的问题，而文化、宗教信仰体系就是一个或大或小的人类团伙用来保护自己不被死亡恐惧袭扰的精神装置。

可以绝对地肯定：谁能够设计出一套信仰体系来解决生和死的问题，谁就抓住了人类的心。回答不了死的问题的宗教并不存在，而回避死的问题的文化，最终肯定会在能够解决死的问题的宗教的冲击下败下阵来。

只要一个人在心理上是国家、民族的一部分，国家不死、民族不死，他也就不死

曾经有一年，整个地球陷入一片狂欢之中，那就是2000年，所谓的"千禧

年"。在人类恭贺自己终于跨入了21世纪的那一天，我静静地坐着，看着人群尽情地手舞足蹈。当时我不明白为什么这样的一个时间让他们那么亢奋，那仅仅是一个时间的标记而已，本身并没有什么意义。后来我明白了，人类一定要"合理"地找个机会狂欢一把，让自己相信某个时间代表了什么意义，然后在大家所营造的心理氛围中，体验某种意义。不独"千禧年"，过年过节都是这样。

正如一个人在这个陌生危险的世界，必须给"自我"穿上社会的衣服来保护自己一样，他也必须穿上意义上的衣服，来摆脱那种生和死的真实生存状态。为什么一个人在晚上，或独自在森林里走时，会有某种程度的恐惧感呢？想一下你就会明白，因为在那一时刻，你被解除了和人群的联系，你丢了意义的衣服，被还原到了真实的生存状态！

看到了这一点，我们不难明白为什么世界各地都有巫术和戏剧，有形形色色的歌舞艺术。它们的功能，就是把日常生活中的平常事物进行"加魅"，予以神秘化、神圣化、崇高化。这样，人似乎就不是活在一个生和死的问题随时都在逼视他的世界中。因为害怕死亡后的绝对虚无，宗教设定了一个天堂，那是人死亡后的居所。在这个天堂的观念里，死亡不仅不可怕，甚至反而是人获得终极幸福的一座桥梁。

从近代以来，国家主义、民族主义的魅力之所以越来越大，秘密并不是宣传大师和教育高手们有着高超的宣传技巧，而是在于，在这个世俗的世界上，它们变成了一种世俗宗教，迎合了我们怕死的心理。一个人当然是要死的，但只要他是国家、民族的一部分，国家不死、民族不死，他也就不死。

2. 一个人怕死，是因为他还没有真正体验到生活的价值

导读：一个牢牢地吸附在"现实"之上的人是一个切断了过去、现在、未来的时间链条的人，也就是说，是一个拒绝了"永恒"的人。在与死亡的角逐中，

在心理上他比那些感觉自己在思想和心理上活在一个前后延伸的时空结构的人，会更早地失败。

对付死亡恐惧的五种方法

对付死亡恐惧不是一件容易的事情。让我们先看人们动用了哪些方法，又是如何操作的。

我把它们概括为五种：找到平衡、蔑视死亡、接受死亡、把死亡宗教化、把死亡哲学化。

◎找到平衡

找到平衡这一招的经典名言是："杀一个够本，杀两个就赚了！"

人们平时最喜欢玩心理竞争。假如一个人看到别人比自己混得好，心里就不舒服，他心里实际上期待这个混得好的人倒霉，这样才能找到心理平衡，让自己在心理上生存下去。

在克服死亡恐惧上，也可以玩这一招。找到平衡的本质就是把心理竞争延续到死亡问题上。细细考察，它有两种表现手法：

第一种，既然大家在死亡上是平等的，都要死，那么，谁如果在生前占有更多社会上的东西，谁就更不白来世间一趟，一比，也就赚了。如果2012真的就是世界末日，大家一起完蛋，那一个富人只要一想到比起穷人来，他在这个世界上已经占有太多，享受太多，相形之下也就不觉得有什么太多的遗憾；比起他来，穷人来到这个世界上，不仅得不到什么，还被侮辱、被榨取了太多呢！

第二种，比较极端的，就是不再比谁占有更多社会上的东西，而是比谁毁灭更多的生命。电视电影上经常有这样的画面：战士A在挥刀砍翻几个敌人后，毫不畏惧地说："×××，来吧，老子够本了！"既然A知道自己肯定会死，那么，杀死一个人，死就获得了平衡；而杀死两个人，在他看来已经赚了，死这一档生意，值得做！

没有直面生和死的勇气的缩头乌龟，最喜欢用精神胜利法和疯狂的物质追求来武装自己，比如Q哥。对于很多人来说，找到平衡这一克服死亡恐惧的方法，还是比较契合他们的精神结构，是很有效的。但问题在于，它有一个致命的弱点，就是只适合在面临死亡真实威胁的情境下用，毕竟我们现在所处的时代既没有战争，也没有持续的大规模灾难，2012和过去基督教所说的"末日审判"，只是一个预言而已。

◎蔑视

人害怕死亡，就是人在死亡面前处于心理劣势。所以，如果能够找到一种方法，让一个人在死亡面前保持心理优势，那好像就可以战胜它。

一般来说，一个人在他所害怕的人或物面前要保有心理优势，有几种情绪可以用：愤怒、仇视、蔑视。愤怒和仇视有一个特点，就是一个人把心理能量集中贯注到他指定的对象上，意在毁灭这个对象，但死亡并不是一个可以毁灭的实体，所以愤怒和仇视无效。那就只剩下蔑视了。所幸，蔑视和愤怒、敌视不同，它只是把一个人的心理能量投注出去，目的是为了说明这个人多么高尚、牛×、有勇气，并贬低心理能量投注的对象，而不是毁灭它。

在克服死亡恐惧时，蔑视这一方法可以有两种表现形式：一种就是人全凭自己的情绪调动和个人表演单打独斗。比如，有人要来取自己的命，或面临死亡时，便对对方和死亡表现出极大的蔑视，或在心理上战胜对方，从而战胜死亡。

有个叫成瑞龙的杀人狂魔就是这样干的。他最引人注目的地方不是命案本身，而是出庭受审时的"斯文靓仔"形象。

成瑞龙，广东连州人，曾经的公安部A级通缉犯，2010年11月2日在广东佛山被处以死刑。此人曾经流窜多个省市，杀人如麻，历经13年，也就是2009年才被警方识破身份抓获。死在他刀枪之下的不仅有男人、女人、孩子，还有4个警察。据说，直到他落网后，他哥才松了一口气，说"终于不再有人遇害了"。

成瑞龙这个狠角色虽然在心理素质、凶狠程度上可能不如当年北京的白宝山，但也差不了太多。他还让我们想到了邱兴华、石悦军这类杀人如麻的主儿。

"杀人狂魔""冷血杀手"这类角色在我们眼中好像都显得面目可憎，残忍至极，极为猥琐。对这类人我们很害怕。但是，只要他们被抓住，只要他们被押到法庭上进行审判，他们就没有什么心理优势了。无论他们在法庭上如何咆哮，在强大的国家机器面前都绝不是什么强者。想通过"藐视法庭"来显示自己不怕死，反而给人留下垂死挣扎、色厉内荏的印象。

所以，当一个"冷血杀手"被押到审判台，为了战胜死亡，要么就不表演，痛快承认杀人事实，表明敢做敢当，另外不理会公众的存在，只求快死；要么就不展示"冷血杀手"形象，而把自己打扮成另外的人种。成瑞龙选择了后者。

他很清楚，他已经被解读成面目狰狞的"杀人狂魔"，在法庭上，他不仅要受到法律的严惩，而且还要受到围观的人民群众的唾弃。而这也就意味着，他无论是在国家机器，还是在人民群众那儿，都不再有心理优势！

特别重要的是，他有一种"英雄"情结，自视甚高，认为当年如果他能够当兵的话，肯定是一个英雄。从骨子里，他就瞧不起邱兴华、郑民生之类低层次甚至显得猥琐的杀手。如果公众指控他残忍并把他和邱兴华、郑民生之流相提并论，那无异于摧毁了他的"自我认同"，对于他来说将是一个噩梦。

所以，要保持心理优势，成瑞龙就必须反抗这种解读。而要达到这个目的，就必须以语言、表情、外貌包装等来颠覆"杀人狂魔"的形象。在这个媒体时代，成瑞龙非常懂得什么叫做表演，什么叫做"公众形象"，又如何利用媒体来塑造这一形象。

2009年6月，成瑞成被押解回佛山时（他原来在佛山杀了几个警察），公众从媒体上注意到，那时的他满脸憔悴，皮肤黝黑，身材干瘦，头发甚至显得有点儿秃顶，典型的落网的杀人犯的形象。但是，在2010年1月8日第一次开庭他露面时，惊人的一幕出现了：他皮肤白皙，穿着时尚，面带微笑，头发整齐，还打了"水摩丝"，戴着黑框眼镜，侃侃而谈。无论是从外貌上还是从语言上，他看上去都太不像一个"杀人狂魔"了！

这一"转型"，经过了精心的策划。首先，落网后，在看守所不用晒太阳，他皮肤变白了，不用搽什么增白霜之类。然后，据说他喜欢吃牛腩、叉烧，还指定佛山市最好最贵的一家，每斤要20多元，反正他也活不了多久，警方出于"人性化考虑"，满足了他的要求，于是长胖了。另外，他要求看守所给他提供了全新时尚的运动服,还叫他哥给他送来了黑框眼镜。在出庭前,也就是2010年1月8日早上,他7点就起床,花了不少时间打扮自己,尤其对头发打了"水摩丝",并用木梳子把它定型。一个"斯文靓仔"就这样出炉了。

成瑞龙不是傻子,他知道自己死定了。但为了在公众面前保持心理优势,并通过这种表演来让自己克服死亡恐惧,他采取了五个策略:

A. 故作轻松,面带笑容,且老实交代他的一些罪行。

一个人如果怕死,就无以证明他的心理强大。铁板钉钉的事实在法庭上都还抵赖,不能说明一个人多么聪明,相反只能给别人他怕死的印象。成瑞龙知道这一点,所以关于他杀人的事,他都痛苦地承认,并且有些细节还是首次披露,表明他敢做敢当。只是,他还要掌握主动权,对某些案情的认定提出了异议,他想用这种表演传达出这样的信息:他可以承担自己行为的后果,但是,他绝不是一个被动地让人主宰自己命运的人。

B. 提出精神病鉴定。

这一招可能连成瑞龙都觉得好笑,他是精神病吗?但是,法律上有这样的规定,他一定要玩这个表演。这等于向观众表明,他绝不是层次低的混混儿级或粗俗的罪犯,而是熟知法律程序,有明确"权利意识"的人。

C. 否认自己"残忍"。

他杀了那么多人,显然属于"杀人狂魔"。但是,他争辩说,这完全是公众的误解:"我只是为了保护自己的生命,每个人生命只有一次,我是当自己有生命危险时才杀人。自己的生命最大。"他想强调的是,他只是自私,只是为了保命。尽管辩解是无效的,因为事实是他连初二的小女孩儿都不放过,并且还是奸杀,但这一招确实老到毒辣,因为"残忍""杀人狂魔"这样的词语指称,都包含有"心理变态"的意思,但"自保"在某种意义上是可以获得"理解"的,且没有说一个人在心理上怎么样。

D. 通过外在形象包装解构"残忍"的形象。

公众并没有亲眼见到成瑞龙杀人的场面,他们所获知的事实是媒体报道出来的。也就是说,成瑞龙很可能明白这一点,就是他"杀人狂魔"的形象是媒体告诉公众的。既然如此,他也可以通过媒体,让公众看到他是什么形象,只要他以

"斯文靓仔"的形象出现，那么即使不能颠覆公众关于他是"杀人狂魔"的形象认知（毕竟是事实），那也足以造成视觉形象与观念的反差：这么一个"斯文靓仔"可能是杀人狂魔吗？而这样，成瑞龙的目的也就达到了——公众的判断力只要一被扰乱，成瑞龙就会感觉到他操纵了这一切，也就获得了心理优势！

E. 有"礼貌"，通情达理。

成瑞龙受审时，礼貌性地向法官问候"新年好"，这与很多"杀人狂魔"完全不一样，让人感觉很有教养。同时，面对受害者家属的索赔，他表示，家属提出多少都不为过，不过，他十多年来一直处于逃亡之中，根本没有能力赔偿，不要说几十万，就是一万几千元都没有，希望家属能够理解。这番表白几乎无懈可击，让人感觉"通情达理"。

在接受记者采访时，成瑞龙说自己之所以轻松自然，是因为"把生命都放下了"。这当然是一个谎言，他所有的这些都是装出来的。但是，恰恰也是通过以上这五种策略，在不可抗拒的死亡面前，他最大限度地保持了蔑视，并且还在观众面前获得了心理上的优势！

用蔑视来对付死亡还有一种表现形式，就是不再是个人单打独斗，而是请一套社会仪式来帮忙。

2005年1月9日晚，美国海军陆战队士兵安德烈斯·拉亚携带一支半自动步枪来到斯坦尼斯洛斯县一个便利店，随后与赶来的警察展开激战。一名39岁的警察身中数枪，惨死在拉亚的枪口之下。而另一名50岁的警察也多次中弹，但侥幸活了下来。随后，更多的警察闻声赶到现场，拉亚拒绝缴械投降，又同他们展开枪战，最终被警方击毙。

负责调查此案的斯坦尼斯洛斯县警官比尔·海涅对新闻界透露："从嫌犯（拉亚）在（枪战）现场说的话来看，他就是想被打死。"后来的尸检显示，拉亚的血液里含有大量的可卡因。巧合的是，加利福尼亚警方在侦破一起中学抢劫案时，曾经搜查出一盘录像带，上面有拉亚的身影。他一边吸食大麻，一边吹嘘自己的所作所为。在录像带中，还可以看到一面美国国旗被切碎，并被用来拼成咒骂美国总统布什的话。

比尔·海涅可谓一针见血，准确描述了事实。可以想象，拉亚在伊拉克一定经历了生与死的炼狱。休假后还要回伊拉克去打仗，对于他来说是一个比死更可怕的噩梦。当他作为一名军人却必须这样做时，那就宁愿去死。

但是，如何战胜死亡恐惧仍然是一个问题。自杀不足以让他产生勇气，只有一个解决办法：借助一个仪式死去。这个仪式就是枪战。一方面，他向警察开火，象征着他向逼迫他去伊拉克的抽象国家暴力体系开火；另一方面，他也可以被打死。

仪式是对死亡的超度，个人可以借助一套仪式毫无畏惧去死，一个群体也可以借助一套仪式战胜死亡恐惧。

有一个非洲原始部落，每当男人们要去打猎，面对野兽的威胁，或者要去和别的部落作战时，出征前都有一套巫术仪式，巫师又跳又唱，大家在一边按剧本配合表演，祈求神灵能够给男人们以力量和护佑。而因为这种仪式，男人们在死亡面前将不再害怕，因为他拥有了部落和神灵的力量，他是在部落和神的注视下出征的。死亡和对手，都足以让他蔑视。

蔑视死亡尽管从心理动机上讲是因为一个人心理虚弱，但对于死亡恐惧的克服来说是成功的。但它同样有着让人遗憾的缺陷，就是要讲究一个特定的情境，而且发生和消失的时间也很快，无法成为一种常态。因此，在日常生活中，仅仅是蔑视死亡，一个人还是不能躲过死亡恐惧的追杀。

◎接受

如果A被B欺负，非常怕B，打又打不过，为了获得安全感，怎么办？有一个方法，就是接受B对自己的欺负，认为B欺负自己是合理的。

这种思维就是"奴隶思维"。奴隶在遭受奴隶主的压迫、奴役时，如果反抗只是意味着自己被屠杀，此外别无成功的希望，那么他们必须采取另外的策略。通常的做法是：消失反抗的念头，让自己在生理上活下去；认为自己被压迫、被奴役是合理的，在心理上活下去。不想死、抗不过奴隶主，这两点明摆着，却又认为奴隶制度是不合理的，那就是一种痛苦的心理折磨，大多数聪明的奴隶都不会这样选择。

同理，如果死亡无法抗拒，那么为了克服死亡恐惧，也可以屈服它，就是接受死亡的命运。这个时候，人不再与死亡为敌，而是承认它，向它表示亲近。

一个接受了死亡命运的人有一个特点，就是心是平静的。他对疯狂地追逐物质成功、疯狂地进行感官享受已经没有多大兴趣。他也不再盲目投身于任何一场社会运动。他意识到，所有这些东西在死亡面前都是浮云，都不堪一击。任何挣扎和对抗都是徒劳，人要做的只是顺应自然，静候死亡的来临。有此心理特点，有一个限定性条件，就是一个人必须在心理中触摸到了死亡。因此，真正运用接受这种方法来战胜死亡恐惧的，要么是有太多生活经历的老年人，要么是亲眼看见至亲至爱的人死亡、产生的心理剧痛无异于自己死亡一次的人。

接受其实是一种把死亡合理化的心理防御机制。之所以说它是心理防御机制，是因为对于死亡，人没有对它进行理性的反思。它的缺陷也显而易见，就是要求特定的心理经历与之对应，只适用于老年人和好像自己死过一次的人，无法在大规模的人群中采用。

◎把死亡宗教化

一个把自己全部交给信仰的人不可战胜，因为有上帝罩着他。

前面已经说过，人类需要设置一种精神装置来应对死亡恐惧的威胁。大多数宗教和文化是借助于一套把死亡庄严化的仪式。如果人类看到自己同类的死，结局就像看到蚂蚁之类生灵的死那样悲哀，那样渺小，那么打击是相当大的。但在一套把死亡庄严化的仪式中，人的死有别于动物的死，死是一件庄严的事情。当然，仅仅是这一点并没有消除人类的死亡恐惧，因此，很多宗教无一例外地要继续对死亡进行"造魅"，把死亡设置成得救的手段、超越苦难的途径、进入天堂的大门。

宗教极端分子之所以敢于充当人体炸弹，一个重要的原因就在于他的宗教给死亡赋予了神圣的色彩。死是他最好的归宿，是他尽了信仰者的义务而受到上帝眷顾、恩宠的必要程序。很多意识形态上的信仰者，比如革命者不怕死，同样是因为这种意识形态具有类宗教色彩，死就是他为信仰而献身。他终会被人们记住，神圣的事业因他的死而更显神圣。

◎把死亡哲学化

正如所有其他恐惧一样，死亡恐惧也是一种心理反应，虽然它来自于一个最终确定的事实，来自于生物规律，来自于人精神结构的最深处。

综观以上四种克服死亡恐惧的方法，无一例外地都没有跳出心理结构的运作这一路数。它或许能让一些人克服死亡恐惧，但毕竟不适用于平常的生活情境，也不具有恒久性。

正由于此，哲学家们发明了一种方法，就是把死亡上升到哲学的层面来审视。他们希望借助理性思考来探触死亡的真相，驱散死亡恐惧。

我在前面讲苏格拉底时说过，理性的力量非常的强大，它对人构成了一种真正的说服。

柏拉图在《欧绪弗洛篇》里记载，某一日，苏格拉底在法庭的入口处和一个叫欧绪弗洛的人偶然相遇。当苏格拉底得知欧绪弗洛准备大义灭亲，告发他父亲犯了谋杀罪时，表示了惊奇。然而，他们开始了一场讨论，其中欧绪弗洛认为，一个东西之所以是虔敬的，是因为它是神喜爱的。这涉及了一个西方哲学的经典命题：一种行为，是因为上帝认为它是正确的，所以才它是正确的，还是因为它是正确的，所以上帝才命令人去做这种行为？换言之，真理是客观存在的，还是它只是上帝的命令？

我把他们的对话简单抄袭如下：

苏格拉底：请你想想，虔敬的东西是因为神喜爱它因而才是虔敬的，还是因这它是虔敬的，所以才得到了诸神的喜爱？

欧绪弗洛：我不明白你的意思，苏格拉底。

苏格拉底：好吧，让我试图说得更清楚一些：我们谈论被携带的东西和进行携带的东西，谈论被引导的东西和进行引导的东西，谈论被看见的东西和进行看见的东西，你知道这些东西都是有区别的，也知道它们区别何在吗？

欧绪弗洛：我想我是知道的。

苏格拉底：所以，被喜爱者是一个东西，喜爱者是另一个不同的东西。

欧绪弗洛：当然。

苏格拉底：那么，请告诉我，被携带的东西是因为它被携带，还是因为某个其他的原因，因而就是一个被携带的东西？

欧绪弗洛：当然就是因为这个原因，没有别的原因了。

苏格拉底：还有，被引导的东西是因为它被引导所以就是一个被引导的东西，被看见的东西就是因为它被看见所以是一个被看见的东西，对不对？

欧绪弗洛：对，确实如此。

苏格拉底：那么，一个东西并非因为它处于被看见的状态因而才被看到，相反是因为它被看到所以才处于一个被看到的状态；一个东西不是因为它处于被引导的状态它才被引导，相反是因为它被引导所以才处于一个被引导的状态；一个东西不是因为它处于被携带的状态因而才被携带，相反是因为它被携带所以才处于一个被携带的状态。欧绪弗洛，你明白我的意思吗？我想要说的是：如果任何东西以任何方式处于被改变或被影响的状态，那么，那不是因为它是一个被改变的东西所以它才被改变，而是因为它被改变了所以才是一个被改变的东西；不是一个受到影响的东西所以它才受到影响，而是因为它受到影响所以它才是一个受到影响的东西。难道你不同意吗？

欧绪弗洛：对，我同意。

……

苏格拉底：那么，关于虔敬我们应该怎么说，欧绪弗洛？按照你的定义，虔敬的东西不就是得到诸神喜爱的东西吗？

欧绪弗洛：是的。

苏格拉底：诸神喜爱虔敬的东西是因为它是虔敬的，还是因为别的什么原因？

欧绪弗洛：就是因为这个原因，没有别的原因了。

苏格拉底：如此说来，虔敬的东西被喜爱是因为它是虔敬的，但不是因为它被喜爱所以它才是虔敬的。

欧绪弗洛：看来是这样。

苏格拉底：所以诸神喜爱的东西与虔敬的东西不是一回事，欧绪弗洛，按照你的说法，虔敬的东西与诸神喜爱的东西也不一样，它们是两种不同的东西。

欧绪弗洛：怎么可能呢，苏格拉底？

苏格拉底：因为我们都同意虔敬的东西是因为它是虔敬的，而不是因为它得到诸神喜爱所以它才是虔敬的，难道不是这样吗？

欧绪弗洛：正确。

看到没有？在这篇对话里，苏格拉底用理性的反诘式方法，一步一步地澄清了命题，最终使欧绪弗洛承认，他认为"神喜爱才虔敬"的观点并没有理由支持。事实上，他对于他的观点并不真正清楚地了解，而只是自以为了解；假如他真正知道的话，他就不会持有这样的观点，因为它在逻辑上是不能成立的。

在这里，无论欧绪弗洛多么信仰神，只要他承认自己是一个讲理的人，承认思想不能有混乱和矛盾，承认很多观念要经受头脑的检验，他就必须承认，自己是错的而苏格拉底是对的。也就是说，他就必须承认理性的力量，这种力量远比情绪、信仰、利益等力量强大得多，因为它是对人的真正说服——而前者，只是对人的催眠、暗示和强迫！

理性的强大力量，体现在这两点上：

A. 它与世界的客观逻辑结构对应。

尽管对人而言，世界充满了不确定性，但是，忽略人的因素不谈，世界本身有一个客观的逻辑结构，决定了潮起潮落、花开花谢、地震火山、飞船上天。在西方人的观念中，上帝用逻辑创造了世界，而人认识世界，也必须用逻辑。

道理是明显的：要认识世界客观的逻辑结构，发端于心理结构上的很多东西，比如信仰、愿望等完全无效，你就是再相信人可以飞上天，那也是白搭。要真正让人飞上天，人就必须了解空气动力学等知识。也就是说，只有人能认识世界，才可能改变世界。而认识世界的前提，就是人必须有一套逻辑结构与世界的客观逻辑结构进行对应。理性恰恰就是这一套逻辑结构。

几千年来，人类把地球折腾得天翻地覆，没有理性作为工具，根本就玩儿不转。爱因斯坦说，西方的科技之所以日新月异，全赖逻辑的支撑。这一点儿也不夸张。

B. 它诉诸逻辑推理。

1910年，法国一个叫列维-布留尔的人类学家出版了一本书，讲了一种"原始思维"的运作过程。其特征是：一个人在思维时，智力水平像原始人或幼儿一样。

中国现在还在玩"原始思维"的人不少。我就看到有两个所谓的教授在媒体上争论。其中A说，富人为社会做出了很大贡献，解决了很多人的就业问题，所以，政府应该爱护富人；B说，富人在社会上本来就比穷人占据优势，不能再享有特权，政府应平等地为所有人服务。A于是发怒：你这是在"仇富"！好，我们看一下，A说B"仇富"这一观点从哪儿能够推理出来？只可能从天上掉下来！我们只能认为，如果A不是个神经病，一定是个原始人或幼稚园的学生！

不讲究逻辑，一个人在思维时可以从这儿跳到那儿，大脑一团糨糊。而逻辑的特征却是，它必须环环相扣，从这一步到那一步之间，必须有坚实的基础。这样，它的每一步都是强有力的。只要前提和推理的过程没有问题，无懈可击，整个逻辑链条你就根本砸不烂它。

那么对于克服死亡恐惧来说，理性能够做什么？

哲学家们思考的第一个问题是：我们怕死，是不是因为我们没有真正生活过？

显然是的。我们的内心越是有没有真正生活过的遗憾，死亡恐惧也就越强烈。平时越是不敢触及生活的意义这一话题的人，也越害怕死亡。

苏格拉底曾经有言，没有反思的人生不值得过。一直被死亡恐惧所纠缠的人往往没有搞清生和死的关系。它们的关系是：只有真正生活过，死亡才能构成一种可接受的自然结果，而没有真正生活过，死亡在心理上就会遭受抵触，因为它给人生留下了永远无法弥补的缺憾。

一个人来到这个世界上，是为了真正在生活中体验到他自己生活的意义。但现实是，很多人根本就没有真正生活过，他所做的一切，无论是拼命工作、炫耀性消费、买车买房，要么只是为了生存，要么只是为了做给别人看，生活并不是建立在内心体验和追寻生命的意义上。无论他在和别人对比时，在他人对他的羡慕中可以收获多少"幸福"的感觉，内心的声音都会隐隐地告诉他这种存在是有缺陷的。他怕死，是因为他并没有真正找到生的价值！

所以，哲学家的告诫是：用心生活，死亡恐惧就不再成为一个问题。

第二个问题是：死的本质是什么？

前面我们所说过的哲学家蒂利希曾用理性的方法澄清过这个问题。他发现，事实上从一出生开始，人就在向死亡进军。人的生命，每一天都要被夺走一部分。也就是说，人每一天实际上都处于死亡的过程中，一般所说的"死亡"，也就是人停止呼吸的那一刻，只不过是完成了死亡的过程而已，并不是它带来死亡。

那既然人每天都在死亡，有什么可怕的呢？蒂利希发现，我们给这种死亡完成的最终时刻投射了一种想象：想象死后怎么样。但只要把我们投射给死亡的这个恐怖面罩摘掉，恐惧就不再存在了。

把死亡哲学化的方法远比其他四种克服死亡恐惧的方法好。它的缺陷在于两点：不能单打独斗，不适用于没有学会理性思考的人。另外，由于大多数人没有达到哲学家的高度，它也不能真正让人战胜死亡恐惧。但是，在我们进行心理强大的训练中，它非常值得推荐，因为它即使不能让我们克服死亡恐惧，至少也可以让我们得到改变。

越是汲汲于现实利益的人越怕死

把死亡哲学化抓住了死亡恐惧的七寸。但就改变我们的心理结构，让我们变得强大而言，它需要得到补充。

◎我们需要思考一下死亡的象征物

多年前，一个寒冷的冬夜。在一个大峡谷半山腰的一间房子里，我和几个人正在烤火聊天。窗外狂风呼啸，屋内的火苗忽明忽暗。话题漫无边际，不知是谁突然扯到了怕死。有一个五十岁左右的男人沮丧地承认，平时他看到棺材，都感到特别害怕。

这个情境当时让我大惊失色。但在后来漫长的岁月中，我意识到，我们的死亡恐惧确实有可能非理性到这种地步：从对死亡的害怕，到害怕任何与死亡联系在一起的象征物。它们是棺材、坟墓、花圈，甚至"死亡"、"尸体"这类字眼。比如，前面我所说的那个人打电话告诉我，他有"不存在的恐惧"，不敢直面"死亡"二字。

我相信，当这两个字眼掠过他的脑际时，一种恐惧感会攫住他全身。

但这个人，以及那个五十岁左右的男人害怕死亡的象征物的唯一原因其实只是：它们带有阴森恐怖的特征，或和阴森恐怖联系在一起。他们利用想象力，打造了一条把物、字眼和死亡的恐怖图景联系在一起的链条。

需要承认这个事实：在这个世界上，太美或太丑、太温馨或太恐怖的事物都具有一种魔力般的力量，可以轻易地绕过我们的智力结构而刺激我们的心理结构，激起狂喜或恐怖的风暴。但是，这是通过观念、通过想象的链条才实现的，假如棺材、花圈不象征死亡，那么，当我们看到它们时，恐怖的情境在我们的心理结构就不会存在。

这意味着，我们对棺材、花圈这类东西的害怕其实是我们自己设计出来的，它们对死亡的象征意义由人所赋予。但既然人可以给它们赋予某种象征意义，同样也可以祛除它，就是斩断我们把它们和死亡联系在一起的想象力链条。只要我们在智力结构上把它们当客观的物来看待，在心理结构上就不会被恐惧所袭扰。

◎训练独自承受黑暗的能力

一个人孤独地处于黑暗中，其实就是置身于虚无的情境中，你会感觉到四周有不明的威胁把你攫住。这种威胁相当于死亡的威胁。如果你鼓起勇气在晚上一个人走到黑的林子里或山间静坐半个小时，你会发现，这是一个与白天的现实完全不同的情境。当恐惧袭来时，你迫使自己冷静，感受一下这种氛围，会获得难以言喻的体验。这种体验可能是与宇宙交融，可能是独自承受虚无的包围而感触人类的渺小，但只要你不害怕，你就有经验用来减弱死亡恐惧对你的影响，因为你想象中的死后情境，无非是这种黑暗情境的高级版本而已。

◎在思想上和心理上超越自己所生活的社会

越是汲汲于现实利益的人越怕死，这不是巧合。一个人越同化于他所在的社会，他的所思所想所做越不超出他所在社会的范畴，他的整个心灵、整个存在就越狭隘。而越是这样，对于整个宇宙来说，他的存在就越像一粒尘埃。

一个牢牢地吸附在"现实"之上的人是一个切断了过去、现在、未来的时间链条的人，也就是说，是一个拒绝了"永恒"的人。在与死亡的角逐中，在心理上他比那些感觉自己在思想和心理上活在一个前后延伸的时空结构的人，会更早地失败。

这一点很明显，如果我们既不了解历史，也不对未来有所畅想，在心理上我们就会和由时间序列建构的世界失去联系，我们的存在就容易被淹没。一个能够与过去对话的人，一个能够设想未来的人，比一个悬空的人更不怕死，因为他的存在得到了"自然"的眷顾！

第十一章

性格的真相

导读： 假如要用一种情绪或精神状态分别代表一种性格类型的人，那么，自卑型的人是恐惧，攻击型的人是愤怒，占有型的人是狂热，表演型的人是焦虑，炫耀型的人则是空虚。

1. 性格的力量是最强大的，因为它所保护的那个内心是最弱小的。击溃了一个人的性格，他就被彻底击溃了

导读：一个人存在一种典型性格或多种性格的综合，就是对世界可能的伤害进行防御，从心理上保护自己。当然，情况很可能是，由于性格无视现实，它有时候反而会害了一个人。

性格就是命运，这句流传了两千多年的废话只是片面的真理。完整的说法是：性格+价值观=命运。

我们饿了就要吃，吃了就要拉，一生中受本能驱动。同时，在我们的一生中，也受性格和价值观（文化）驱动。性格和价值观（文化）一起构成我们的第二本能。

关于性格分析的理论、观点已经太多，什么九型人格，什么性格色彩学，一大堆。我想指出它们的一些缺点：

（1）作者划分某一种性格，只告诉你"是什么"，描述一些性格表现，让你对号入座，但却无法告诉你"为什么"。比如，告诉你是"完美型性格"，你一看它的描述，哇，符合自己。但除此之外，还有什么？

不了解一个人为什么会有某种性格，是这类性格分析在理论上的败笔。它就相当于只看到一个商店服务员和一个朋友对你微笑，但并不清楚，这两种微笑，在心理动机上完全不同，表演的是完全不同的意思。

（2）作者告诉你，某一种性格类型的人如何如何，自信、幽默、处世圆滑、积极进取，但问题是，人非常复杂，这类东西很多人都有，而根据共有的这种东西划分成同一种性格类型的人，在其他方面却差异极大！

（3）这类性格分析从来不探讨人的深层心理动机，但如果我们不明白驱动一个人行动的心理动力，我们就不知道他到底是谁，想干什么。

（4）最后，这类性格分析把人预设为没有任何价值观念参与他的行为。这不符合事实。事实上，驱动一个人的行为的，不仅有欲望、性格，还有价值观。

（5）最致命的是，这类性格分析没有提供自我辩护，比如你为什么要把人分为这种颜色而不是那种颜色啊？难道不可以有青色性格吗？为什么是九型人格而不是十型人格呢？换句话说，它们对性格的划分是任意的。而之所以如此，是没有从"自我—世界"的关系上抓住人与世界关系的基本维度，而最多是从生活中去概括一些简单的表现。

在这里我们必须要问一句：性格对于人来说是个什么东西？性格并不是天生的，那么，它为什么要配置在一个人身上？

一切都要回到人的童年，回到人在三四岁有一个"自我"以后，他在和世界的关系中，是以什么样的方式来保护内心那个最弱小的自我的。性格就是从那个时候开始，在以后的人生中，所发展出来的固化了人和世界关系的一种自动反应装置。如果我们每次和外部世界打交道，来保护自己最隐秘最弱小的内心，来确立"我"的存在，都要靠大脑来思考才做出反应，那大脑根本忙不过来，生活也会显得极不稳定。性格对此进行了代劳。

一个人存在一种典型性格或多种性格的综合，就是对世界可能的伤害进行防御，从心理上保护自己。当然，情况很可能是，由于性格无视现实，它有时候反而会害了一个人。

性格是人的一种最深层的心理保护，这就是它的真相。

性格的力量是最强大的，因为它所保护的那个内心是最弱小的。击溃了一个人的性格，他就被彻底击溃了。

根据人和世界的关系（自我—世界），我把人的典型性格分为六种：自卑型、占有型、攻击型、表演型、炫耀型、温和型。但人是复杂的，有些人的性格特征，可能兼具以上性格类型的两种或多种，就是说，两种或多种是主要的，其他性格特征相对不活跃。

为什么是划分成六种基本类型，而不是五种或七种呢？我需要自我辩护。

原来是这样：在"自我—世界"这一关系中，当一个人在小时，因为被人欺负等原因而感到恐惧、无力时，"自我"在"世界"面前就有一种想逃避的感觉，就发展成了自卑型；当"自我"在被破坏时，想要破坏"世界"的方式来获取心理保护时，就变成了攻击型。而有的人，"自我"是想凸显在"世界"面前的，让"世界"看着他才爽，就变成了表演型。有的人，他的"自我"是一个虚空，他浮在"世界"面前，需要不断地浮，就变成了炫耀型。有的人，"自我"需要靠不断地占有，才能感觉到在"世界"面前的价值和强大，就变成了占有型。而有的人，"自我"和"世界"的关系不紧张，结构不夸张，就变成了温和型。

这六个基本维度，就是人最隐秘的内心面对世界的基本维度，它正是我划分性格的标准。所以，我把我的性格分析学称之为"六维性格学"。

六维性格学，我要写成一本书，一本古今中外迄今为止在深刻和操作性上"没有之一"的书。在这一章，我只能先写个提纲了。

2. 自卑型的人所做的很多事情，深层动机唯有一个：克服自卑

导读：假如条件许可，机会允许，社会形成风潮，自卑型的老实人会一跃而起，在某杆大旗的召唤之下发出可怕的怒吼，瞬间改变自己的性格，从一个老实人变成一个贪婪凶残的暴徒，或英勇无畏的战士。在这样的情境中，他们克服了自卑，成了命运和世界的主宰，他们想干什么就干什么。而只有尽情地放纵，他们才有在心理上把让他们自卑的东西踩在脚下的感觉。

性格类型：自卑型
心理强大平均指数：★★★
典型人物：拿破仑

性格特点：所做的很多事情，深层动机唯有一个——克服自卑

人本质上是自卑的动物。他是肉体凡胎，不如自然完美。他在这个世界上，感觉渺小而又脆弱。

人多多少少都有自卑的表现，但有些人的自卑却不一样。别人是在一个高档的人面前感觉自卑，他的自卑却是一种心理动力。他所做的很多事情，从深层动机上讲就是为了克服自卑。

这就是性格上的自卑。

自卑者容易在现实生活中表现出两个极端，要么畏畏缩缩，窝囊猥琐；要么无限狂热，似乎他可拯救苍生，改变世界。前一种人是"老实人"，后一种人是狂热者。

不要以为只有穷人才自卑。一个富人固然可以在比他钱少的人面前狂，但在比他钱多的人面前，在他无法控制的世界面前，自卑性格立刻被激活，他马上变成孙子。

社会地位可以让人自卑，身体缺陷也是，一个人长得太矮、太丑，或身体有着明显的缺陷，这些也容易让他自卑，因为这些缺陷容易遭到人们的嘲笑，贬抑一个人的存在价值。

还有隐藏很深的自卑者，但你可以通过直视他的眼睛发现，假如他和你对视的时间不超过三秒，或不敢对视，你可以有80%的把握判断，他在性格上有些自卑。这类人平时伪装极好，但他们有一个共同的特征：小时候或成长过程中，有一定的心理创伤。

性格表现

强自卑性格的人非常容易辨认。在一个极端中，他的眼睛躲躲闪闪，不敢直视他人，很少说话，你问一句他答一句，而且笑的时候很不自然。在各种需要表演的场合，他尤其无法适应，总是显得过度拘谨，恨不能马上逃离他的自我极不适应的场合。

而在另一个极端中，他却语调激昂，不顾他人感受地讲一些他拿手的宏大话题，在讲这些话题时，他的眼睛里不是自信的光芒，而是显出一丝惶恐。你和他交往时，他非常容易激动，非常容易把你看他一眼，理解成你蔑视他，把你说一句恭维他的话，看成是你讽刺他。

弱自卑性格的人，相对之下就不太容易辨认，但也不是毫无办法。

弱自卑类型的人，在其他方面和一般的人没有多大差异。但他只是在人生顺利的时候才没有显示出来，一旦他遭到挫折，哪怕这些挫折并不严重，他也会有严重的挫败感，其口头禅是"我不行""我完了""我不可能成功"。而在打击很严重的时候，他会在一段时间表现出一蹶不振、自暴自弃的症状。他的情绪容易被他人挑动，容易在惶恐、愤怒之间徘徊，但更多是惶恐。

如果说人是一种动物，占有型的人就是狗。那么，自卑者则是动物的大杂烩，他们可能是老虎、绵羊和蟑螂。

自卑型性格 + 渴望占有

渴望占有权力、金钱、美色是占有型性格的人最明显的特征。但当然，这并不是说其他性格类型的人就不想占有。除非一个人非常古怪，否则大家都是好这一口的。

占有者基本上以占有稀缺资源作为成功标准，但其他性格类型的人，并不仅仅以这些东西作为人生的成功标准。他们还有别的追求。可以说，占有者是纯粹的俗货，而其他性格类型的则不一定。

◎组合：自卑型性格 + 渴望占有 = 变态狂或奋斗者

受社会价值观念的影响，想占有很多好的东西，但在性格上却又自卑（不敢去占有或屈服于社会价值排序），同时拥有这两点的人或者是个变态狂，或者是一个奋斗者。前者有点儿像郑民生，后者则很像"凤凰男"。

他们的区别在于：自身有没有条件在可见的未来中达到自己的目标。情况不一样,他们会采取不同的行为策略,最终看起来像是两类不同的人。

其实也是两类不同的人。

我们知道,一个人要追求心理上的生存,占有者一定要占有很多东西才会感觉到自己有价值。而自卑者最大的渴望就是消除自卑,在这个世界体现他的存在价值和尊严,所以,他不必采取占有多少东西的方式,这些只是他证明自己的价值和尊严的手段罢了。

但是,一旦他认同于世俗的价值观念,认为只有占有权力、金钱、美色才能证明自己有价值,特别是,如果他认同于这样一种价值观:不能换钱的东西,从来就没有价值,那么,根据他自卑的性格特点,就存在两种选择。

一种选择是:如果他没有能力和条件去占有这些东西,他就会启动心理防御,让自己和权力、金钱、美色这些东西区隔开来。这类人平时生活得很窝囊,但他一直有窥视权力、金钱和美色的冲动,只不过,在他人面前,他是隐藏这些渴望的。

另一种选择是:一个人如果预期自己有能力和条件去得到这些东西,他就会不顾一切去为之努力奋斗。他要把自己投入进去,想象终有一天可以拥有这些东西。在这样做的过程中,这类人可能比占有者表现得还要狂热(占有者始终是冷静的),看上去更像是一个神经质的占有狂。他们甚至可能不择手段。

自卑型性格 + 拥有理想(某种独特的生活方式)

说起来很奇怪,自卑者看起来远没有其他性格类型的人看起来顺眼,但改变世界的,恰恰是这种人。而占有型性格的人,除去一批商业精英,大多数都是庸众。

忽略自卑者极为愚蠢。他们无论搞破坏,还是搞创造,在能量上都非常惊人,超出很多人的想象。

◎拥有某种理想 + 自卑型性格 = 毁灭者或思想者

精神分析大师弗洛姆曾深入分析过希特勒的心理。这个被视为人类历史上最大的"魔头"的人物，因家庭原因，从小就被自卑缠住。他在维也纳街头流浪时，更是饱受他人的白眼，也有过饥饿的折磨。为克服自卑心理，他幻想自己能当上画家，当上建筑师。毫无疑问，这类职业可以让一个人获得创造或改变一个世界的感觉。

最终他发现自己干不了这个，于是把自己投射到一个强大的德意志民族中。这样，他个人消失了，民族的强大代表了他的强大。而德意志民族在一战的耻辱，就像是希特勒在少年时代的耻辱一样。随着他在德国的得势，他不仅在心理结构上让自己完全融入强大的德意志民族，而且让德意志民族完全融入自己的心理结构。

希特勒对纳粹党卫军所发表的一番感言，最集中地体现了这一点："你们透过我的存在而存在，我透过你们的存在而存在。"

多么富有哲理的话！

希特勒是从自卑者变成一个毁灭者的典型，但别沮丧，精神分析大师弗洛伊德，也是一个自卑者。

一个根本性地改变了人类的知识视野的人，居然是个自卑者，这一点儿也不奇怪。我们还可以举出无数的例子：叔本华、卢梭、克尔凯郭尔、尼采、康德……没有这些人，人类思想的星空不知要黯淡多少！

◎ **拥有某种独特生活方式 + 自卑型性格 = "怪人"**

自卑者在心理上有一个特点，不愿往人多、热闹的地方凑。要他们在人多的地方频频露脸，得有一个前提，那就是以他们为中心，他们可以掌握局面，一呼百应。假如他在那种地方只是作为一个观众看戏，那一定非常沮丧和难受。

在这种情况下，他们会选择逃离。

拥有某种理想的自卑者瞧不起一般的人。他们认为大众斤斤计较、浅薄至极、没有理想、庸俗不堪。他们往往具备超越一般人的智力，具有一种改变人类社会的伟大抱负。在头脑里，他们执意要让自己生活在和大众不一样的世界里。

但是，在这里有明确的分界线。一个自卑者超越自卑，既可能通过掌握某种力量，毁灭让他自卑的东西的方式，也可以通过在思想上把握宇宙，超越于让他自卑的东西的方式。这是希特勒和康德的区别。

拥有某种独特的生活方式的自卑者，对大众热衷的生活方式并不感冒，因为这些生活方式无法让他找到自我，他的自我只能被淹没。他需要给自我开辟另外的疆域，在这疆域里，他就是上帝。

这类人往往沉迷于某一具体事务中，或画画，或木工，或音乐，诸如此类。他们可能做出点成绩，也可能一事无成，但他们一般不理会大众的评价。甚至，为了达到心理防御的效果，他们还表现出对世俗生活中的其他事务异常冷漠的特点。

自卑型性格 + 认同于命运

◎组合：自卑型性格 + 认同于命运 = "老实人"

自卑的人，绝大多数都屈服于社会价值排序，他或者会毁灭这个给他带来无尽屈辱的世界，或者想在思想上战胜这一世界，或者干脆选择退出这个世界。如果这些他都做不到，那没有办法，为了在心理上保护自己，他就会认同于自己的命运，选择"守规矩"和无尽的沉默，不敢轻举妄动。

在现实生活中，我们常常会发现一些沉默寡言的人，他们一般是自卑者、冷血者。对于前者来说，不是他们没有话要对这个世界说，而是他们说的话，不想让这个世界听到。而对于后者来说，他们压根儿就不想对这个世界说话，自己在暗处，世界在明处，在心理上，他们可以冷不防地对这个世界发动突然袭击，而世界却攻击不到他们，这种感觉是非常爽的。

做一个演员，一个人就暴露在世界面前，他面前可能是笑脸无数，但也可能杀机四伏。而只是做一个观众，在心理上就没有被躲在暗处的人攻击的危险。对于一个没有机会改变自己命运的自卑者，以及对一个冷血者来说，只是当一个观众要安全得多。

我想强调，所谓的"老实人"只是看上去老实，在心理上并不老实。或者说，他们没有机会去不老实，从而不敢不老实。他们实际上也想占有金钱美女，也想杀人放火，以此证明自己的存在价值，克服自卑。但是他们没有机会，没有条件，没有能力。他们必须抑制这些危险的想法，在性格上变得对这些东西没有欲望，以此保护自己风雨飘摇的生活。

假如条件许可，机会允许，社会形成风潮，自卑型的老实人会一跃而起，在某杆大旗的召唤之下发出可怕的怒吼，瞬间改变自己的性格，从一个老实人变成一个贪婪凶残的暴徒，或英勇无畏的战士。在这样的情境中，他们克服了自卑，成了命运和世界的主宰，他们想干什么就干什么。而只有尽情地放纵，他们才有在心理上把让他们自卑的东西踩在脚下的感觉。

每一次革命，每一次社会运动的发生，在一开始总会吸引无数的自卑者，一个动听的口号、一次局部的顺利、一幅胜利的蓝图，就能将他们席卷而去。

自卑型性格 + 游戏人生

游戏人生是一个人精神上的病变。游戏人生的人没有什么理想，世间的一切道德都遭到他们的嘲讽。他们就是以戏耍一切严肃的东西为乐。这种价值观念和任何一种性格结合，都让一个人不是什么好鸟。他不一定是个恶人，但一定是一个精神上的堕落者。

游戏人生的人有一个明显的特点：自私、缺乏爱。但对于一个自卑者来说，它起始于这一点：感觉到了世界对他的挤压、破坏。

他认为他看透了人，看透了这个世界。他所接触到的人、接触到的世界可能都是堕落的。于是，他想象并让自己相信所有的人、整个世界都是如此。

他要戏耍这个世界，只有这样，他才能克服自卑，报复这个世界对他的自我的破坏，找到一种把他人、世界玩弄于股掌之中的快感。

于是，除了他自己，以及纳入他的自我结构里的人（主要是他的亲人），其他任何人都不能认真对待。

游戏人生，本质上是通过对自己在精神上的毁灭来报复这个世界，尽管他们一直抗拒和否认自己是在精神上毁灭自己。他们的心理逻辑是：如果我不认真，你就伤害不了我；相反，我可以伤害你。而以前你对我的伤害，因为我现在是这个样子，已经没有什么力量，甚至，恍若你以前从未有能力伤害过我，因为我这样子，是谁都伤害不了的。

这种对世界的报复，有两种方式：一是精神上的报复；二是语言上、行为上的报复。根据成长环境、教育水平、生活工作环境的不同，分别体现为两种人：冷漠者和玩世不恭者。

◎组合：自卑型性格 + 游戏人生 = 冷漠者或玩世不恭者

冷漠的自卑者就是对什么都不关心。他们不同于老实人，老实人逃离这个世界，他们却是在精神上攻击这个世界。他们的冷漠里有一种仇视。当这个世界变坏，很多人倒霉的时候，他们在心理上非常高兴。

他们的内心是封闭的，一片黑暗，外面的阳光根本照不进去。

有时候，他们也会玩出一些动作，比如在没人看见的时候朝公园的椅子上撒尿，或面对美女露出猥亵的表情。

很多猥亵男就是冷漠的自卑者，猥亵的动作，是他们在精神上戏弄这个世界的升级版本。

对于冷漠的自卑者来说，只要对这个世界焕发热情，表示关注，在心理上就等于承认，这个世界还有值得尊重的东西，还有严肃的东西，那他们就等于向世界开放了自己心灵的大门。他们所感觉到的那些伤害，就有可能重演。所以，一定要防御，防御的策略就是封闭自己，同时可以在精神上攻击世界。

而对于玩世不恭者来说，仅仅在精神上冷漠并不够。他们不能仅仅成为观众，他们要同时做到三点：

A.用自己的表演来作弄他人，戏弄这个世界，从而获得心理优势；

B.表现自己的存在，不能让别人忽略自己；

C.尽力表现出幽默之类的东西，并幻想自己拥有这些为人喜欢的特点，从而证明自己的价值。

玩世不恭的自卑者闲不着。对于他们来说，叫他们不开口说话，只是看着他人表演，比杀了他们还要难受。他们一定要以语言、表情、姿态、动作去攻击他人和社会。

玩世不恭的自卑者喜欢凑热闹。只要他有机会，他不会拒绝去参与聚会之类。从世界中抽身而退，封闭自己不是他的个性。但是，他无法对这个世界焕发爱，一旦焕发爱，他的心理防御也就崩溃了，这个世界就随时可能再伤害他，而他也等于唾弃了自己。

3. 占有型的人能把这个复杂的世界快速地简单化为对他有利还是无利

导读：假如有一百块钱，占有型的人也绝对不会看不起一分钱，而是也会把这一分钱收入囊中。这是因为，在心理上，这一分钱所代表的东西，和一百块钱所代表的东西同等重要。

对于这类占有型的人来说，他们占有的东西就是他们的命。夺去这些东西，他们会跟你拼命。

性格类型：占有型

心理强大综合指数：★★★

典型人物：和坤

性格特点：占有，生命才有意义

我们要活命，肯定要占有食物、养料之类东西。我们也喜欢占有房子、汽车之类，来娶老婆，或和别人玩心理竞争。

但是，不是所有的人都是占有型性格，因为对于很多人来说，它可能仅仅是一种生活需要。只有在这种情况下占有的心理倾向才构成性格：为占有而占有，如果我不占有一堆钱，我就不会有快感，或者，我在心理上就活不下去。

占有型的人有一个明显的特点："自我"好像从未发育。依靠自我，一个占有型的人无法在心理上生存，他必须不断地占有世界上的很多东西，把它们填充进去，借以让他的自我变得强大。占有得越多，他就越感到自己的强大。

性格表现

占有型的人热衷于占便宜，自私自利。如果没有利益，他不会去浪费时间。

在这个世界上，最势利的人不一定是占有型的人，但确定无疑的是，他们普遍势利，而且很多时候不会虚伪地掩盖。你在贫穷和有钱时，他们对你的态度完全不一样。他们交朋友时会选择性地交往。从根本上说，他们没有朋友。他们也很少有爱，女人只是他们炫耀自己的价值的货品。他们缺少同情心，不会轻易地给街头乞丐几个子儿。他们有经济头脑，精于理性盘算，能把这个复杂的世界，快速地简单化为对他有利还是无利。

占有型的人并不相信命运，但却相信运气和奇迹。对他们而言，命运是一个让人沮丧的东西，他们拒绝服从。但他们总期盼一次又一次的好运，期盼有朝一日奇迹发生。

占有型性格 + 渴望占有

◎组合：占有型性格 + 渴望占有 = 占有狂

一个占有型的人几乎会本能地选择占有价值观来和自己的性格"配套"，告诉自己疯狂追逐权力、金钱、美女是对的。

对于他们来说，这个世界就是一个金矿，一家超市，除此之外没有别的东西。而能够把金子挖出来据为己有，能够把超市的东西尽可能搬回家，就是他们来到这个世界上的目的。

假如有一百块钱，他们也绝不会看不起一分钱，而是把这一分钱也收入囊中。这是因为，在心理上，这一分钱所代表的东西，和一百块钱所代表的东西同等重要。

对于这类人来说，他们占有的东西就是他们的命。夺去这些东西，他们会跟你拼命。

占有型性格 + 拥有某种理想

◎组合：占有型性格 + 拥有某种理想 = "成功人士"或潜在的"成功人士"

在这个世界上，有人用金钱来服务于理想，为了理想，他可以拼命赚钱，有钱后大把撒钱，甚至倾家荡产。这类人往往是自卑者。

原因很简单，对于他们来说，金钱本身并不能带来意义，它只是工具。不能实现某种理想的人生是失败的人生。

在这个世界上，另外有一种人做的事情恰恰相反，他也有某种看起来崇高的理想，但这种理想并不能给他带来人生的意义，它只是他赚钱，或保护自己利益的手段。

对于这类人来说，拥有某种理想，并不是因为它有多大的吸引力，而是因为他们精明地意识到，不实现这种理想，自己的赚钱之路会遇到一些麻烦，或者，自己所拥有的东西，很可能没有一个保障。他们绝不只看到自己手上的那一堆钱，还看到了一个社会的现实，以及未来的走向。

这类人往往是一般而言的那种"成功人士"。即使他们现在还是蚁族，也可能是个潜在的"成功人士"。

在很多人心中，美国开国总统华盛顿多么伟大，领导了美国独立战争，把英国人赶跑后，江山也不坐，交出了兵权就回老家去了（后来他又当了总统，不过是另一回事），确实伟大。

不过，从性格上讲，华盛顿先生并不像这些人心里想象的那么"大公无私"。他是个农场主，还蓄奴，心里面并不认为黑人也配享有"自由"。打仗的目的，不过是为了保护自己的财产（它被说成是保护"自由"）。英国人被赶跑，美国获得独立后，财产不再被威胁，不是官迷的他，也就没必要继续"为美国人民的自由而奋斗"了。

占有型性格 + 游戏人生

◎组合：占有型性格 + 游戏人生 = 无赖

以占有权力、金钱、美色这些"物质性"的东西作为人生意义的人必然会遗失掉真正的人生意义，这不是秘密。

结果可想而知：他有焦虑，希望生命能达到一个精神高度的内心会谴责他。逃避这种谴责的方法，主要就是继续疯狂地占有。

在心理上，人有一种奇怪的自我说服，就是做了一件内心里并不感到合理的事情，为了说服自己这样做是对的，那就接着继续做。一些杀手之所以变得越来越残忍，就是因为杀一个人，已经突破了他做人的底线，那么，杀一个人是杀，杀两个也是杀，杀得越多，他在心理上就越能说服自己杀人是合理的。

对于游戏人生的占有者来说，继续疯狂地占有稀缺资源并不能解决他的焦虑。这个世界所具有的理想、所存在的一些精神高度，对于他始终是一个威胁，而他不可能把这个世界一口吞下，在心理上恍若这个世界是他的私有财产，由他控制。在这种情况下，他必须在心理上蔑视这个世界，拒不承认它的任何道德规则，唯一的游戏规则就是他。

这种人就是无赖。

4. 攻击型的人绝对不能容忍别人世界的美好

导读：攻击型的人从来做不成什么大事。真正能做大事的，无论是对这个世界搞破坏还是搞建设，绝大多数都是自卑者、占有者、表演者。历史是这帮人书写的，现实也是这帮人构造的，未来更是这帮人描画的，攻击型的人只有看戏的份。

性格类型：攻击型性格
心理强大平均指数：★
典型人物：李逵
性格特点：自己在精神上玩儿完，也希望别人这样
在这个世界上，有的人不朝他人吐口水，不暗算他人，不说他人坏话，不攻

击他人，他就不舒服。降生于人间，他好像就是为了干这些事情而来。

他一直在仇恨自己，但他不敢让自己知道这一点。

他完蛋了，但他希望别人和他一起完蛋。

在所有动物中，最具攻击性的就是人。人越远离自然，越具有社会性；社会越拥挤，竞争越激烈，人就越有攻击性。

但有的人的攻击性不是受到外部世界刺激后的反应，而是一种性格。他无意识地要去攻击别人。攻击别人，成为他维护心理生存的日常方式。

攻击型的人就是你平时所看到的告密者、毒舌妇、喜欢打老婆的男人、偷盗上瘾的窃贼、打架滋事的人渣、喜好给下属小鞋穿的上司、服务窗口的那些冷漠脸孔，以及任何一个你可以确认的施虐狂。

他们要么动口、要么动手、要么自己出马、要么唆使他人，一句话，他们无法停止自己的攻击冲动。这个世界好像和他们有仇，他们一定要报复。

对于攻击型的人来说，世界的美好是绝对不能容忍的。最好除了他之外，所有的人都倒霉，而且是经他的嘴、他的手倒霉的。

攻击型的人无论看起来怎样，骨子里就是一个懦夫。他对这个世界感到害怕，色厉内荏、外强中干是他们的心理特征。

攻击型的人当然不是天生的。我们一直在说，有的人天生就是个人渣，但与其把它理解为一种对事实的描述，不如理解为一种语言上的修辞。

和自卑者中的玩世不恭者一样，攻击型的人的自我已经被败坏。但和玩世不恭者不同，他绝不肯承认，也意识不到自我的败坏。他更不肯在精神上毁灭自己。他只有一个目的，就是报复世界。这个世界败坏了他的精神结构，那么，他不会让别人好过。

从整体上看，如果说在这个世界上，一个人一生就是在想尽办法逃避痛苦，那么攻击型的人就是想尽办法让别人痛苦。

攻击型性格出自于以下几个原因：

◎畸形的家庭环境

一个人在成长的时候，如果缺乏尊重他人的教养，父母溺爱，却又远不能满足孩子的需求，导致他心理受挫，那么，这个孩子就有可能从自卑一步跨越到认为这个世界欠他的，他需要把别人打趴，把他认为该得到的弥补回来。或者，父母虐待他，在他心理上就扩展为似乎整个世界都在虐待他。我们所看到的一身戾气的"小霸王"就属于这一类，长大后他们绝大多数也不是什么好东西。

◎施虐性的社会环境

在任何一个社会，人与人发生关系时，总存在权力不对等、一个人欺负另一个人的情况。比如，一个上司，一个政府工作人员，一个狱警，一个火车票售票员，就有权力随便戏弄一个下属，一个老百姓，一个犯人，一个旅客，而后者并无反击能力。久而久之，便培养了某些处于优势地位的人的攻击型性格。

◎相互倾轧的人际关系

在社会上，人与人之间越不相互信任，一个人越有可能被人伤害，就会启动人的心理防御，逐渐在性格上改变一个人。假如A在和他人交往时，经常被人攻击，那么，为了保护自己，他就被迫先发制人，先攻击别人，久而久之，形成攻击型性格，停不下来。这类人多是由自卑型性格的人转化而来，而且是具有占有价值观的变态狂和奋斗者的类型。

性格表现

攻击型的人从来做不成什么大事。真正能做大事的，无论是对这个世界搞破坏还是搞建设，绝大多数都是自卑者、占有者、表演者。历史是这帮人书写的，现实也是这帮人构造的，未来更是这帮人描画的，攻击型的人只有看戏的份。

他们基本上就是社区长舌妇，街头混混儿，体制寄生虫，暴力机器成员，商业机构或大或小的员工。

他们做不成什么大事，其原因在于，他们无法把自己自我的败坏扩大成这个世界对所有人，甚至只是一个阶层、一群人自我的败坏，因此其理想永远没有超出个人的范畴。

他们只能在生活和工作中，或明显、或隐晦地发泄对这个世界的仇恨。而且，无论他们嘲笑他人、暗算他人、伤害他人，针对的永远是具体的人，而且是比他们更弱的人。他们永远不针对抽象的东西，比如价值体系、制度安排。

攻击型的人非常容易辨认：

A. 看他们的眼睛

自卑者的眼睛，或冷漠，或狂傲，或恐惧，或自信，变化多端。但攻击型的人的眼睛却永远只有一种光芒，那就是仇恨。当你和他在一起时，注意看他的眼睛，那是一双对世界冒出敌意的眼睛。

任何人的眼睛都可能闪出仇恨，但对于其他类型的人来说，那是愤怒引起的。而攻击型的人的仇恨，不需要任何理由，理由在他的性格结构里。

B. 听他们说的话

以为可以和攻击人正常交流是天真的。不能和他正常交流的意思是，你们无法客观地、不带偏见地深入探讨任何一个问题，因为他所看到和理解的世界，仅仅是他心里的世界。

对于攻击型的人来说，世界不是用来理解的，而是用来攻击的。所以，语言对于他来说不是探究真相的工具，不是人际交流的手段，而是一把刀。他们所有的话语只有一个目的，那就是可以发泄他的攻击欲。

无论谈到任何事或任何人，不到几句话，攻击型的人都要打击一番。如果某件事无法让他找到借口进行攻击，他就要转移话题。对于他来说，只是在正常地交流而不是可以让他发泄攻击欲，无异于一种折磨。

C. 看他们的表情

仇恨的眼睛，一般和扭曲的表情对应。一个人长期堆着伪善的笑，你瞧他那张脸，就显得十分虚伪；长期淫笑，就显得十分无耻；长期奸笑，就显得十分阴险；长期憨笑，则显得十分老实。长期堆满仇恨，那张脸看上去就十分猥琐、凶恶。

在所有的性格类型中，攻击型的人是最没什么理想的。他们像钉子一样深深地嵌入世俗生活中，在精神上永远跳不出他所生活的那个天地。所以，这类人的价值观相对来说要单一得多，基本上就是两类。

攻击型性格 + 渴望占有

◎组合：攻击型性格 + 渴望占有 = 施虐狂

我在前面说过，大家都好金钱、权力、美色这几口（对女人来说"美色"当然是指帅哥）。只是，占有这些东西，大家的动机并不一样。

占有型的人占有了金钱、权力、美色，他在内心里充溢着洋洋自得、踌躇满志，但一般不会在他人面前表现出来，只有在你稍微恭维他一下，他才会不可抑制地流露出来。而在还没到手的时候，他一般显得世故精明、冷静沉着，并尽力鼓吹他那一套占有价值观。

自卑者占有金钱、权力、美色，他会显得像是发狂一般，因为他终于甩掉了他那个低贱的自我。他并不希望全世界都知道他"成功"了，但他一定要让曾经造成了他自卑的一切知道。

而在还没占有时，他或者显得对这些东西没有兴趣（因为没有能力，要进行心理上的自我保护），或者让自己看起来就像是个金钱、权力、美色拜物教的狂热信徒，他必须幻想自己某一天可以占有这些东西，他的座右铭就是："我要成功！我一定会成功！"

表演者占有金钱、权力、美色，会立即淡化这些稀缺资源赤裸裸的特征，把它们处理成"品位""档次"。而在还没占有时，他们会对这个世界堆满虚伪的微笑，并且显得好像他们已经属于占有了这些东西的人群中的一员。这是一群一言一行都极为伪装的人，他们处处要显得自己高档。他们没有自我，上流社会的穿着打扮、礼仪程式、语言格调就是他们的自我，所以，他们不是在突出自我，而是突出他们属于哪一个阶层、哪一类人。

而攻击型的人占有金钱、权力、美色，不会洋洋自得，不会宠辱不惊，不会发狂，更不会伪装扮高档，而是用来施虐的。以前他们可能只是用语言来施虐，这么没有力量；只是用行为来施虐，而这又充满风险。但现在，他们拥有了力量，拥有了施虐的合法性。

所以，假如他们占有权力，立马会成为一个对下属无尽折磨的上司，他们的工作内容就是想办法折磨某一个或一群下属。

拥有金钱，那些有求于他，或给他干活儿的人就倒霉了。他会大肆贬低"穷鬼"，最极端的动作，就是拿钱砸"穷鬼"的脸。

拥有美色，那么这个女人就倒霉了。他会变成一个性施虐狂，什么花样可能都想得出来。而且，和占有型的人一样，他们不会只满足于占有一个。

而假如攻击型的人还没有占有金钱、权力、美色，那么，和世界其他东西一样，金钱、权力、美色同样会成为他们攻击的目标。只要想占有金钱、权力、美色，而又还没有得到，他们会更加严重地感受到来自金钱、权力、美色对他们的"伤害"，他们在心理上，就一定要毁灭它们。

攻击型性格 + 游戏人生

◎组合：攻击型性格 + 游戏人生 = 破坏者

无论理想的内容是什么（是拯救人类，还是以后活得人模人样），对于很多人来说，一定要有一种理想来拯救自己，但攻击型的人恰恰相反，理想是他们的仇敌，他们一定要攻击任何理想。

和自卑者中的冷漠者、玩世不恭者一样，攻击型的人涌动着游戏人生的强烈渴望。

只要宣布人生是必须严肃对待的，生命和生活有着它的意义，一个人应该有所追求，他们在心理上就完了，因为有所追求必然要有所创造，至少不去破坏，但攻击人恰恰是从搞破坏中得到乐趣！

5. 炫耀型的人是被惯坏的孩子

导读：炫耀型的人属于这种人，偶然地降生于这个世界上，炫耀一番，找到一点儿自己活在这个世界上而且还不差的感觉后就离去，什么也不会留下。

性格类型：炫耀型
心理强大综合指数：★
典型人物：孔乙己
性格特点：绝对的空虚

表演者已经足以给人一种虚浮的印象。但比之炫耀型性格的人，它就有点儿小巫见大巫了。

在这个世界上，有人为自卑所折磨，终身都在努力挣脱软弱无力的命运，摆脱童年的阴影；有的人疯狂地想占有一切他看中的东西，把世界一口吞下；有的人把所有人都视为攻击的目标，没有一个靶子，他的生活将失去意义；有的人不断地扮演一个他认为可以让自己有价值的形象，并且渴望观众配合自己的演出；有的人则需要不断地美化、炫耀自己，向世界证明自己多么的牛×，多么的光彩夺目，借此获得价值感。

炫耀型性格的人基本上是被惯坏的孩子。这不是说他们是小孩儿，而是他们在心理上永远长不大。

每一个小孩儿，都喜欢拿自己和别的小孩子比较，开始是比谁的玩具更好玩儿更漂亮，到后来开始比较谁的父母更有钱有势。可以断定，固着于这种心理阶段，在以后终于形成炫耀型性格的小孩儿，家里既不是最好的，也不是最差的。父母即使不溺爱他们，至少也不会打骂他们。

对于炫耀型性格的人来说，"比上不足，比下有余"的生活环境使他们的自我在小的时候很少受过挫折。但是，也恰恰因为既没有受过多大的挫折，也不是万千宠爱集于一身，他们的自我和世界并没有建立一种牢固的联系，他们一直是漂浮在这个世界的表皮上。炫耀型性格的人因为对这个世界既没有多大的爱，也没有多大的恨，所以害怕别人不知道他是谁，害怕自己被这个世界淹没。

不幸的是，正因为对世界既没有多少爱，也没有多少恨，炫耀型性格的人对世界并不刻骨铭心，所以他们对这个世界极不敏感。这导致了一个现象，他们很少发展成自卑者的那种敏感，也很少能发展成占有者的那种狂热，更没有攻击和表演者的那种强烈欲望。他们思想空虚，没有灵魂，只能以他们的社会属性，他们所占有的稀缺资源来代表他们的自我。所以，看起来炫耀型性格的人比任何一种人都更屈服于社会价值排序，非常热衷于炫耀美貌、金钱、权力。

性格表现

假如要用一种情绪或精神状态分别代表一种性格类型的人，那么，自卑者是恐惧，攻击者是愤怒，占有者是狂热，表演者是焦虑，炫耀型性格的人则是空虚。不错，空虚是他们的特征，也是他们最可怕的敌人。

我在前面已经说过，炫耀型性格的人在这个世界上做不了什么大事。因为他们对这个世界极不敏感，无法把自己的精神状态，提炼成一种对世界的占有和创造。他们的性格只适合别人给他们提供了炫耀的道具，然后他们拿来舞弄一番。

在心理上，他们是寄生虫。在现实中，往往也是。

毫无疑问，炫耀型性格的人绝大多数都虚浮、虚荣。和攻击型的人一样，他们绝大多数在这个世界上做不了什么大事。

而他们在炫耀时（也是表演），不像表演者那样太在意观众的反应。他们的炫耀一半是表演给世界看，一半是表演给自己看。假如能够地让自己相信自己的表演成功，那么，世界如何看待自己的表演，并不是很重要。

因为他们需要的只是这个心理效果：你看，你们注意到了我吧，我有多牛。

辨认炫耀型性格的人远比辨认别的性格类型的人简单。其一，炫耀型性格的人从不掩饰，只要特定的情境出现，他们马上就恨不能拿出他们认为是最好的东西来炫耀一番；其二，他们一般动作夸张，语言浅薄，表情虚浮；其三，对于人类生活的很多严肃事情，他们不感兴趣。

准确地说，炫耀型性格的人没有成熟的价值观，至少不像其他性格类型的人那样典型。他们属于这种人，偶然地降生于这个世界上，炫耀一番，找到一点儿自己活在这个世界上而且还不差的感觉后就离去，什么也不会留下。

他们基本上只有两种价值观念：游戏人生和占有。

炫耀型性格 + 渴望占有

◎组合：炫耀型性格 + 渴望占有 = 贪婪者

这个世界上有吝啬鬼，也有慷慨大方的人；有无欲无求者，也有贪婪者。

吝啬鬼大多是占有者，没有什么信仰，他们的信仰就是最俗的财物，给别人一点儿财物，等于要他们的命。自卑者和表演者有时候会慷慨大方，财物有时候对于他们是身外之物。无欲无求者多是温和型的人，与世无争，不会患得患失。而贪婪则集中体现在占有者和炫耀型性格的人身上，假如一个炫耀型性格的人热衷于占有，那更是如此。

炫耀型性格 + 游戏人生

◎组合：炫耀型性格 + 游戏人生 = 乖戾者

游戏人生的炫耀型性格的人性情乖戾，目空一切，对世界透出冷漠和敌意。但他们不会虚伪。碰到复杂的情境，碰到比他们更强的人，他们的表演往往搞砸。和一个占有者、一个表演者玩，要利用他们易如反掌。

正如其他游戏人生的人一样，游戏人生的炫耀型性格的人，其眼神和嘴角常常流露出对人生和世界的无所谓。但这种无所谓，常常被他们解读为高傲。他们实际上不太在乎别人怎么看待自己，但对于他们来说，不在人群中掠起一片惊呼，生活就单调乏味。

同是炫耀型性格的人，贪婪者远比乖戾者狡猾。后者不会绞尽脑汁去占别人的便宜，但前者却会。在极端的情况下，即使贪婪者很富有，根本不缺几个钱，但只要能占几块钱的便宜，他也要去占。

而一般情况下，他总会在别人面前炫耀，他家有多富有，他有多牛。

广义来说，乖戾和贪婪都是一种病。

6. 表演型的人有强烈的虚荣心，是因为他们需要通过虚荣的东西来构成自我认同

导读：降生在这个世界上，表演型的人就是让人来关注的。只是当一名观众，对于他们来说将是人生的失败。

性格类型：表演型

心理强大综合指数：★★★

典型人物：苏格拉底

性格特点：拥有极强的虚荣心

如果说自卑型中的很多人想从人群中消失，让别人看不见自己，那表演者恰恰相反，他一定要在人群中凸显出来，让大家都看到自己。

他们降生在这个世界上，就是让人来关注的。只是当一名观众，对于他们来说将是人生的失败。虚荣心是表演者永恒的渴望。

他们是狮子，是狐狸，也可能是孔雀。

和自卑者一样，表演者虽然大致只有两种类型，但也分化严重。而把苏格拉底和那些浅薄的办公室白领相提并论，你更会跌破眼镜。

但别感到不可思议。

表演者绝对不会让他的自我孤零零地面对世界。对于他们来说，要么他的自我是对一种类型的人的概括，要么他就根本没有自我。他的"自我"只是某一个阶层、某一种生活方式的折射，他是空的。前者倾向于把某一类型的人纳入他的自我结构，而后者则倾向于把自己纳入一个阶层。

前一种表演者你是很难战胜的，因为他们的自我超越了肉身、社会的限制，

成了一种牛×的东西的化身。打垮苏格拉底的前提是，你得把理性打垮。你做得到吗？

后一种表演者容易击溃，但前提条件是，你的角色比他扮演的角色牛×。让一个表演型的女白领拜倒在你的牛仔裤下，向你俯首称奴，前提是你的外在包装，比她分沾了其属性的那一个阶层、那一种生活方式还要高档，或者，你在其他方面的表演才能，让那一个阶层的所谓品位相形见绌。

在所有性格类型的人中，表演者脸皮是最厚的，但这不是厚颜无耻的那种厚，而是他们拥有别的性格类型的人所没有的，敢于在大庭广众之中暴露自己的能力。就平均数而言，他们比别的性格类型的人心理强大。

性格表现

在这个世界上，最不能忽视的就是自卑者和表演者，世界变成这个样子，主要就是由他们干的。而他们想要破坏这个世界，比谁都容易，而且下手更狠。

希特勒差点儿把人类送入地狱；苏格拉底仅凭三寸不烂之舌就让一个伟大的民主制度风雨飘摇；林肯可以让一个奴隶种族从此看见解放的曙光。仅从世界上最优秀的民族—犹太民族身上看，性格类型大多数是自卑、表演和占有。真是奇怪。

毫不夸张地说，只有自卑者和表演者提供了一个条件，占有者才可能成功。只有自卑者和表演者提供了一种情境，攻击型的人才有机会疯狂地发泄。而没有自卑、表演、占有型的人提供条件，炫耀型的人压根儿就没什么可炫耀的。

当然，如果你不属于自卑、表演、占有这三种性格类型，不必惊慌。正如他们产生过并且正在产生优秀的思想家、政治家、商业巨擘一样，他们也产生过并且正在产生无数的寄生虫、变态者、神经病。对于表演者来说，他们中更多的是自鸣得意、活得极为虚伪、虚假的家伙，人格分裂者比比皆是。

根据档次的不同，表演者分成两个极端：

A.扮演一种思想、文化、制度、理念的"代言人"角色。

这类人大多好人为师，无比自信，具有很强的论辩能力。他们善于表演，善于捕捉观众的心理，总能煽起一阵阵狂热，而且不乏追随者。

在这里我要教好学的读者一个绝招，很多思想家都属于自卑型和表演型，那如何区别他到底是哪一种呢？一个最简单的办法就是看他们的语言方式，可以说得通俗煽情的，大多数是表演型；而说得晦涩抽象的，则多数是自卑型。这里的心理动机在于，自卑型的重点不是放在观众的反应上，而是放在自己所说的话的力度上，而表演型则相反。

B. 扮演一个社会中有档次、有品位、价值排序较高的阶层的角色。

同是表演者，这类人和前一类人区别较大，一般更注重于世俗层面的伪装。

前一类人不太注重衣着打扮之类的形象设计，原因在于，他们有一个自认为很强大的自我，这个自我从思想理念那儿吸取了无穷的力量；而这类人，由于他们的自我是从某一个有档次、有品位的阶层那儿得到的，所以，就必须扮演某一个阶层的外在形象。

对于这类表演者来说，什么东西流行，什么东西被认为有品位，他们就要参与进去表演，让自己成为主角。某一款时尚的衣服出来，他们不可能是第一个买的，原因在于他们缺乏独立思考能力，而且无法判断它会不会流行。但一旦有流行的迹象，他们会马上下手。

这类表演者，如果自身属于某一个价值排序较高的阶层，比如富人阶层，那么，他们不会戴着粗大的金戒指招摇，不会开着宝马横冲直撞，而是会选择一种相对来说有品位的时尚方式来表演，比如搞环保、做慈善、玩比赛、搞沙龙，诸如此类。

他们实际上根本瞧不起那些戴着粗大的金戒指招摇的富人，拒绝承认他们是同一类人。

从表演者的心理动机上讲，为什么呢？

我上面已经说过，这类表演者要露的并不是直接的权力、金钱之类东西，而是用品位来包装的身份。戴着粗大的金戒指招摇并不叫品位，而叫粗俗。

如果表演者自身不属于某一个价值排序较高的阶层，比如他们只是小白领，一个月收入交了房租、水电、吃喝拉撒后，还真的是"白领"了，那他们一般来说，就倾向于模仿比他们更高一个阶层的生活方式和趣味，把自己弄得高档一些。"时尚"是他们使用频率最高和界定他们行为最好的词汇。说话的时候，他们一定要显得自己紧跟最流行的社会现象，比如网络上有什么新流行词，他们在聚会中马上会拿出来表演。一句汉语夹杂一个英语单词，更是他们伪装的经典场面。

表演型性格 + 渴望占有

◎组合：表演型性格 + 渴望占有 = 社会玩家或虚荣的戏子

权力、金钱、美色等东西是任何一个社会的稀缺资源，在社会价值排序中位于较高位置，是一个人成功、牛×的象征。因此，绝大多数表演者很好这几口不足为奇。他们中谁愿意扮演一个低档货呢？

有三类人有很强的虚荣心。一类是自卑者，另一类是表演者，再就是炫耀者。自卑者有虚荣心，是因为想要在他人面前找到自己有价值的感觉，挽救那个弱小的自我；表演者有虚荣心，是因为用来虚荣的东西，恰好可以构成他们的自我认同；炫耀者有虚荣心，是因为他就靠这个在心理上生存，如果虚荣心得不到满足，他就完了。

表演者是出色的演员，但他们到底是成为出色的社会玩家，还是只是一个虚荣的戏子，取决于占有金钱、权力、美女等稀缺资源的野心的大小，有无冷静的心理素质等。

从心理强大的角度上来讲，对于虚荣的戏子，你只要在穿衣打扮上打压他，他就会被击溃，更不用说剥掉他们用金钱、消费来装饰的"品位"了。

因为他们一直隐藏着那个真实的自我，而只是以一个扮演了某一个阶层、某一种身份、具有某种品位的假自我来面对这个世界，不幸的是，他们却误以为这个假自我就是真实的自我。就是说，他们以假自我来演戏，但并不知道自己是在演戏。

这样，打压他们，他们真实的自我由于已经被驱逐出心理结构，保护不了他们，而假自我也没有抵抗的能力，所以几乎是一触即溃。

这个原理可以扩展到对付虽不属于表演者，但却喜欢表演他的聪明、他的美貌、他的形象、他的气质的任何一个人。某些情场老手深谙此道，用打压而不是讨好的方法来对付美女，更容易得手。

对于社会玩家来说，他们表面上看起来很强大，但内心的脆弱，比虚荣的戏子有过之而无不及。

我要纠正一个流行的错误观点，这个观点认为社会玩家们长袖善舞，熟悉人情世故，通透社会的各种规则，并且善于揣摸人心，城府很深，因此，他们往往有坚强的意志，心理很强大。

表面上看，这解释得通。因为社会玩家们是以演员身份来面对这个世界，和他人博弈，他们知道自己是在演戏。虚荣的戏子被击中假自我，因为这等同于他的自我，他就完了；但社会玩家被击中假自我，由于他知道自己是在演戏，对他并没有什么伤害。

但是，对于社会玩家来说，他们的心理强大也就只体现在这个方面，以及能够玩别人的方面了。只要击溃他们以下两样东西中的任何一种，他们的心理防线就会被摧毁：

A.他们所占有的权力、金钱等稀缺资源，在一夜之间被剥掉。这意味着，他们无法再扮演玩家的角色了。他们被逐下了舞台，只能看人表演，让人玩自己。这对于很多社会玩家来说是无法忍受的，有的人甚至精神崩溃而自杀。

B.在和他人博弈时，被人玩了一把，特别是被他们瞧不起的人玩了一把。对于他们来说，这是对自己表演技术的最大打击，而对表演技术进行打击，即是对他们智力和野心的打击，也就是对他们心理弱点的致命打击！

表演型性格 + 献身于某一理念

◎组合：表演型性格 + 献身于某一理念 = 理念人（哲人、教士、圣人）

表演者容易给人一种虚浮、浅薄的印象，那是因为，大部分表演者都这样。但有另一种表演者，说他们虚浮、浅薄却绝对是一个错误。

我在前面已经说过，这类表演者扮演的不是某一个价值排序较高的阶层的身份、品位，而是扮演某一类有智慧、有道德色彩的人，并且力臻完美。这就是他们与社会玩家、与虚荣的戏子的根本区别。

如果生搬硬套一下柏拉图的说法，那么，所谓有智慧、有道德，就是一种抽象的"理念"，而扮演这类角色的人，则是这个"理念"的"摹本"。

对于这类表演者来说，他们有一种天然的焦虑和精神的紧张，害怕自己演这类角色时演砸。也因此，和社会玩家以及虚荣的戏子区别开来，他们在思想上往往超越于世俗，在心理上超越于社会价值排序。一句话，他们的心理很强大。

他们所扮演的角色，本身就包含着一种理念。而他们要扮演好这类角色，更需要有"献身"于某一种理念的执著。

很难想象这类人会在心理上轻易被人打垮。试图去成为这类人的敌人，而不是和他们交朋友，往往是愚蠢的。扮演一个哲学家、一个教士是这类人在这个世界上存在的价值依据，他们的一生，好像就是为了这件事情而存在。执著的理念，足以让他们蔑视任何困难，甚至蔑视死亡。

在这个世界上，好像献身于某一理念的并不止"理念人"。不错，我们看到太多为理念而死的现象。比如，一个人如果坚信民族国家的至高无上，不要说他在抵抗侵略中，就是在侵略别国时，他也愿意赴死。

苏格拉底也是为哲学上的理性信念而死的。

但是，把这两者混为一谈，却大错特错了。对于前一种人来说，他们本质上是理念的奴隶，是那些制造理念的人，或者社会价值观念、政治意识形态控制的木偶，他们并没有独立的自我，他们必须寄生于某一个抽象的实体之上；而对于后一种人来说，理念是经过他的理性选择的，他具有独立的自我，具有主体性，只不过，他的自我，是以他所扮演的那一类人的理想形象来设计的。

他们的另一个区别是：前者如果没有观众肯定自己，他们就沮丧，就会在心理上活不下去；而对于后者来说，有无观众的肯定，则基本无关宏旨。

我们说到了一个词语"寄生"。在生物学上谁都知道它是什么意思。对于理念人来说，他们不需要寄生。但是，对于社会玩家和虚荣的戏子来说，无一例外地在心理上是寄生虫。

表演型性格 + 认同于命运

◎组合：表演型性格 + 认同于命运 = 小丑

认同于命运的表演者，其比例不高，但还是有这样的人。他们往往是一些和这个社会的成功标准绝缘的人，按照社会的流行看法，他们混得比较失败，比较窝囊。

你在电影电视上一定看过一些扮演小丑娱乐大众的人，比如，香港的一些电影电视，一定有人在扮演英雄时，找一个人扮演傻×。这类演傻×的人表情痴呆，说话像白痴一样，却又让人好笑。在艺术上，他们是成功的配角。

娱乐界盛产这类人，他们当然是市场宠儿，但是，他们的舞台形象，却是典型的小丑。

小丑当然不是傻×，而是讥诮、狡黠、有小聪明，为人看不起但可以让人开心的人。他们表演出这副形象，就以满足大众居高临下的心理并得到开心为目的。

这对于现实生活中的小丑来说，具有很重要的意义。

表演者的表演始终无法停下来，因为他们或者自认为还没有达到这样的完美形象，或者总会面对怀疑的目光。

但如果表演者根本没有能力去扮演这类完美形象，去扮演一个社会价值排序较高阶层的成员，无法表现出某种高雅的品位呢？

那就在心理上撤退，为了留住观众，自己改换角色。假如一个人扮演不了哲学家，扮演不了教士，扮演不了白领，那么，就扮演一个小丑吧。

扮演小丑的人，或者经过了一系列的失败，或者知道自己没有本事，或者没有自信，压抑了自己挤进上流社会的冲动。总之，他们认命了。为了获得心理生存，为了在观众的注目中找到快感，他们要苦中作乐，用观众的笑声衬托自己的存在价值，用观众对自己的认可来认可自身，用自己似乎幽默机智的语言、动作来确认自我价值，避免自己直面自己的真实处境。

所以，小丑起劲的搞笑表演，背后往往是内心的苦涩。

但他们无法停下来，一停下来，他们就会在黑暗中与那个自己一直在逃避的"自我"相会。这对于他们来说，那真是太可怕了。

7. 温和型的人和世界不构成紧张关系

导读：温和型的人没有把世界看成是一个危险源，没有把它看成是一桌大酒席，没有把它看成是一个表演的舞台，没有占有稀缺资源和凸显自己的强烈欲望。这导致了这样的结果：在某一领域取得杰出成就的，往往不是温和型的人。

性格类型：温和型
心理强大综合指数：★★★★
典型人物：胡茵梦
性格特点：自我和世界和解

在这个焦虑弥漫、浮躁而暴戾的时代，温和型性格的人似乎有着独特的功能。对于急躁的人，他们说，慢点；对于想钱想得发狂的人，他们说，知足常乐；对于权欲熏心的人，他们说，平淡点好。

在其他人认为这个世界在加速变坏，生活就要陷入万劫不复的深渊的时候，温和型性格的人保持着平静。既看不到他们一起疯狂地沉沦，也看不到他们拿出反抗现实的一点点行动。他们对这个世界保持着友善，当然，也是漠然的。

这个世界好像掠不起他们任何的情绪，他们好像并没有在心理上投入这个世界。

你估计会问这个问题：温和型性格的人心理强大吗？

和其他性格类型相比，温和型性格的人一般来说在心理上已经超越童年阶段，变得比别人成熟，顺应社会和自然规律。但也有一些温和型性格的人在心理上仍然固恋于小时候的心理环境。他们性格温和只是小时候的环境在长大后的一种自然延伸。

有两种人容易形成温和型性格。

一种是从小生活在稳定的家庭。这样的家庭虽然不一定富,但也算衣食无忧,父母没有经常性地在子女面前摆出一张愤怒、焦虑、恐惧、忧愁的脸。特别重要的是,父母感情稳定,对子女既没有严厉的要求,也不放任自流,不刻意按自己的意志对子女的自我进行塑造,但对子女自我的形成,同时又构成一个情感上的支持系统。

在这种家庭长大的子女,往往能体验到一种安全感,假如他没有特别受到外人欺负这样的经历,这样的安全感往往会扩大成他在世界面前有安全感的体验。由于生活的顺利,他的自我在形成时,没有和世界构成紧张,也不需要在世界面前凸显自己。世界对于他来说是友好的。

另一种是在成长的过程中经历过一些波折,在世界面前感到焦虑和无助。但是,他压抑了自己对世界的种种欲望,合理化了自己所碰到的一切,把它们看成是社会和人生不可避免的一部分内容,而自己不可强求。久而久之,他已经逐渐学会在这个世界面前保持心灵的宁静,顺应了这个世界。

有一种人,看起来和第二种人很像,对这个世界也非常温和。他们看起来对这个世界也无欲无求,自我和这个世界的关系并不紧张。他们就是我们见得太多的"难得糊涂派""乐天知命派",那么,他们属于温和型性格吗?

绝对不是!这类人并不是温和型性格的人,而是自卑型、攻击型、占有型等性格的人在经历过重大挫折后的一种自我压抑。情况完全是,在某种内心撕裂之后,基于心理生存的需要,他们"大彻大悟"了,从世界退回到了自己的内心。他们不再对世界上的很多东西感兴趣,对那些有可能让他们在心理上无法生存的东西,他们本能地保持着抗拒。对于他们来说,这个世界充满了危险,充满了惊涛骇浪,而欲望越多,越会把自己卷入进去。他们自诩自己"无欲无求",而无欲无求,当然也就可以保持心灵的平静。他们深谙这一点:不去想,就没有烦恼。

在这里我要强调一下,温和型性格的人绝大多数都是这个社会中的善良者。如果要我下一个断言,我会说,在我们的这个社会,最善良的人就是温和型性格的人和自卑者,这两种性格,占了我们社会中善良者的绝大多数。

性格表现

温和型性格的人由于自我没有和世界构成紧张,所以他们比之其他性格的人,较少有心理问题,即使有,也会自我调适。我们的社会,变态者一大堆,但你从温和型性格的人当中找不出几个。

但有得必有失。温和型性格的人没有把世界看成是一个危险源,没有把它看成是一桌大酒席,没有把它看成是一个表演的舞台,没有占有稀缺资源和凸显自己的强烈欲望,自然地导致他们往往很难在某一领域取得杰出成就。他们本质上是生活型,而不是事业型的人。

温和型性格的人在和人交往时,往往随和谦逊,波澜不惊。张扬和夸张都不是他们的个性。他们的声音绝不夸张,保持着微笑,或表情平静。他们的眼睛看不出什么情绪和欲望,你会感到他们在这个世界面前是安全的,你在他们面前也安全。

在温和型性格的人身上,看不到他们极为渴望占有什么,找不到游戏人生的态度,也看不出他们有什么理想和特定的生活方式。他们只是同一种动物,温和的动物。

第十二章

从内心强大的角度看女人

导读：不能排除当一个男人轻而易举就追到一个女人时，不懂得好好珍惜。但请记住，这个男人不珍惜女人，绝不是因为女人表现得不值得珍惜，而是因为他并不真正爱她。

1. 做一个女人，把自己看成是一女人

导读：看不清自己是谁，无法自我准确定位，从来都是我们最大的敌人。对女人尤其如此。

有两点需要先说说：

不要在心理上变成"女权主义者"

在法国作家西蒙·波伏娃眼中，女人在男权社会的地位堪称屈辱。她愤愤不平地指控，女性是男性的玩物，是附属品，是"第二性"。

波伏娃是女权主义的师奶级人物，可以称之为女权主义的灭绝师太。但女权主义传到中国，却变样了。在一些所谓"女权主义者"（主要是些作家和白领剩女）眼中，女权主义变成了鼓吹女人不应反抗强奸（因为在性方面要消除和男人的不平等）、控制男人、性自由。

不论这些观点如何，其立论都有一个隐含的预设，那就是抹掉了男人和女人在社会角色和心理特征上的差异。

从女人心理保护的角度，除非一个人像波伏娃一样，可以一辈子做哲学家萨特的情人而不结婚，可以有足够的钱玩个性玩时尚而且不害怕孤独，可以完全无视传统文化和家庭的约束，否则，最好不要在心理上变成女权主义者，因为这意味着痛苦。你和那帮强势的"女权主义者"不是一类人，你玩不起的。

从对女人的偏见中解脱出来

人类历史上有很多对女性的偏见，我们对此要强烈谴责，希望今天这类偏见在我们的心理上消失。

这类偏见的预设和"女权主义"的预设恰恰相反，就是不把女人和男人视为同一类人。在它眼中，女人是心理幼稚的动物，像小孩子或"野蛮人"一样。比如，在近代，尼采、叔本华这两位哲学家就很讨厌女人。前者的名言是："要去找女人吗？请带上你的鞭子！"

一个穷人为什么感觉在富人面前很窝囊，很不爽，很抬不起头？真正的原因不是他穷，而是他认同于穷和富的分野并从内心里都看不起穷人。同样，一个女人如果受到这类偏见的影响，她骨子里就看不起女人，而想变成男人。在社会生活中表现强势，就是她们努力遗忘自己是一个女人的重要方式。

偏见之所以是偏见，就在于它只是情绪的产物。一个人持有这类偏见的原因是，他只从古代社会女人的处境去界定女人，然后把它推导成男人和女人的差异是纯粹的生物学原因。这就像是先把一个人打残，然后说他生来就是个残废。

一个女人如果不幸被这两类偏见所影响，她就会看不清自己到底是谁。无法自我准确定位，从来都是我们最大的敌人，对女人尤其如此。

2. 对于男人：你需要什么，而对方又在想什么？

导论：假如人们是根据条件，根据社会的价值排序和审美观，而不是根据自己内心的感受来找男朋友或女朋友，那么，很多所谓的"爱情"都是假的。它是在双方成交后的一种自我欺骗和相互欺骗，目的是掩盖这是一笔赤裸裸的交易。

一直玩高傲的女人，往往会自食其果

有一种现象真让我痛苦。

总有女人声泪俱下地控诉："为什么他在追我的时候，对我那么好，好不容易追到手，却像变了个人，对我毫不珍惜？男人都不是好东西！"

这类女人描述的情况是：当初男人在追她们的时候，她们无论是否喜欢男人，都一直摆架子，玩高傲，一次一次地拒绝或假装拒绝男人，让他们感觉到她比别的女人更高档，更有价值。但在男人锲而不舍的追逐下，她们"感动"了，让男人得了手，恋爱或结婚。

她们有意识或潜意识地认为，自己那么有价值，不能轻易得手，男人拥有后，必然会好好地珍惜。然而，没想到的是，男人一旦得手，往昔的讨好就荡然无存，对她们突然变得那么冷了下来，甚至开始漠不关心。

这种巨大的心理落差，确实会制造出一批怨妇。

不管男人是不是好东西，真正的问题在于，这类女人在控诉之前就应该想到，这一恶果在自己玩"高傲"姿态的时候就已经注定。

下面我们来分析一下，在爱情和婚姻市场上，女人采取的"高傲策略"胜算几何。

表面上看这是最优策略。根据中国的传统文化观念，男人是主动者，是需方，那么，供方为了确保自己能以最高价卖出，就要想办法包装自己，让自己显得价值不菲。这是一场博弈，需要使劲儿装。假如一开始就不包装自己，按照看上去的那个大致的市场价格（容貌、职业、学历、地位等）成交，购买了这一货品的买家，势必不会把它看成是一件宝贝，供方自然难以在以后保值增值。

女人的心理是：我玩高傲，不轻易让你得手，就显得比别的姐妹更有价值。另外，一件东西越是不能得到，男人一定越想得到。而在追逐这件东西时，男人也付出了更多的成本。所以，他得到了，肯定会好好珍惜。

错了，大大地错了！

这么想象男人，完全是不了解男人的心理。当然，很多男人对自己的这种心理，也不一定能意识到。

不错，不能排除当一个男人轻而易举就追到一个女人时，不懂得好好珍惜。但请记住，这个男人不珍惜女人，绝不是因为女人表现得不值得珍惜，而是因为他并不真正爱她，以及这样一种占有心理：被我占有的女人，已经失去了占有的魅力。

我想说，当一个女人喜欢一个男人，不玩高傲姿态，而是更主动去争取和表达，这在博弈中绝不是一个坏的策略。或者恰恰相反，这是最优策略。至于后来这个男人轻视她甚至抛弃她，不是博弈策略的错，而是自己没有看准人，在价值观、见识和眼光上面都有问题。

而玩高傲，注定只能自食其果。

男人的心理绝不是如女人想象的那样，只有对方玩高傲才会好好珍惜。当你在他面前玩高傲时，的确可能会让他感觉到你高档，他居然不能搞定你，他会感觉到一种挫败感、一种自身无价值感。

但是，如果这样的游戏玩多了，这个男人所涌起的情绪就不是你多么有魅力，而是恨你。严重的，甚至会在他的自尊心遭受到了打击后，在追求你的过程中，性质完全变了，他一定要把你追到手，不再是为了要跟你在一起，而是一副搞定你的心态，洗刷他自尊心被伤害的耻辱。

他的心理逻辑是："你傲什么傲，老子就搞定你，看你还傲不傲！"或者"你不是很傲吗，结果怎样呢？"

所以，假如你真想和这个男人在一起，玩高傲最多只能玩一两次，掌握住度。当然，如果你并不爱他，那就要傲到底。

一个女人如果不知道自己的心理动机是什么，她就不会知道自己真正想要和可以把握的是什么

用浪漫和情趣包装的爱情可以让一个女人在心理上退化成婴儿。但其实，一个女人如果屈服于社会价值排序，在男人面前不清楚自己是谁，沉浸在自我想象中，也是如此。

我认识一个公司的女部门经理M，26岁，来自农村，长相普通。套用"凤凰男"的说法，或可称之"凤凰女"。

认识M的时候，我感到了震惊。26岁，就能长袖善舞，把手下的员工收拾得服服帖帖，在处理复杂的人际关系时游刃有余，而且善用各种手腕，把客户也哄得具有颇高的"忠诚度"。"一个天才的演员和能力超强的女人"！内心里一个声音猛地向我传来。

但从她的语言、表情中我捕捉到，已经被社会价值排序的病毒高度感染的她，骨子有着无法驱散的自卑——学历、出身，或者曾经的贫穷。

在部门经理对员工、部门经理对客户这样的角色交往中，她的成熟世故远远超出了她的年龄，把真实的自己完全掩藏住，不让内心的东西干扰到演技的发挥。按照心理强大的理论，在保持心理结构不动，只以智力结构去和别人打交道的话，她的表现无可挑剔。

但在她的诉说中，我发现，在找一个可以结婚的男朋友这件事情上，她比谁都幼稚。

不是说她的情感出了问题，而是，她压根儿就没什么感情可言。

我捕捉到的信息是：她口口声声说自己很爱男朋友，但本质上，这只是她给自己设的一个骗局。

介绍一下她的男朋友：年轻，很帅，爱玩，是个小老板，出身城市，有房有车。但他并不爱她，表现非常冷淡。在他眼中，可能只有在他需要她做什么的时候，她才存在。

傻子都看得到，这是一种单向的"爱情"关系。她很危险。

M当然清楚这一点。事实上，她对男朋友的所谓"爱"，属于极为世俗的利益计算，以及让自己显得具有一个女人的"价值"的虚荣心。而有钱、小老板、年轻帅气的男朋友，恰恰就是她的一个理想对象。

这种"爱"，驱动力实际上是对社会价值排序的屈服。但在心理上她要否认这一点，给她的感情包装上崇高的色彩。于是，她在心理上想象自己对他有"爱"。"爱"这个概念和内涵，完全就在她的理解能力和体验能力之外。

我的目光穿过他们关系的迷雾，看到了她的焦虑。

假如有人问我，既然这个男人根本就不拿她当同事，为什么还维持一种男女朋友关系？为了说明问题，我想我只能从男人的角度粗鲁地回答：不用花钱而且随叫随到的为什么要拒绝？

M问我：有什么方法可以让男朋友对她好一点儿？我反问：你问过自己的内心吗？

一个人如果不知道驱动自己的心理动机是什么，他就不会知道，自己真正想要和可以把握的是什么。

按弗洛姆非常经典的真知灼见，在爱情婚姻被利益污染后，男人和女人便变成了一个"包裹"——一个包含着金钱、容貌、地位、收入、现在的成功和未来的成功机会的"包裹"。当他们相互估价、相互都满意后，"坠入情网"的现象便产生了。

M"坠入情网"是因为，她认为以自己的价格，买到了满意的俏货。但那个男人并不这么认为。

在爱情市场上，假如"坠入情网"的双方都感觉到自己交换到的货品可以让自己不亏，那么结婚、进入一个婚姻市场就成了一件自然的事情，双方从暂时性的战略合作伙伴关系，组建成了由契约来维系的家庭有限公司，共同合伙经营。

在这里，我们要恶狠狠地捅破这一点：假如人们是根据条件，根据社会的价值排序和审美观，而不是根据自己内心的感受来找男朋友或女朋友，那么，很多所谓的"爱情"都是假的。它是在双方成交后的一种自我欺骗和相互欺骗，目的是掩盖这是一笔赤裸裸的交易。

正因为这种成交既不是发源于情感又没有情感维系，所以，一个男人或一个女人在确定彼此的关系后，都会有失落感，都会留下遗憾。于是，只要遇到条件更好的人，或只是为了补偿，便往往会出轨。

人们往往感叹当今社会情感背叛和出轨、离婚防不胜防，却不知道，从自己当初的选择开始，就注定了今天的结局。

一个男人越是对家庭有责任心，他就越惧怕来自家庭的压力

如果一个女人的幸福很大部分来自于家庭，那么，真正地了解自己老公的心理，就非常重要。

有个网友讲了一个女同事的家庭，希望我能帮忙。情况如下：

女人A和老公B结婚6年，有个小孩儿4岁。曾经家庭和睦，生活有滋有味。但因为一桩生意没做成的原因，对B打击很大，从此和A沟通减少，也不回家吃饭，害怕与A说话，变得像陌生人一样。

A考虑住在一起给B的压力更大，于是与小孩儿回到老家。分开之前，B提出过离婚，理由是不能给母子二人幸福。A没有同意离婚，因为B的人品没有问题，A也爱B，而且A知道主要是没钱的原因才造成这种状况。她认为，等到B哪天生意上去，一切问题就解决了。

背景1：B计划要买房，但由于生意没做成，所以买房的计划泡汤，这让B很内疚，感觉很对不起母子。A并没有要求一定要买房，只要生活在一起开心就好。但对于B来说，他认为买房后就可以让母子过上舒服的日子，结果愿望落空，因此很害怕面对A。

背景2：B比较固执，认定的事不会轻易改变。还有一点是死要面子。

B现在的心理状况是身边朋友及家人的话都听不进去，比较封闭。和A分开半年时间，不会给A主动打电话，只有他儿子打电话给他，但没说几分钟就挂。工作现状是还在努力去赚钱，感情方面没有第三者。A过得比较苦，唯一的希望是B尽快赚点钱能走出心理的阴影，除此之外，没有其他更好的方法。

而如果B赚不了钱，她无法想象接下去的结果是什么。

网友问我：

（1）B这种人的心理结构是什么样的？

（2）A认为主要是钱的原因造成的，如果哪天钱的问题解决了，B还能回到原来的他吗？

（3）如何才能让B走出现在的心理困境？

从表面上看，很多人都会这样给B下一个结论，那就是B具有责任感，希望能给家庭带来幸福。他在心里认同这是自己的道德义务，以此来维持自我认同。但因为没有能力履行好这种义务，他无法获得自我认同，即感觉自己没有价值，没有面子，所以采取了逃避的方式。只要他和老婆在一起，老婆的存在本身就会给他压力，因为这等于老婆在说他不称职，会刺痛他。

然而，我想说，看到这一点并不够。

首先，我想请问一下：既然是为了家庭幸福，在老婆并没有逼他的时候，为什么还要分居？难道他不知道这样实际上会导致老婆孩子痛苦吗？

可见事情并不那么简单。

一眼就可以看出B属于那种自我中心主义较强的人，但这种自我中心主义，不是与个性张扬联系在一起，而恰恰是与社会价值排序联系在一起。

我们承认，他认同于一家之主的角色，并且想要履行好。但是，把自我认同押于这种角色担当上，却暴露出这样一个问题：B的目的并不是追求这种角色担当，而是把角色担当视作他确认自己价值的手段。

显而易见，B想成功，想买房，不仅是为了在他人面前确认自己的地位价值，也是为了在老婆面前显示自己的价值。这是一种自我中心主义的表现，而恰恰由于自我中心主义和认同于社会价值排序，所以在他有钱之前，当然不可能和老婆在一起。

如果他的偏执是有个性的就好了，有个性就意味着他可以一定程度游离于这个社会价值排序，并且不只是以有地位、有钱之类来确认自己的价值。

可以相信，B这种人不会有第三者。

A对B的判断是对的，但她并没有真正了解B。没钱只是他这种行为的媒介而已，而不是原因。原因是他的心理结构。所以，如果钱的问题解决了，B可以暂时回到过去，但如果别的问题来了，状态很可能又被打破。

给A的建议是：不直接喊B回来，而是鼓励他，让他感受到自己和老婆孩子是一个命运共同体，因此，在老婆面前，没什么丢脸的；同时，间接地暗示他，家庭有太多的困难之处（不仅仅是金钱上的困难），都需要他的参与。

3. 对于女人：对方在想什么，你在对方眼中又是什么？

导读：男人通过利益的获取来证明自己的高档，而女人恰恰是通过和女人，特别是熟悉或是同类的女人的对比。因此，注定会有一些女人，她们的存在本身，就会得罪另一些女人。

一个女人被另一个女人嫉妒、仇视，有时原因仅仅是：前者的存在让后者在心理上无法活下去

两个陌生男人之间所存在的敌意，远大于两个陌生女人之间。

秘密是：相互陌生的男人之间有着潜在的暴力上的威胁，而相互陌生的女人之间没有。

但是，如果彼此熟悉，甚至是同事，那么，两个女人之间所存在的敌意，就远大于两个男人之间。

秘密是：相互熟悉的男人之间，只有在利益上才构成威胁；而女人之间，一个人的存在本身就是对另一个人的威胁。男人通过利益的获取来证明自己的高档，而女人恰恰是通过和女人，特别是熟悉或是同类的女人的对比。因此，注定会有一些女人，她们的存在本身，就会得罪另一些女人。

有一个女人A和女人B是很要好的朋友，B的老公在外面有了第三者，所有的人都知道，那个男人是死也不回头的那类人。

B原来心烦的时候，就会找A倾诉，而A也常常安慰B，事情总会过去，她老公会回心转意的。有时A也义正词严地站在B的一边，谴责B的老公，帮她消消气。除了在感情方面A比B过得好之外，在工作的高档程度和收入上A都不如B。

但尽管如此，后来B却不怎么和A联系了；A给她打电话，她也很冷淡。A非常无辜：我哪点没做好啊？

我说：你要想在她面前做得好，那就让自己在感情上也比她惨，也被老公嫌弃，你愿意吗？！

问题根本不在A身上，而只在于这个事实：A在感情的处境上比B好！

这一点太明显不过了：B是一个心理竞争欲望非常强的女人，绝不容许自己在某方面输于A。但是，只要她被老公甩了，那么无论她在别的方面如何比A更厉害，在A面前心理上都处于劣势。因为对于一个女人来说，被老公甩否定了她的一切价值—都那么牛×，怎么还会被老公甩？

所以，在情感上输于A的事实无法改变，B获得心理生存的办法只能是不理A，以逃避在处境上和A的对比。

事实上，当B不再找A倾诉时，已经传递出这个信息了。她不再打电话给A，传递的信息更是清楚不过。这个时候A就应该明白，她不应该再在B的面前存在。如果还可以保持所谓的友谊，那也得等到B可以在A面前炫耀、占据心理优势的那一天。还傻傻地打电话给B，不仅仅是很傻很天真，而且在B的心理上，已经是不怀好意，主动刺激她了！

如果一个女人把另一个女人视为自己的陪衬品和附属物，那么，就"定义"了后者永远不能超过她

一个女人的存在，很可能就是另一个女人的威胁。而根据同样的逻辑，她也可能是另一个女人的陪衬。

1865年，法国作家左拉写了一篇小说《陪衬人》，揭示了这个残酷的真理。觉得自己没有姿色，不够吸引人吗？太简单了，利用两个女人在一起的对比原理，找一个丑女陪衬一下，立马就能让你艳光四射！

有了这种陪衬，才有了两个女人之间的友谊，或者反过来说，两个女人之间的友谊关系，就建立在这种陪衬之上！

而且，陪衬本身必然意味着一个女人在心理上可以对另一个女人居高临下，甚至控制另一个女人，使其成为自己的一种附属品。

有两个女人C和D，就是这种陪衬关系。

C和D是多年的朋友。初中时，D的学习不如C，但C从没拿成绩好的事打压过D。

后来，工作了，因为D家里有关系，找到一份比C轻松、挣钱多的工作。结婚时，D的老公比C的老公又有钱一些。

C对此没有什么感觉，因为她们的关系一直以D为主。比方说，她的衣服要D看了说好才买，她的打扮也要D来品评。如果两人都看上同一件衣服，大多数都是她

让D买。对于这种以D为主的关系,在多年的朋友生涯中,C已经觉得非常自然。

也就是说,她觉得作为D的陪衬人、附属品非常自然。

但随着在社会上时间长了,C也变得成熟些,开始有了自己的主见,买东西再也不以D为主了。当D看到C自己选的衣服,一般都会现出一种极度瞧不上的神情。但迷信于友谊的C也没计较,把它解释为D性子直。

C一直当D是好朋友,有任何不开心的事都向D说。但当然,D很少跟C说她的事。

现在,当C经过6年时间的奋斗(当C在奋斗时,D在玩),条件比D好多了。所产生的一个结果是,她们重复了A和B的故事:D不联系C了。而当C打电话给D时,也是表现冷淡,那种冷淡的态度就像贵妇敷衍平民一样。

和A一样,C仍然不明白,自己到底在哪儿出了问题。

她不明白,唯一的问题就是自己的处境已经改变了。

作为D的陪衬品、附属物,要维持所谓的朋友关系,就"定义"了她永远不能超过D。我相信,如果她能够理解到这一点,就不会对这种"友谊"有任何珍惜了。

在这个世界上,总有些女人会视另外的女人为敌

两个女人如果是同事而不是朋友,心理竞争同样残酷。在这个世界上,总有些女人会视另外的女人为敌。

有一个女白领Q为此很苦恼。她搞不清楚,为什么一个女同事那么敌视她。

她请我帮她分析:

我有个不同部门的女同事,前一段时间,我们的关系看起来好像还不错,当然只是表面看起来。我对她的印象就是爱出风头,喜欢邀功,背地里很喜欢说别人的长短(听的时候我不说话,只是心里对她很提防,说不定在别人面前怎么说我呢)。很喜欢吹嘘领导怎么重视她了,说了些什么话,今天又做了什么,诸如此类。总之,让别人觉得,她很有本事,是领导眼里的红人。

不了解的人刚跟她接触,会以为她真的有点儿本事,也以为领导真的很重视她。当有一次我和领导聊天的时候，发现跟她自己讲的完全不是一回事。所以我前面用了一个词——"吹嘘"。

但是，当她知道老总是我同学的姐夫后，对我就很敌视。暂且用"敌视"这个词，我具体也不知道她到底是一种什么情绪。

我猜想，她觉得老总是很重视她，并且"偏爱"她，对这一点，她很有自信。可是得知老总对我平时的一些照顾后，她对我态度就有了很大的转变，在路上碰到，扭过头，趾高气扬地走过去；平时吃东西的时候，故意很大声地叫周围所有的同事吃，唯独不叫我（对此，我真的觉得很搞，但根本不在乎）。最要命的是，她在背后添油加醋地说些我的八卦。

我很确定，在她转变的过程中，我没有做过什么，以前觉得她好像有意无意地跟我比什么一样，没有深入地想。

我现在除了不当她一回事以外，没有别的办法，就是无视。问题是，她故意做出一些事情来，还是会影响我的心情。

这个女人很恶毒吗？她是职场小爬虫吗？并没有那么夸张。她只是有无边无尽的虚荣心。但是，我们的女白领Q的存在，让她心理严重受挫。

一个男人为了证明自己的价值，眼睛可以望着远方，看着未来，但是女人不同。如果身边的人都比不过，她的价值就无从体现。

假如一个女人的存在对另一个女人是一种威胁，那么在心理上非常自然，后者会想办法通过语言、行动来贬低前者，攻击前者。

假如非常不幸，你的存在得罪了另一个女人，就像上述个案中的女白领Q，你该如何做？

我先讲一个故事。

大约在五年前，我在老家遇到了一个小学同学。多年不见，彼此差异非常大。在他眼中，我好像混得也算人模狗样，而他似乎处于水深火热之中，过着牛马不如的生活。由于以前关系非常好，我热情地拉着他到一个餐馆里去请他吃饭，准备叙旧。对于这样的人，这样的关系，完全可以敞开心扉说话。

但在说自己的一些境况的时候，我注意到了他的眼神——非常沮丧。我马上意识到，他拿他的现状和认为的我的现状进行了对比，我威胁到了他心理上的生存。于是我马上显得很自然地贬低自己，向他倾诉了我的悲惨遭遇。这样一来，他的沮丧消失了。

事后我庆幸，我制止了自己一个愚蠢的错误。当我们看起来好像比别人"优秀"时，一定要预想到这一点，这很可能会让另一个人感到沮丧、自卑。所以，有时候我们必须在别人面前通过语言或行为贬损自己，以照顾别人心理上的生存！这是对自己的一种保护。

当一个女人在容貌、家世、工作能力等方面比另一个女人占据优势，而她恰恰又只是这个女人的同事、朋友，而不是上级时，尤其需要如此。

如果像我们个案中的女白领Q那样，在一开始没有注意，事情已经到了这种地步，对方只有通过攻击、孤立自己才能获得心理上的生存呢？

攻击实际上是在心理上处于劣势的人的一种心理防御。在这里我们发现，女白领Q无法在这个女人面前采取示弱的策略，因为她无论是相貌还是背景，都比那个女人更有优势，这一点无法改变，而这个女人攻击的恰恰就是这一点，而不仅仅是她的姿态！所以，示弱无济于事。甚至，示弱在这个女人的心里面，还会被解读为一种变相的嘲弄。她非常清楚，即使这样，自己并没有在心理上占优势，因为并没有一个女白领Q在某方面比她更差劲的事实出现。

所以，假如女白领Q并不想和她对抗下去，同时也想让她对自己的攻击停止下来，最好的办法就是通过表演故意在她面前暴露自己的某些缺陷，让她获得心理平衡。

当你和另一个人一起被评价时，及早意识到对方会把你当敌人是非常重要的

另一个比较善良的女白领P的处境和女白领Q一样。不同的是，她遇到的女同事，属于比较懂得职场政治学的小爬虫。这样的女人更难对付。

P进一家事业单位时，一同分进去的还有另一个女同事T。由于P的成绩较好，受到的关注较多，这让T感觉受到了威胁。

一个例子是：一般单位上有什么事，总是通知P，然后叫P通知T。这意味着，

尽管两人在一开始不存在职位上的分野,但在地位上已经有了分野,P明显占优,受到重视。T要反抗这种被边缘化的态势,而首要的一点,就是告诉P,她并不是P的附属,在最初的竞争中,P不要妄想骑在她头上。T这种传递信息的方式甚至显得歇斯底里,比如,当P告诉她单位上通知T要如何如何时,T迅速反弹,一迭声质问:怎么电话不打给我?我怎么不知道?什么时候打的?谁打的?

这是不友好的信号,对人没有戒心的P也觉察到了,于是跟T保持了点距离。

告诉P自己并没有处于劣势并不够。对于T来说,必须在受单位宠幸上展开和P的争夺。由于新人都安排有值日,有一次听主任说对P比较满意,P听了并不在意,只是做好自己的事情。但T却听了进去,于是每天都去值日,一有空就去。这样,反而显得P比较懒。一段时间下来,T收获了成果,主任对P的印象明显变差,而对T重视起来,并且有培养她的迹象。

而P这种人因为善良,恰恰不想和T竞争,在T在的时候,她就不去值日,不想给别人一个她和T争宠的印象。另外,她去时看到T和主任在一起,心里也会堵得慌,感觉自己就像是一个局外人。

这彻底暴露了P的弱点:完全不知道自己的存在对于T是一个威胁。要让T感觉不到她是威胁,只有一种可能,那就是T已经可以把P踩在脚下。

T要在竞争中胜出,不仅要在领导面前争宠,而且要在同事中把P孤立。所以,第一步胜出后,她马上开始第二步,和同事拉关系,并形成了一个圈子。而在搞人际关系上,又是P的一个弱项。她做完事情后就回自己的房间,从不主动去找同事进行感情拉拢。

不仅如此,T还咄咄逼人,经常性地用那种审视的眼光看着P。她显然已经看准了P的弱点,就是心理越弱小的人,越无力抗拒一个人的挑衅和攻击。T要釜底抽薪,在心理上彻底摧毁P。

结果就是,P不仅在单位被边缘化,而且在她向我倾诉时,已经有了心理障碍了。

一个简单的道理P显然都没有明白:一同进单位的几个人注定会成为竞争对手,因为领导常常会根据他们的表现进行比较。比较的结果将决定他们以后的处境。

所以,作为政治小爬虫的T,一开始就对P防御、警惕。无论P是否想和T竞争,她都是T的对手,而且只能成为T获取职场竞升的牺牲品。在这里,除非P自甘于边缘化,自甘于遭受T的打击和羞辱,否则,根本没有退路。

作为女人，如果你不想被一个具有施虐欲的女上司当成敌人进行攻击，就只能满足她的控制欲

假如作为女人，你遭到的是来自女上司的敌视和攻击，你怎么办？

Y非常痛苦。她痛苦的原因来自上司，一个部门经理。

部门经理属于攻击型性格，不幸的是，Y恰恰是她攻击的对象。

事情的起因是：公司曾派下来一个项目，部门经理觉得她们部门完成不了，不打算接这个项目。而Y在这方面有些积累，觉得可以完成，建议她接下来。

部门经理担心，接下来如果完成不了的话，那就要承担责任，于是让Y以项目负责人的名义接了下来，明确完不成任务由Y负责。

但经过一番努力，项目完成了，部门得到了一些奖励。Y本以为是一件皆大欢喜的事，但不幸出现了，部门经理说Y有意和她作对，要想以此抢功，顶替她的位置，因为一年之后公司有重大人事调整。

Y始料不及。

从此，Y的苦日子就来了。部门经理故意不安排项目给她，让她无事可做。而部门经理向公司领导汇报工作时，却说Y拒绝接受她安排的工作。部门经理还经常对Y进行训斥，甚至人身攻击。

在公司，各部门经理都可以一手遮天，除了各部门经理，其他人几乎没有机会和公司领导直接接触，工作好坏只能由各部门经理向公司汇报。

Y判断，部门经理这么做的目的，就是逼自己跳槽或者败坏自己的名声。但经过观察，她也发现，部门经理有时攻击自己时，并没有特别的目的，纯属发泄。

这种生活简直像地狱一样。Y觉得受不了，想过跳槽，但是又不甘心逃避。因为跳槽，很多在这个公司的基础就没有了，到别的公司还得从头再来。想到自己的职业生涯可能毁在小人手里，Y感到命运的不公。

这真是一个不幸的故事。Y判断得很准，部门经理是一个攻击型性格的人，一个施虐狂。

大多数"事业心强"的女人都具有施虐—受虐的性格特征，因为在男权社会里，她寻找"自我价值"的方法不是发挥自己作为女人的角色，而是按男权社会的逻辑，像男人一样追求"成功"。所以，她具有施虐的先验渴望，对不服从她、比她弱的人具有极强的控制欲和攻击欲。但另一方面，她内心里又渴望一个比她强的男人能够控制她，让她能够体验到自己是一个女人。

那个部门经理是Y的上司，这意味着什么？意味着在她眼中，Y根本不是一个可以让她满足受虐欲望的人，Y比她在地位上弱，无法降服她。那么，要想不被她当成敌人进行攻击，Y就只能满足她的控制欲——就是说，Y要在她的心理结构上变成她的一部分，对她绝对听话！

但Y在那个项目的事情上，所做的已经超出了部门经理的控制。Y不再是部门经理心理结构里的一部分，而是一个威胁她的权威的人。只要Y在她眼皮底下存在一天，事情就会是这样！

我们要问：Y向她求饶行不行？不行了。自那个事件，Y就已经逸出了部门经理的心理结构，在心理上超脱于她的控制之外，除非又有另一个同事比Y更挑战部门经理的权威。但这只意味着部门经理的攻击会更多地转移到那个同事身上，而不意味着她就可以放Y一马！

求饶不可能，那只能斗。而这需要Y忍辱负重，联合受部门经理压迫的同事，找准机会造反。在这其中，最关键的就是，要突破公司这个"专制政府"在权力控制系统中设立的沟通渠道，绕过部门经理把信息传递到最高层。

第十三章

答读者问

导读：战胜自己绝不是和自己作对。心理强大的秘密之一是理智与情感、头脑与心灵的和谐，即自我没有陷入冲突。

1. 说"战胜自己"是一个错误

导读：如果一个人和自己作战，他必输无疑——因为他会陷入自我的冲突与分裂之中。

战胜自己绝不是和自己作对

◎问：

我觉得，相对于这个险恶的世界来说，更棘手的是自己本身。

我们也许可以强大到面对任何人都很从容，但不一定能够战胜自己。

我的意思是，战胜自己真的比战胜这个世界还要难。有时候运气好的话，可能莫名其妙就成功了，但战胜自己，从来就没有侥幸的情况存在。

怎样才能战胜自己呢？

我知道，我缺乏的就是所谓"行动力"，已经到了极为严重的程度。我曾经离家出走，去寺庙里求神的帮助。也尝试着学习尼采的"强力意志"，也尝试着去接触所谓的"成功学"，但都没有什么用！

我非常迷惑，并且有着时不我待的强烈感受。

请指点。

◎答：

提问题的思维就是错误的。这是所有想"战胜自己"的人的误区。

什么叫"战胜自己"？我们把一个能够"战胜自己"的人当成了不起的强者，他似乎在和自己的战争中赢了。

但其实如果一个人和自己作战，他必输无疑——因为他会陷入自我的冲突与分裂之中。

战胜自己绝不是和自己作对。心理强大的秘密之一是理智与情感、头脑与心灵的和谐，即自我没有陷入冲突。

真正来说，我们不是和自己作战，而是洞悉外部世界用来控制、奴役我们的自我的东西，并把它们从自我的结构里清除出去——我们是在和它们战斗！

我们要做的，不是对自己下手，而是了解控制我们心理的那诸多规律，理性地审视它们，摆脱盲目被规律操纵的动物和机器人的命运。知道这些规律是怎样操纵我们的，你就可以防止别人操纵你。

一个人为什么容易愤怒

◎问：

我希望自己的心理变得很强大。我很容易愤怒，有时候知道自己的发怒是在犯傻，对于达到自己的目的没有意义，但克制不住。我的情绪非常容易被别人和环境所左右。

我的愤怒和性格有关。我初中时就变得很易怒，之后也是，一点儿小事我就会发火，而且我只要心理上已经愤怒了，就没办法克制，就会发泄出来。

因为非常容易愤怒，我失去了太多早就应该拥有的东西。

现在我希望能重新得到这些，但总是很容易失控。

◎答：

错了。你的愤怒和性格没有什么关系，而是和恐惧有关。初中时，一定有什么事情发生，在心理上让你陷入恐惧之中。而直到今天，你都还没有找到安全感。

怎样才能无欲则刚？

◎问：

古人早就讲过：无欲则刚。

你对什么事情有欲望，你在这件事上就强大不起来。

比如我。我面临一个比较关键的问题：我也想心理强大，但是所有的东西都掌握在别人手里，谈判时强大得起来么？

外表已经是孙子了，心理强大完全失去意义。我无法维护自己的心理防线。

◎答：

有人说过，在这个世界上，只有两种人才无所畏惧：一无所有和应有尽有。

没有欲望，心理当然强大，但这是用取消问题的方式来解决问题。喜马拉雅山修行者的心理强大让无数人望尘莫及，但绝大多数人都无法选择远离"社会"去修行。

如果所有的东西都掌握在别人手里，那就不叫谈判，而叫等待别人屠杀。如果不是，表明你都不知道自己在博弈时的优势是什么，又该如何出牌。

事实上，问题根本不在于一个人有没有欲望，而在于能不能控制欲望，防止它扰动你的心理结构。做到这一点，就是无欲则刚。

我经常有一些诡异的行为和想法

◎问：

我有一些诡异的行为和想法。不要忽略我！

（1）我经常撒一些无意义的谎言（比如别人问我你喜欢绿色吗，我会说我喜欢蓝色，虽然我明明喜欢绿色）。

（2）谎言识破时，我仍会死不承认。

（3）我明明对同异性交往不感兴趣，但还要经常假装自己是个花痴，让朋友取笑我。

（4）虽然克制得很好，但我很容易想和朋友争她喜欢的人或喜欢她的人。

（5）极度厌恶虚伪。

（6）不喜欢女生一般的姐妹淘关系。认为只要心有灵犀，志同道合就行了，不要腻在一起。

（7）我可以但不喜欢和人交往。对气味不投的人很冷，不愿有更深的交往。但和好朋友在一起时我会变成很 high 的人来带动气氛。

◎答：

（1）你在制造烟幕弹让别人无法窥见真实的自己，以进行自我保护。

（2）你当然不会承认，承认就意味着你的自我暴露了。

（3）朋友的取笑对于你来说，在心理上恰恰是一种价值的肯定。你假装自己是个花痴，是要证明你有吸引异性和与异性交往的能力！

（4）没办法，你骨子里无法容忍你身边的人或和你情况大致类似的人把你比下去。

（5）你是自卑型的人。自卑型的人都极度厌恶虚伪，原因有三：因为自卑型的人也玩虚伪，害怕从别人身上看到自己的影子；别人的虚伪对于自卑型的人来说制造了一种假象，从而增加了危险的系数；自卑型的人骨子里都要想象自己高傲，而高傲的证明之一即是对生活俗套的厌恶。

（6）对于自卑型的人来说，和任何一个人过度亲近都是危险的，自卑型的人本质上是孤独者。

（7）我可以想象，即使在变得很 high 的时候，你也知道自己是在演戏，而且随时担心演砸。

爱情就像是在大街上找人

◎问：

我的问题老生常谈：失恋！

我认识了一个我非常喜欢的人。就像所有第一次陷入爱河的人一样，喜欢一个人就傻傻地用自己的方式对他好。

我告诉他，如果有一天不想跟我在一起了，就直说。不幸，这一天终于到了。听到那个消息时我觉得整个人都被抽空了，平生第一次知道了什么叫食不甘味！

一想到他，过去的点滴就会让我心痛，以至于我怀疑自己是不是有心绞痛了。我断绝了和他的任何联系。每到心痛时我就告诉自己，时间长了就会好的。我一定能忘掉他。

但现在已经过了两年半了，我仍然会念叨他的名字至少5次，每日如此。我感觉他已经刻入我的骨髓，想把他彻底从我身体里分开真的太难。

救救我！

◎答：

我的爱情理论或许可以救你—如果对你有所启发的话。

按《圣经》所说，人原本是一体（亚当），共同是一坨肉，后来这坨肉分裂为男人和女人（亚当的肋骨造出夏娃）。

意识到分裂给人带来孤独、痛苦和不安全感，人渴望重新合一。

于是，所谓"男人的一半是女人，女人的一半是男人"，爱成了重新统一的最重要方式。所谓"结合"，就是男女在心理上重新变成一坨肉。

这意味着什么？意味着每一个男人来到这个世界上，总有一个女人是为他而来的，女人同样如此。

很好，从踏上这个世界开始，男人和女人便开始了相互寻找。

但他们对于对方只有朦胧而模糊的印象或直观，并不准确地知道对方是谁。同时，由于人和人之间在外貌、气质等方面有相似之外，而人则把这些相似抽象化成各种类型，忽略了每个人都是独特的，一个人和另一个人根本不是一回事。这样，某个男人或女人可能认为自己找到了自己的另一半。但是，他们不明白，自己可能只是找到了那种类型中的某一个，而并不是自己真正的那一个。

这就像在大街上找人，有可能找错人。

这出现了几种结局：

第一就是发现自己找错了人，然后继续寻找，也许可以找到真正的归宿，也许永远也找不到。有的人最后放弃，随便找一个，但有的人一生都在路上。

第二就是认为自己没有找错人，但他或她终于发现，自己找的也许不过是自己喜欢的类型中的某一个，而这个人并不真正属于他或她。他或她以后的失落感，以及对方的背叛会自然地告诉他或她这个信息。

第三就是发现找错了人，但被纠缠，也就认命了。一生麻木。

第四就是两个相互寻找的人终于幸运地会合。这样的一对，一生的幸福难以用语言形容。

在以上四类人中，第四类的人所占的比例极少。可以这样说，大多数人一辈子都不知道什么叫爱情。他或她的那些爱情，不过是在性与寻求合一的终极力量综合作用下的心理体验。

如何判断你遇到的是否真爱？非常简单，当双方都有一种"他（她）就是我一生要找的人"的感觉，并且不会短时间消逝时，大抵上就是。如果只有一个人有，可以断定，对于爱情来说，对方只是自己的人生过客。即使结婚，也不是结合，而是完全"人生任务"而已！

鉴于真正的爱情要靠运气，极为稀少，判断对方是不是自己的归宿时，可以把心灵感受的标准调低，然后再用亲情弥补。

一个看起来强势的女人对老公却一忍再忍，她是什么心理

◎问：

我认识一个女性朋友37岁，是女强人，表演型+占有型的人，道德感很强。

她20岁和自己的老公是恋爱结婚，当时她老公家里比较穷（她自己15岁就出来做生意，所以有一定的资金），家里人很反对这婚事，但是她坚持要嫁。

她老公在性格上是温和型+承认社会价值排序……后来她老公不知什么时候开始出轨，她知道后原谅了老公。但她老公并没有悔改，不久又在外出轨，现在还嫖……

我问她为什么不离。她说离个屁。

她是什么心理？

◎答：

如果离婚了，就证明她当初有眼无珠，她的"自我价值"就彻底崩盘，人生就彻底失败！比之这种最可怕的事情，痛苦只是浮云。

这类人在乎的是自己在别人心中的形象，而不是自己的真实感受。

2. 一个人的自我从危险中撤退

导读：对于某些人来说，成为他人注目的焦点，就像被剥去了所有的衣服。

冷漠和心理强大是什么关系？

◎问：

我对自己关心的人才会有感觉。对于不太关心的人，包括上司、同事等都比较漠然。遇事很少激动，比较淡定。

我对社会上的很多价值观念也比较淡漠，对流行时尚、社会热点也不感兴趣。

冷漠和心理强大是什么关系？是否一种心理强迫？

◎答：

你在进行心理防御。冷漠就是一种自我的退缩或收缩，你在心理上从危险的外界撤退到安全线之内，以避免可能的伤害。

心理强大是正视了看穿，漠视是不敢正视而回避。

时间能疗伤，用的也是这个原理。当你与曾经给你伤害的情境在时间上拉开了距离，你就撤退到了安全的地方，自然也就不那么痛苦或不痛苦了。

我是自卑型的人吗

◎问：

因为家庭环境，我从小就自卑、懦弱、敏感，没有朋友。

上了大学后，才发现自己是多么不会与人交往，处理人际关系总感觉力不从心，别人的一句话，一个不友善的眼神都会让我一直纠结，痛苦啊！

比如有一次在宿舍听一首歌，一个舍友走到我面前，用鄙视的眼神说："你就这品位啊。"

我不敢再听那首歌了。

其实这个同学复读了两年才考上大学，而且来自比较偏的农村，贷的学费。他自己听的根本就是老掉牙的一些歌曲，一些新冒出的不错的歌手他甚至都不知道，但他一直自恃有品位，懂很多似的。他还常常故意问我们什么某某市的市委书记是谁之类的，天，谁会关心那个？我们没有人知道，他就很得意似的，特鄙视，看不起我们的样子。

这位同学是一种什么样的心理？我呢？

◎答：

你的同学和你在心理结构上有点儿类似，都是自卑。

不过，你同学化解自卑用的是攻击的策略，而你则是在心理上撤退。

我和陌生人基本无话可说，但和亲人却无话不说

◎问：

为什么我在见人第一面时，不会对他有任何畏惧，只是相互保持应有的尊敬，但是一旦接触多了，或者他成了我的上司，就在心理上开始莫名地排斥他、疏远他（他们都有一定的背景各种关系的），就不能正常地交往了？

我和陌生人基本没有话说，但和自己的亲人无话不说，他们都开始烦我！

◎答：

第一面时，一个人呈现给你的信息只是外貌、身份的东西，他吃不了你。

但是熟悉后，信息就多了，他的身份、地位等等，都会刺激到你。而这些东西对应于一定的社会价值排序位置，这些人排得可能都比你高，当然你的上司更不用说了，不仅地位比你高，还可以用权力威胁你。

你屈服于社会价值排序。他人的身份威胁到了你的心理生存，因此你只能避开。

家庭是你的收容所。从身体到心理撤退到家庭，你是安全的。

我不敢在大庭广众之下和自己喜欢的女孩子聊天

◎问：

我喜欢一个女孩子，但不敢在大庭广众之下，在别人的注目下和她交谈聊天，或者有什么暧昧举动。但当她一个人的时候我就敢。我追女孩子很注意在场的别人的眼光。因为别人看着而不敢去追，导致了我很多的失败。就算有漂亮女孩子主动暗示喜欢我，只要周围有别人在，我都不敢去把握机会。我这是怎么了？请给我建议！

◎答：

成为他人注目的焦点，对于你来说，就像被剥去了所有的衣服。你无法控制局势，而只能任人宰割。

更成问题的是，只要旁边有人，你做出什么，就认为自己是在暴露。

只有在没有人注视的时候，你在心理上才感觉自己是安全的。

我的建议是：尝试穿着犀利哥穿的那种衣服在大街上走两次，距离不能少于500米！

我害怕和别人发生矛盾，那样我会难受得要死

◎问：

我原是内地一所普通高校的老师，现在沿海一发达城市读书。

我有着严重的自卑感，个性非常懦弱，什么事情都不敢抗争，什么人都不敢得罪，在任何人面前都小心翼翼，生怕惹人家不高兴给自己带来麻烦。

这和我的经历有关。刚上小学时，由于成绩不错，老师让我当班干部。那时灌输给我的观念是，当干部就是要为大家服务的。于是这种所谓的服务意识深深地植入我脑海中。我讨好着每一个人，对每一个人都毕恭毕敬，对每一个人的要求都有求必应。只要别人对我表现出一点儿不满意，我心里就难受得要命。我想，一种奴性可能就是那样产生了。

还有另外的经历。在高中时，由于是省里最好的中学，我也就成为很普通的一员。当时我是个组长,和我一组的几个女生是自费进来的,比较刁蛮,便开始欺负我。

有一次,有个女生上自习时在我后面低声骂我:好厚一张皮。当时虽然完全是她无理,但我也不敢和她吵。我怕大家看我的笑话,在大庭广众之下丢脸。这样的小事使我的心理发生了巨大的变化,我开始痛恨自己的懦弱无能,而且心理出现了极端的防御状态,在做任何一件事情时总是先想别人的反应,特别害怕别人不高兴,别人给我难堪。

我害怕和人发生矛盾,这样我会难受得要死。我想过改变自己,甚至专门去和别人吵架,可是吵架时我真的很害怕别人的气势,我怕别人的冷嘲热讽,甚至怕别人的一个不友好的眼色。我拼命告诉自己不要在乎别人,可是不管用。我曾经痛苦地想自杀,我感觉自己太没用了。

我稍微擅长一点儿的也许就是考试了,也仅仅是考试,没有什么做学术的能力。

这么多年来,我一直被这个心魔所缠绕。年纪不小了,老家那里别人给介绍个工人,人属于老实没本事的那种,人品还可以。我想自己是不是就要这么嫁了。内心有种奇怪的力量推着我要嫁给她,但我真的不愿意生孩子,我想我的这种基因应该被毁灭吧!

◎答:

没有自我的人,必须寄生在别人身上,尤其是权威、偶像。

我们碰到的第一个被寄生者,就是老师。

祸根来自这里:老师让你当班干部时,在心理上你把它看成了一种对自己的信任,一种道德责任,你害怕自己做不好。你原本就不敢得罪人,但现在,它得到合理化和强化了,因为你讨好别人,是为了对得起老师,不引起道德焦虑。

而这一切,都是否定你的。

问题是,这么干,你的懦弱只能越陷越深。你的内心虽然不想讨好别人,但得到了合理化的讨好别人的力量是如此强大,你完全无能为力。

这就是心魔啊。在时间的流逝中,你扼杀了自我。

扼杀自我就会产生自我憎恨,因为你的内心虽然弱小,但它要生存!你恨自己为什么这么无能和懦弱,居然没有勇气去阻止他人对自己的伤害,而且还主动伤害自己。其结果就是,你要报复自己。自杀和想嫁给工人,都是报复手段。

要做的事情太多了。

但第一件事是：在夜深人静的时候，坚持不开灯，不睡觉，不玩电脑不看电视，一个人独自在黑暗中坐一个小时以上，尽力把那个弱小的自我呼唤出来，和自己在黑暗中相会。

3. 如何培养能镇住人的气势

导读：当你能用你的思想和语言表达能力把这个世界解释得井井有条，你在别人面前就重构了一个世界。

在他们心理上，就相当于你操纵了这个世界。而他们无论手中拥有什么，在这个世界面前都是无力的。

这样，一种光环就会笼罩在你头上，这就是气质、气势！

怎么去培养男性特有的人格气质

◎问：

我记得您说过，一个男人可以一无所有，但一定要有顶天立地的气势。最近看了些欧美的电影，深以为然。

可审视自身，完全不见这种气息。这种男性特有的人格气质该怎么去培养？

◎答：

当你能用你的思想和语言表达能力把这个世界解释得井井有条，你在别人面前就重构了一个世界。

在他们心理上，就相当于你操纵了这个世界。而他们无论手中拥有什么，在这个世界面前都是无力的。

这样，一种光环就会笼罩在你头上，这就是气质、气势！

心理强大可以建立一个控制局势的气场

◎问：
我觉得，之所以要建立心理优势，在心理上强大不单单是为了抵御外来的打击，更大程度上可以应用来改变他人甚至整件事情的走向。

不要以为单靠智力就可以决定事情的发展，心理的配合同样重要。比如在心理优势建立的基础上运用"气场"去逼迫对手，控制对方情绪；或依赖强势去主导事件的全部发展而不受制于人。

◎答：
你说得完全正确！

在公众场合演讲，应保持什么样的心理

◎问：
我想知道的是，在公众场合演讲，应保持什么样的心理？
◎答：
最好的演讲就是善于洞悉听众的心理并调动他们的情绪。

如果你在内心里确实不自信的话，那么只能采用这样的方法：在一开始的时候，不要看听众的眼睛和脸，假装看他们但只是在虚看他们。你想象你面前是一个只有你一个人的世界。也就是说，告诉自己，你不是在对一帮人演讲。

假如你感觉到演讲自然了，有了自信，那么，就可以先瞟一下听众看他们的反应，捕捉他们对于你演讲的态度的信息。如果有不被你打动的迹象，继续上面第一步。如果有被你打动的迹象，就可以看他们的眼睛和表情，调动他们的情绪。

在没有自信的情况下，第一步不要看听众是因为此时你是他们审视的客体，你在心理上是处于弱势的。你假装看他们但实际上视他们如无物,就是要消除你的客体地位。第二步,就是把你变成一个主动的主体。

心理强大的基础是钱吗

◎问:
我认为,只有钱才构成心理强大的基础。
◎答:
对一些人来说,没错。但对于很多"成功人士"来说,通往钱的道路,就是从心理强大走过去的!

4. 把游戏规则解释得有利于你

导读:同一个事实,一个人可以按照某种游戏规则来做解释,释放出某种压你的气势,你要做的,就是要避免这一点。

我表演失败了

◎问:
前天我去买水果,一共18.4元,老板直接补了我5毛。本来平时我就对这里的老板不满意,结果他非但没有给顾客抹掉4毛,反而加了1毛。当时我有点儿来气。

我大声对老板说:"老板,不是18块4吗?"老板意识到了怎么回事,假装说:"是嘛,该补你1.6元。"

"你只给了1.5元。"然后老板就拿了一毛给我。结果我看了一下周围的人,都望着我，把我当成那种特别计较的怪人。

这件事我是这样想的，周围的人怎么看对我来说真的是无所谓。但是有个问题，一毛确实是小事，我这么向老板要，也是为了自己解解恨，心理比较舒服。但是从另一个方面来看，我表演失败，如果是有认识我的人在周围的话。

◎答：

客观地说，无论你是不是发泄不满，在和老板的心理博弈中，你都处于下风，是他占了便宜。老板少找你一毛钱，有两个游戏规则。其一，老板占顾客便宜；其二，顾客斤斤计较。就看有人在场时，你们在博弈时怎么利用和解读"少补一毛钱"这个事实，激活哪一个游戏规则了。

注意，你和老板进行心理博弈，同时是为了给观众看。你们是演员。

如果你说："老板，18.4元，不仅4毛你都要收，而且还多收1毛，不好吧？"那么，你就掌握了有利于你的游戏规则，是这个老板在侵占顾客的便宜，旁边那帮观众，因为和你可能有同样的利益或潜在利益，自然会站在你一边，至少不会用异样的眼光看你。

但如你说的是"你只给了1.5元"，情境就自动地转向第二个游戏规则，是你在斤斤计较，而老板明明心里想占你便宜，发现占不了便宜时，还可以用"不小心"来正大光明地掩饰。

你在不爽的时候，确实也可以按你所说的去对付这个老板。但是，这是一种败坏自己形象的方法，除非你不在乎。

他们来借钱，我该怎么办

◎问：

我在单位上是一个报账员。其实报账员就是出纳。单位上的人有了条子，领导签字以后就跑来找我报钱。这是工作。

但是总有一些人，老是想开口向我借钱。不借吧，开了口，怕得罪人；借吧，倒也没什么，关键是害怕，借的人多了，我这儿就周转不开了。

其实向我借钱的人也不是没理由的，都是一些单位上的人，自己开一些商店、门市，卖一些烟酒、文化用品什么的。我们单位用什么都从他们商店里拿，先把账挂着。他们呢，经常是年底开一张票，然后报销。可是他们给我说，单位上从他们那儿拿了几千块钱的东西啦，票还没开，是不是先预借点儿钱什么的。

我该怎么办？

◎答：

平常但却残酷的心理博弈！

看一下这些人营造出了什么有利于他们的情境：因为你管钱，这是一个事实。于是，他们就从这个事实中，用语言、表情等来"解读"出这一点：你有权做主借还是不借！

这是一个有利于他们的游戏规则：一个人应有人情味。借助这个游戏规则，对方就可以向你施加道德压力。在借钱的情境中，它一运用，就定义了一个有利于他们的结果：借，他们得利，你承担风险；不借，显得你为人太差。这样的博弈，怎么都是你输掉！

怎么办？重新"解读"事实，解构掉他们要营造出来的情境，逼他们用有利于你的游戏规则玩。

用你的语言和表情等对事实进行重新"解读"：虽然钱由你管，但并不是你的钱。所以，你无权做主借还是不借。假如对方非要你借，就相当于把你推入火坑，这会害了你。你运用的也是给对方施加道德压力的游戏规则：既然大家都熟悉，那就不要害我！

5. 施虐的女人和性欲强的男人

导读：一个性欲强的男人，只有娶了美女才不会失落。因为他爱的不是一个女人，而是美本身，只有美女才构成他的终极关怀。

哪些女人有受虐的倾向

◎问：

有时候一个女人对一个男人说："我想要什么什么，我想做什么什么。"

我的感觉是：当这个男人去做了，结果反而会不好，女人会对他不屑一顾。

有的时候一个女人会对一个男人发自肺腑地说："哇，你真的很酷，你好帅哦！"

我的感觉是：当这个男人引以为自豪的时候，这个女人会对他不屑一顾，如果这个男人就这样去追这个女人，那么多半是失败的。

但是有的时候——就在女人没有主动提出要求的时候，一个男人满足了她心里的愿望，她就会感动得一塌糊涂。

这是一种什么心态？

是不是每个女人心中都有这种倾向？我感觉是的。

◎答：

这叫受虐。

这类女人欣赏比她高档、可以藐视她的男人。她一般比较自我欣赏，但她的自我并不足以让她感觉自己多么伟大。

一旦男人追求她，她就会看不起这样的男人，因为这个男人的行为表明了他并不那么高档，他已屈服于她的石榴裙下。

绝大多数女人骨子里都希望男人比自己强，但是，不是每个女人都有受虐倾向。甚至，很多女人有施虐倾向，喜欢控制男人，这样她才有安全感。

有施虐倾向的女人充满了自卑和不安全感，而有受虐倾向的女人则有某种自傲。

一个施虐的女人是什么样子呢

◎问：

一个施虐的女人是怎么一个样子，如何识别呢？

◎答：

受虐的女人不是想让男人给她依靠，而是想分沾男人身上的属性，比如一个男人很帅很狠，她就觉得她好像也拥有了这类东西。她有了一层保护皮，因为她在心理上已经寄生在这个男人那儿了。

正因为如此，这类女人有些自傲，既轻易瞧不起混得不怎么样的男人，也轻易看不起老实巴交的男人。

施虐的女人就是想凌驾于男人之上，控制住男人，因为只有控制住了男人，她才抓住了确定性，才有安全感。如果男人超出她的控制之外，她的心理世界就会风雨飘摇。控制住男人是她获得安全感的前提条件。

施虐的女人大抵有两种样子，一种是装得关心你，处处为你着想（客观上好像也是为你着想），当然，你得听她的安排。这种女人有时候不一定能够意识到自己其实是在施虐，就像父母对孩子那样。

要分辨就简单了，假如你谈了一个女朋友，你穿的衣服、你吃的东西等等，她都喜欢来为你安排，某一天你不按她的意思，买了一样东西，她就会有一种失落感，甚至会埋怨你，那就证明她有施虐倾向。

另一种是很赤裸裸的。比如，她要管你的钱，她要你什么时候必须到哪儿，她规定你应该做什么不应该做什么。你若不听，她就会大吵大闹。这就是施虐狂。

我是一个性欲很强的男人

◎问：

我的心理有点儿邪恶。

我对性的需求特别强烈，非常痛苦。我甚至很多时候在逃避，但发现逃避最终不是办法。当然，我知道，这么强的性欲不仅仅是我本身厉害，还有受社会影响太深。

只要我认识的女生，除非太丑，否则我都有想找她做爱的冲动。和很多女人约会过，有一些对我也有好感。但是，每次约会我都会和性联系起来，我会想她脱光了会是什么样，我会故意去看她的身材，而且还很饥渴的样子。我都感觉自己真是个流氓。这么可爱的女人专门跑过来陪我逛街，陪我看电影，而我居然这样想！

我会觉得占有某个女人，会有优势感，当别的男人占有时，我会感到内心痛苦，虽然这并不是失去爱人的痛苦！

怎么办？

◎答：

你性欲那么强的唯一原因是：自卑和对男人的敌意迫使你把女人，特别是美女当成你的宗教，因为她们对你没有威胁，甚至代表了完美。你需要靠占有漂亮女人来获得终极关怀。

你很难真正喜欢一个女人的，特别是她不是美女的话。

建议：以后娶老婆，一定要娶一个美女。对于你来说，从内心里爱不爱她根本不重要，重要的是，她是美女。只要她是美女，你就有终极关怀；不是美女，你就有失落感，你绝对不会满足。

6. 在精神上毁灭自己的人

导读：在精神上毁灭自己的人，意在给别人制造威胁。

什么叫"在精神上毁灭自己"

◎问：

什么叫"在精神上毁灭自己"？

◎答：

假如你想骂我，又骂了我，我会非常难受，在我抗拒不了你骂我的情况下，我先把自己给骂了，这样，你骂我还有威力吗？当你看到我这样时，是不是感觉到奈何不了我，被我的气势震住了？我在你面前，是不是有了一种心理上的优势？

这就是在精神上毁灭自己。

"我是个粗人"

◎问：

我在谈判中经常遇到这样的人：一开口就先"我是个粗人"或者"反正我已经六十多了，活够了"。

然后就用他的游戏规则，基本是蛮横的、违法的，比如，"人是我打的，打回来可以，就不赔钱。"

就几千块钱争议，打官司又不必要，行政拘留又解决不了问题。可谓人至贱则无敌。我往往觉得和这样的人无法沟通。

◎答：

无论这些人是不是人渣，演这一出戏是一种博弈策略。

它的本质是：这些人在和你博弈时没有胜算的把握，智力和兴趣因素也不允许他去捉摸你的出牌，于是先行一步亮出"底牌"（无论是真的还是假的），从而制约你的出牌。

他先把自己在道德上给贬了，精神上先毁灭自己，但不是以"谦虚""诚惶诚恐"的语气，而是以蛮横、挑衅的语气说，这样，他就有一种心理优势，因为在你面前，他是一种威胁。他在暗示你必须按他的规则出牌，否则可能有麻烦。

他们的弱点就是害怕你玩得比他们更狠，这样就会给他们造成心理震慑。

7. 世界因人的性格而变幻

导读：对心理模式异常固执的人，说服是没有用的，因为你面对的是他坚固的心理结构，而不是他的大脑。

不要试图说服一个固执的人,而应让他说服自己

◎问:

我有一个新的生意合伙人。此人是典型的占有型性格。

由于以前被下属背叛过数次,现在形成了极大的心理壁垒,对员工极度不信任,什么权都不放,搞得下属怨气极重。我试图告诉他:什么都抓住,最后什么都会抓不住。

但以前只要利用人趋利避害的本性说明利害关系,很容易解决的事情,现在对他毫无用处,搞得我非常头痛。对于心理模式异常固执的人,用什么方式能改变?

◎答:

在性格上属于占有型的人,一旦感觉到他平时所占有的东西超出了自己的控制,就会感到恐慌,对他人抱持根本性的怀疑,好像谁都要夺走或破坏掉他现在占有的东西。假如被人背叛过,这种不信任会发展到类似于神经质的地步。

对心理模式异常固执的人,通常要采取两种策略,说服是没有用的,因为你面对的是他坚固的心理结构,而不是他的大脑。

方法不是让你说服他,而是让他自己说服自己!

一种是"归谬法",就是按着他的性子演绎下去,让他看到自己性子的后果,而这一后果是可控的,即他要收手,不至于造成无可挽回的损失。借用这一方法,让后果刺激他的心理结构,迫使他惊醒。

另一种是把他的性子转化成为各种客观的东西,比如严密的制度。一方面,制度是他意志的产物,在他的控制之内;另一方面,制度又可以给他的手下提供各种做事的规矩,让他们感觉到自己面对的是制度,而不是猜忌心极重的老板。

我们的世界是一个由自卑驱动的世界

◎问:

您从深层心理动机上对人的性格类型的划分,让我豁然开朗。回头看看我过去交往过的一些人，惊奇地发现基本都可以对号入座！

他们好像都说不出有明显的毛病和坏处，但我总是不愿意和他们过多地来往。以前一直不知道为什么，但现在我明白了。从语言和思想这两个层次去考虑，没有办法看到实质。但是按您的方法从心灵深处去探讨，我突然明白了为什么自己会对这些人有一种本能的不喜欢。

就我的经验来说，我觉得真正能和你有兄弟之交的，往往是善良的自卑者；表演型的往往不会与人交恶，但是只能停留在熟人那个层次，很难深交；而占有型的人，不会和任何人成为真正的朋友，他们每天想的只是得到，也不会为别人操心；而攻击型的人，终其一生能交到的朋友也大多是那些和他一样的攻击型的人；炫耀型的人，看重东西重于人，他们需要的是虚荣心，能满足虚荣心的就是朋友。

而最复杂的就是自卑者了。因为自卑者往往有很多类型，他们为了缓解自己的自卑，需要很多外在的东西作为补偿。有的自卑者依靠探究世界来生存，有的需要物质上的东西得到存在感，他们就很容易向占有型的靠拢。有的需要别人的注意力来证明自己的存在，就蜕变为表演者。有的需要虚荣心来彻底取代自己的心灵，就成为表演型。而有些把自卑化为仇恨，通过破坏获得自己的存在感，就成了攻击型。

这个世界，是由自卑者改变的，不管是什么样的变化。其他类型的人，只是充当历史的次要角色。

不知道我说得对不对？

◎答：

完全正确！这是一个由自卑驱动的世界！

8. 做一个演员时，一定要同时做一个观众

导读：一个人太投入自己的表演，就变成了扮演的那个角色，而真实的自己可能被遗忘。

当我被人指责时，会突然大脑一片空白

◎问：

在我认为我应该做什么的时候，突然被人指责"你不该这样不该那样"，例如踢球的时候，被一个我所看不起的人使唤，就会突然大脑一片空白。我平时自认为心理也很强大，也经历过非常多的危险，但如果我心目中预设的"垃圾""贱人"突然在我面前要我这样那样的时候，我就会突然空白。我的性格好像是表演型的。

◎答：

准确地说，是自卑型+表演型。

你有点儿像自卑型中的思想者，在他人面前有智力上的优越感，而作为表演型性格的人，你能扮演好一个角色—掌控局势。但是，碰到不按规矩出牌的无赖，你就不知所措了。

原因在于，你不是纯粹表演型的人，你有一个独特的自我，无法突破，它构成了你的障碍。

我是不是太投入角色了

我看恐怖片的胆量没有我老婆的大，当裁判的时候会因为看球而忘了鸣哨，下围棋的时候经常把烟头放进茶缸，经常丢三落四的。这是不是跟我有时候太投入角色有关？

◎答：

一点儿都没错。你太投入自己的表演了。你忘记了自己，变成了在特定情境中表演的那个角色。记住，你在当一个演员的时候，一定也要当一个观众，同时看着自己和他人。